現場のプロがわかりやすく教える

*Database Engineer Training Course*

# ［データベースエンジニア養成講座］

データベースの基本の考え方から、実践的なSQLの書き方まで

坂井 恵 著

# まえがき

近年、ビジネスの現場から学術研究、さらには個人レベルの趣味や創作活動に至るまで、数多くの「データ」が発生し、蓄積され、活用されています。SNSへの投稿を始めとして、各種センサーから送られてくる情報、シミュレーションや観測結果のデータ、そして移動体通信機器の情報を元にした人流データなど、人類が取り扱うデータ量は年々増すばかりです。こういった膨大なデータの取り扱いを効率的に支えてくれるのが、リレーショナルデータベース管理システム（RDBMS）というソフトウェアです。

本書では、リレーショナルデータベースを使っていく上で土台となる考え方を、順を追って解説しています。データベースの存在意義から始まり、テーブル・行・列といった基本概念、データを安全に管理するためのRDBMSの仕組みといった、これから「データベースエンジニア」を目指す人が学ぶべきことがらを広く紹介しています。

また、本書では、データベース上のデータを操作するための手段であるSQL（Structured Query Language）という専用言語について、特に多くのページを割いて解説しています。蓄積されたデータの中からSQLを駆使してデータを集計したり、何かを発見したりする楽しさは、SQLへの理解が深まれば深まるほど、より大きく実感できるものと確信しています。SQLを使ってデータベースと会話する楽しさを、ぜひ身に付けてもらいたいと願っています。

本書で取り上げる実行例には、主としてMySQLを使用しています。オープンソースソフトウェアとして公開されているMySQLは、多くの商用レベルのプロジェクトでも活用される実績があり、比較的簡単に導入や学習ができるソフトウェアです。とはいえ、SQLという言語自体はISO（International Organization for Standardization）という国際標準化機構により標準化されており、本書の内容はMySQL以外の主要なRDBMSでも共通する知識として使用できます。「データベース」を学びたい人に向けて本書は書かれているので、使いたいRDBMS製品に依らず、データベース学習の第一歩として活用してもらえたらと思います。

最後になりましたが、本書の出版にあたり、多大なるご協力をいただいた方々に心から感謝申し上げます。データベースの名著をたくさん執筆されているミックさん、日本を代表するMySQLプロフェッショナルのyoku0825さんには、原稿を読んでいただき、数多くの有意義なご指摘をいただきました。おかげで、本書は筆者だけではなし得なかったレベルに高まったと感じています。また、株式会社秀和システムの西田雅典さんには、本書の企画段階から伴走していただきました。遅筆の筆者を辛抱強く待ち、励ましてくださったことで、こうして本書を皆さまに届けることができました。そして、正月も休みも執筆に向かう筆者を支えてくれた愛しき家族にも感謝します。

データ活用は、これからの社会の大きなパワーでもあり、そして何よりも楽しいものです。データベースの学習を、あるいはSQLの学習を通じて、データとのコミュニケーションが楽しく感じるようになってもらえたら、これ以上の喜びはありません。

それでは、データベースの世界へと入っていきましょう。

2025年3月10日 誕生日の自宅にて
坂井 恵

# 目次


まえがき……iii

## 第1章 データベースの役割

1-1 データベースを学ぼう……002
1-2 データベースを使わない世界……003
1-3 データベースとは……005
- リレーショナルデータベース以外のデータベース……006

1-4 RDBMS製品のいろいろ……007
COLUMN MySQLのインストール／008
1-5 データベースの使われ方のイメージ……010
1-6 データベースを操作する専用言語：SQL……012
- RDBMSの専用言語「SQL」……012
- SQL誕生の背景……012

COLUMN SQLはシーケルなのか／013
- SQLは標準化されている……014

## 第2章 データベースの仕組み（構造）

2-1 何はなくともテーブルとスキーマ……016
- テーブル……016
- スキーマ……021

2-2 ブラックボックスとして見たときの「RDBMS」……022
- RDBMSはポートを開いて待ち受けている常駐プログラム……022
- 誰でもデータにアクセスできるわけではない……024

2-3 RDBMSに依頼できること ............ 025
データ操作 ............ 025
データベースオブジェクトの管理 ............ 026
ユーザーの管理 ............ 028
状態の確認など ............ 029
2-4 データを損失から守る工夫 ............ 030
更新の「かたまり」が重要 ............ 030
COLUMN トランザクションのACID特性／ 033
みんなで更新するための工夫 ............ 034
データベース内部でのデータ管理の概念 ............ 036
トランザクション分離レベル ............ 037
変な値を入れさせないようにするための工夫 ............ 042
バックアップ ............ 043
COLUMN「データを守る」とは即ち「何を想定するか」ということ／ 046
2-5 データへの高速なアクセス ............ 047
前提知識 ............ 047
更新時の工夫 ............ 048
インデックス ............ 050
クエリ最適化機能（オプティマイズ） ............ 051
2-6 データベースサーバは1台だけで運用しない ............ 052
レプリケーションの活用方法 ............ 053
COLUMN レプリケーションはバックアップか？／ 055
レプリケーションの同期性：MySQLにおけるレプリケーションの例 ............ 056
レプリケーション以外の複数台での構成 ............ 057

## 第3章 データベースを使うということ・学ぶということ

3-1 データベースを学ぼう ............ 060
3-2 安心して壊そう ............ 062

インストールとアンインストールの習得 .....062
不要なマシンを利用する .....062
仮想環境を使う .....063
レンタルサーバを使う .....063

3-3 データ操作に関して学ぶべきこと ..... 064

RDBMSとデータ操作の基礎 .....064
SQLの基本文法 .....064
高度な参照系SQL .....065
トランザクションやロックの理解 .....066
パフォーマンスを考慮したクエリ .....066

3-4 テーブル設計で学ぶべきこと ..... 068

テーブルは自分で作るもの .....068
よいテーブルはよいシステムを生む .....068
テーブル設計に必要なスキル .....068

3-5 運用管理について学ぶべきこと ..... 070

目的はシステムの安定運用 .....070
RDBMSごとに異なる運用方法 .....070
運用管理に必要なスキルセット .....070

## 第4章 データ操作SQL入門

4-1 SQLでのデータ操作の基礎を学ぼう ..... 076

マニュアルと友達になろう .....076
COLUMN 試せ！試せ！試せ！！／077

4-2 学習環境の用意：MySQLによる試し方超入門 ..... 079

MySQL動作環境の構築 .....079
コマンドラインクライアント .....080
COLUMN 本書における実行例の折り返し表示について／088
COLUMN GUIツールとCUI操作／089

4-3 INSERT：データの登録（行の追加）........ 090
説明に使うテーブルについて........ 090
データの簡易的な確認方法........ 091
テーブルへの行データの追加登録........ 092
複数の行をまとめて登録したい........ 094
4-4 行の特定について........ 096
行の特定の基本........ 096
行の特定の組み合わせ........ 099
たくさんの完全一致........ 101
否定の表現........ 102
4-5 UPDATE：既存データの更新........ 104
テーブルにあるデータの更新（変更）........ 104
UPDATE文実行時に気を付けること........ 105
4-6 DELETE：既存データの削除........ 108
テーブルにあるデータの削除........ 108
DELETE文の実行時に気を付けること........ 110
COLUMN 誤ったUPDATEやDELETEを避けるには／110
COLUMN オートコミットモード／111
4-7 SELECT入門........ 112
SELECT文の機能........ 112
SELECT文の概要........ 112
SELECT文の基本構文........ 113
テーブルの別名、カラムの別名........ 116
COLUMN PostgreSQLでの別名／119
COLUMN SELECT文とSELECT句／120
特別なカラム指定「*」........ 121
COLUMN SELECT文は前から書くもの？／122
4-8 トランザクションとロックの試し方........ 123
トランザクション体験の準備........ 123
トランザクションと分離レベルの確認........ 124
ロック待ちの挙動の確認........ 126

## 第5章
# データ抽出、集計のSQL


5-1 イントロダクション ........ 130

COLUMN テーブル定義の把握はクエリのスタート地点／131

5-2 関数 ........ 132

- 関数を学ぶ前に知っておきたいこと ........ 132
- 関数とは ........ 133
- 関数はRDBMSによって異なる ........ 133
- リファレンスマニュアルの「関数」の部分を眺めてみよう ........ 133
- 関数を試そう ........ 134
- 主な関数 ........ 137

COLUMN MySQLの円周率は小数点以下6桁？／139

COLUMN REVERSE関数の活用例？／143

5-3 集計（集約） ........ 146

- 主な集計機能 ........ 146
- 集計処理の説明のための準備 ........ 146
- 集計処理の基本 ........ 148
- MAXがほしいわけじゃないけどMAX ........ 151
- 日ごとの売上金額 ........ 154
- 月ごとの売上金額 ........ 155
- WHEREでもORDER BYでも ........ 156
- 集計して、さらに絞る ........ 156
- SELECTのテンプレート（拡張版） ........ 158

5-4 サブクエリ ........ 159

- クエリの結果の種類 ........ 159
- SQLの要素の再確認 ........ 161
- サブクエリ使用時の注意点 ........ 165

5-5 複数のテーブルからのデータ取得（JOIN）..... 167
回り道：2つのテーブルから単にデータを取得する ..... 167
COLUMN 複数テーブルからの全組み合わせで数値を生成／169
複数のテーブルからデータを取得するとは、新しいテーブルを作るということ ..... 170
回り道：2つのテーブルから意味のあるデータを取得する ..... 170
COLUMN 取得する内容を厳選しよう／174
テーブルの結合（JOIN）..... 175
LEFT OUTER JOINでしか表現できないもの ..... 176
OUTER JOINとINNER JOIN ..... 177
COLUMN はみだした北海道地方も結果に含めたい（FULL OUTER JOIN）／179

5-6 CASE式 ..... 181
CASE式の基本構文 ..... 181
CASE式のポイント ..... 184

5-7 CTE ..... 187
CTEを使おう ..... 187
CTEは続くよ何度でも ..... 189
何度も使いたい ..... 189
再帰CTE ..... 191

5-8 ウィンドウ関数 ..... 196
ウィンドウ関数とは ..... 197

5-9 SELECTで使うその他の機能 ..... 203
UNION ..... 203
DISTINCT ..... 205
LIMIT ..... 207
COLUMN LIMIT句がないRDBMSでの出力件数制限方法／209
INSERT～SELECT ..... 210
CREATE～SELECT ..... 212

# 第6章
# データ操作以外のSQL


6-1 トランザクションのSQL ........ 214

6-2 ユーザー管理・アクセス管理のSQL ........ 215

- MySQLでのユーザーの作成 ........ 215
- MySQLで新たに作ったユーザーでアクセスしてみる ........ 216
- アクセス権の付与 ........ 216
- アクセス権が設定されたことの確認 ........ 217
- GRANT文の説明 ........ 219
- 権限設定方針の例 ........ 220

6-3 実行計画（EXPLAIN） ........ 222

6-4 CREATE ／ DROP ........ 224

6-5 TRUNCATE ........ 226

- なぜTRUNCATE？ ........ 226
- きれいさっぱり元に戻る ........ 226
- TRUNCATEはDDL ........ 227
- MySQLでの動作例 ........ 227

6-6 データの投入 ........ 229

- データ投入の大きな流れ ........ 229
- INSERT文での投入 ........ 229

  COLUMN PostgreSQLへのINSERTにご用心／ 230

- CSVファイルなどの読込登録機能 ........ 231

  COLUMN RDBMSの動作情報をいっぱい知ろう／ 233

## 第7章
# テーブルを自分で作ろう


7-1 テーブルは自由だ！ ........ 238
- テーブル設計の目的 ........ 238
- テーブルを作る「ルール」 ........ 239
- テーブル設計に唯一の答えはない ........ 239
- 作る前に尋ねるな、作ってから尋ねろ ........ 240

7-2 名前と型と制約と ........ 241
- RDBMSとのお約束 ........ 241
- テーブル作成に必要な項目 ........ 241
- テーブル作成の例 ........ 245
- まとめ ........ 245

7-3 テーブル設計の第一歩 ........ 246
- 図書貸出サービスのテーブル設計例 ........ 246

COLUMN テーブル設計はデータベース力＋実務力／ 248

COLUMN 繰り返しを避けて、ほかのテーブルにするのがよい例／ 250

COLUMN ヨコモチ・タテモチ／ 252

7-4 こんなテーブルはイヤだ ........ 254
- 通販データの例 ........ 254
- いきすぎた「真実は1つ」 ........ 255

COLUMN 正規化なんてしなくていい!? ／ 257


## 付録
# もっと知りたい人のためのお勧め書籍


- 次に読むべき本 ........ 258

COLUMN 地球まるごとデータベース／ 258

- 総合・テーブル設計 ........ 261

# 第1章 データベースの役割

「データベース」の世界へようこそ。現在のコンピュータシステムに欠かせないこの技術。システム全体の中でどのような役割を持っているのか、そしてデータを操作するための言語「SQL」とはどのようなものか、概観します。


1-1　データベースを学ぼう

1-2　データベースを使わない世界

1-3　データベースとは

1-4　RDBMS製品のいろいろ

1-5　データベースの使われ方のイメージ

1-6　データベースを操作する専用言語：SQL

# データベースを学ぼう

現代の社会ではデータが絶えず動き回っています。さまざまな場所でたくさんのデータが発生し、蓄積され、その中から必要なデータが取り出され、表示され、そして集計されています。みなさんがWebブラウザやスマホアプリを通して閲覧したり入力したりした情報は、そのほとんどが、ネットワークの先にあるデータの溜まり場（サーバ）に貯められています。

こういった見えない部分で「データの溜まり場」として活躍しているのが、データベースなのです。現代のシステムに欠かせないデータベースの技術に興味をもってくれたことを歓迎します。

データベースの世界は幅広く奥深い世界なので、本書だけで、先達と並ぶほどになれるわけではありません。しかし、本書は、今後長くデータベースを学んで行くための、よきスタート地点となり、末永く道しるべの役割を果たすことでしょう。本書では「データベースのプロになるために必要な全体像の把握と考え方の習得」を目標としています。中でもデータベースのデータを操作するために必須であり、最初に覚えることでもある「SQL」という専用言語について多くのページを割いて解説します。

本書を読み終わる頃には、最低限のデータ操作ができるようになっていることでしょう。それとともに、「データベースエンジニアとして学ぶことの『目次』」が脳内にできあがっているはずです。この目次は、最初は非常に粗いものでスカスカの状態です。しかし、本書を読み終わった後には、脳内にこの「目次」があるので、日々の研鑽の中で自分の現在位置を確認しながら、不足している部分を少しずつ補い、習得しながら、知っていること、できることを増やしていきやすくなります。楽しんで学んでいきましょう！

# 1-2 データベースを使わない世界

現在のコンピュータシステムでは、データの取り扱いが肝となります。普段利用している業務システムやWebサービス、スマホゲームなど、その裏側では膨大な量のデータが毎秒毎秒追加され、保管されています。

本書では、こういったデータを管理する専用のシステムである「リレーショナルデータベース管理システム（Relational Database Management System：RDBMS）」について学んでいきます。その前に、なぜRDBMSについて学ぶ必要があるのかを考えてみることにしましょう。

データをシステムで取り扱うには、データベースを利用する以外にもさまざまな方法が考えられます。プログラミング言語内で変数や配列などに保持しておくのが最もシンプルな方法ですが、それだけではプログラムの終了とともにデータが消えてしまうので、何らかの形でファイルに保存しておく必要があります。タブ区切りや固定長、あるいはXML[※1]やJSON[※2]のようなテキスト形式での保存方法が思い浮かぶかもしれません。独自のバイナリ形式で保存するというアイデアもあるでしょう。

扱うデータがこれらの管理方法で問題なく処理できるのであれば、わざわざ新たな技術要素である「データベース」を学ぶ必要はありません。しかし、データベースを使わずにデータ管理をする世界では、すぐにいくつかの課題に直面します。

1つ目は、データ量に対する課題です。扱っているデータが数万件程度までなら、ファイルをオープンして必要なデータを検索して取り出したりするプログラムを書くことは、さほど困難なことではありません。この程度の量であれば、データ処理中は全てのデータを配列などに読み込んでメモリ上に置くこともできるかもしれません。しかし、これが数億件あるいはそれ以上の規模になったらどうでしょうか。全てのデータをメモリ上に置いておくことはできないので、ファイルに保管し、そこ必要な部分だけを少しずつ読み込んで処理をするプログラムを書く必要が出てきます。

---

※1　「Extensible Markup Language」の略で、日本語では「拡張可能なマークアップ言語」と訳されます。World Wide Web Consortium（W3C）によって策定・勧告されている汎用的なマークアップ言語です。

※2　「JavaScript Object Notation」の略で、テキスト形式のデータ記述言語です。構文がJavaScriptのオブジェクト表記法に由来するため、名称にJavaScriptを含んでいますが、任意の言語で利用できます。

2つ目は更新に対する課題です。データは刻々と変化していきます。新たな情報が追加され、不要な情報は削除され、また、既存の情報内容を変更するといったことが常に発生します。自分だけが使うテキストファイルやExcelファイルを編集しているような場合は気にする必要はないことですが、Webサイトやスマホアプリなどで操作された情報を扱う場合は配慮しなければならないことがたくさん出てきます。これらは多数の人が同時にデータを更新することもあるのが普通です[※3]が、データが安全に更新されるように自分で実装するのは、かなり複雑で大変な作業になります[※4]。

3つ目は速度に関する課題です。1番目と2番目の話題にも関連することですが、1秒間に100回も（あるいは1,000回も）新規投稿されたり閲覧されたりするような大人気サービスで、実用に耐える処理速度でアクセスに応答できる仕組みを自分でプログラムするのは、かなりの知識と手間が必要です。

そのほか、データを保存しているサーバのディスクが壊れて、全てのデータを失ってしまうのは困ります。あるいは、1台のマシンで対応しきれなくなった場合の負荷分散用を意図して複数のサーバでデータを扱う仕組みを作ることになったら……など、自分でデータ管理をしようとすると、課題は尽きません。

こうした課題を全て引き受けてくれるのが「データベース（RDBMS）」です。習得すべきことは多いけれども、あなたのシステム開発ライフを大幅に豊かにしてくれることは間違いありません。たくさんのデータを高速に、安全に取り扱える「データ管理のスペシャリストなソフトウェア」である「データベース」について学んでいきましょう！

---

※3　たくさんの人が同時にデータを追加削除の操作をする例として、SNSでの書き込みをイメージするとよいでしょう。あるいは、在庫に関する情報を業務システムで複数の人が同時に操作しているようなシーンも、更新の難しさをイメージするのによさそうです。

※4　初期のWebサイトを知っている人は、アクセスカウンタを思い出したかもしれません。数字を格納してインクリメントするだけの簡単なデータ操作ですが、次々に来るアクセスによるファイル同時更新にうまく対応できず、カウンタがリセットされてしまったという（ちょっとイケてない）プログラムを書いた（見た）経験をした人もいるのではないでしょうか。みんなが触る場でのデータ更新というのは、何十年経っても人類にとって怖いものなのです。

# 1-3 データベースとは

ここで「データベース」という言葉についての認識を整理しておきましょう。データベースという言葉自体は「データが貯まっているところ」という意味しか持っていません。コンピュータを使うか否かは関係ありません。あなたが10年間大切にノートに書き貯めてきたおいしいお店の情報も立派なデータベースです。ある分野についてとても物知りな人のことを「歩く○○データベース」と呼んだりもしますよね[※1]。

本書で学ぶ「データベース」は、これらのデータベースをコンピュータで扱えるようにしたソフトウェアです。データベースを管理するシステムなので、そのまま「データベース管理システム」と呼ばれます。一般に、データベース（DataBase）はDB[※2]、データベース管理システム（DataBase Management System）はDBMS[※3]と略されます。厳密にはDBとDBMSにはこういった違いがありますが、実際の現場ではDBMSのことを指して単にDBと呼んだりすることも多いので、あまり難しく考えずに文脈から判断すればよいでしょう[※4]。

データを内部で管理する方法（データモデル）はさまざまなものが考えられるので、世の中にはたくさんの種類のデータベース管理システムの種類があります。本書ではその中で、「リレーショナルデータベース（Relational DataBase：RDB）」と呼ばれる種類のデータベース管理システムを取り扱います。少し勉強したことがある人なら「『SQL』という専用言語を使用して、『テーブル』と呼ばれるデータ管理エリアに対してデータ取り扱いの依頼をするものだ」というとピンとくるかもしれません。

リレーショナルデータベースを扱うための専用ソフトが「リレーショナルデータベース管理システム（RDBMS）」です。システムと聞くと尻込みしてしまう人もいるかもしれませんが、要するにソフトウェアです[※5]。

RDBMSでは、データを独自の形式でディスク（ストレージ）上に保管します。ユーザーは、これらのデータに対して「データの追加」「データの削除」「データの更新」「ほしいデータの検索」といったデータ操作の指示を行えます。本書の後半では、これらの操作を行う専用言語「SQL」を重点的に解説します。

---

※1　最近は、言わないかもしれません……。
※2　「でーびー」と読みます。
※3　「でーびーえむえす」と読みます。
※4　むしろ日常会話の中では、わざわざ「DBMS」というほうが稀かもしれません。文書として記述する際には、正しく「DBMS」と明記することが多いです。
※5　筆者がRDBMSの入門セミナーで話すときには、「データベースソフト」とカジュアルに表現することもあります。「システム」と聞いて身構えてしまった人がいても、少しは身近に感じてもらえるようにです。

##  リレーショナルデータベース以外のデータベース

本書では詳しく触れませんが、参考としてリレーショナルデータベース以外の仕組みを持つデータベースにはどのようなものがあるのか、名前だけでも簡単に紹介しておきましょう。RDBMSの学習が一段落したら、こういった別の仕組みのデータベースを学んでみると、知恵や発想の幅が広がってよいかもしれません。

- **キーバリューストア**
  主キーとその従属項目でデータを管理する。
- **オブジェクト指向データベース**
  プログラム言語で使うオブジェクトなどを扱える。
- **XMLデータベース**
  XML文書を格納し、取り扱える。
- **階層型データベース**
  データをツリー構造で管理し、親子関係として扱える。
- **グラフデータベース**
  頂点（ノード）と点間の接続関係（エッジ）でデータを表現する。

これらのDBMSとRDBMSとは必ずしも排他的なものではなく、RDBMS自体がXMLデータやJSONデータを扱えるような仕組み持つように進化することで、RDBMSにXMLデータベースやキーバリューストアのような機能を内包する流れもあります。

# 1-4 RDBMS製品のいろいろ

ここまで「リレーショナルデータベース管理システム（RDBMS）」について解説してきましたが、「RDBMS」という名前のソフトウェアがあるわけではありません※1。RDBMSに分類されるさまざまなソフトウェアが開発されて、公開されています。主なものを表1-4-1に挙げました。いくつかは名前を聞いたことがあるでしょう。

▼表1-4-1　主なRDBMS

| RDBMS名 | 開発元 |
|---|---|
| MySQL | Oracle Corporation |
| PostgreSQL | PostgreSQL Global Development Group |
| SQLite | Richard Hipp |
| Oracle Database | Oracle Corporation |
| Microsoft SQL Server | Microsoft Corporation |
| IBM Db2 | International Business Machines Corporation（IBM） |

この表の中では、MySQLとPostgreSQLがオープンソースソフトウェア（Open Source Software：OSS）であり、ソースコードを閲覧したりライセンスに従って無料で使用したりできます。その他のRDBMSはいわゆる商用製品で金銭を支払って購入して使用するものですが、最近ではExpress版などと名付けて、小規模での利用や学習用途であれば無料で使用できるものが公開されている場合もあります。OSSはソースコードが公開されているため、動作の仕組みを深く知りたいときなどに有用です※2。

また、RDBMS製品の多くは「DBサーバ」と呼ばれるソフトウェアがクライアントからの処理を待ち受ける動作形態ですが、一覧の中ではSQLiteだけが独立したサーバを持ちません。SQLiteは組み込み用途に軽量な動作を目指しており、大量の同時アクセスや本書で解説するような安全な運用に関する機能に対応していない場合があります。

本書は特定のRDBMSソフトウェアに対する解説書ではありませんが、具体的な仕組みや実行例などを示す際にはMySQLを使用することにします。MySQLはPostgreSQLと並んで人気のあるOSSのデータベースで、お手元のPCにも自分のPCに追加費用なしでインストールして利用できます。

※1　「SQL Server」という名前の製品（Microsoft SQL Server）があるくらいなので、RDBMSという製品があってもよさそうですが、誰もそういう名前は付けていないようです。

※2　といっても非常に複雑なものなので、多くの場合は一目でわかるというほど生やさしいものではありません。興味のある部分から、少しずつソースコードを覗いてみるのも、技術者としては楽しいものです。

## COLUMN　MySQLのインストール

RDBMSを学習するには、実際に触ってみることが必須です。本書は特定のRDBMSに依らない普遍的な「考え方」を学べることを目指していますが、説明の中で実際の動作例を示したほうが理解しやすいというのも、また事実です。そこで、主に本書では世界中で広く使われているOSSのRDBMSであるMySQLを使った例を示していくことにします。MySQLの動作例を挙げていきますが、MySQLの操作手順書というわけではありません。本書で説明している内容を理解しながら、自分が使いたいRDBMSがMySQL以外であれば、そのRDBMSをインストールして、本書とその製品のマニュアルを参照しつつ、実際に動かしながら理解を深めてもらえればと思います。

このコラムでは、手元にMySQLの動作環境を作りたい人向けに、簡単にMySQLのインストール方法について紹介します。バージョンは、MySQL 8.4.x LTSを選ぶのがよいでしょう※3。xの部分は、インストールする時点での一番大きな数字のものを選んでください。OS環境は、Windows向けとLinux（Ubuntu／Red Hat Enterprise Linux）について説明します※4。

### Windows向け

MySQLのダウンロードページ※5から、Windows用のMSIインストーラをダウンロードして実行します。画面の指示に従って進めていけば、インストールできます。

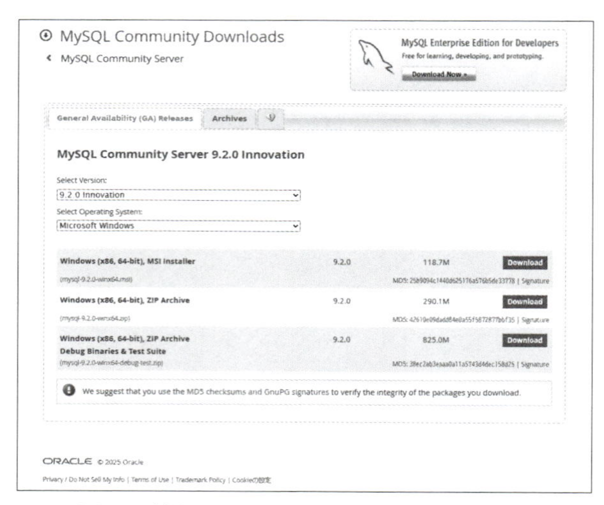


●MySQLのダウンロードページ

※3　MySQL 8.4シリーズは2024年4月にリリースされ、8年間のサポートが謳われています。
※4　macOS上でも動作します。MySQLの公式マニュアルを参考にトライしてみてください。
※5　https://dev.mysql.com/downloads/mysql/

### Ubuntu向け

MySQLのaptリポジトリページで、リポジトリ登録用ファイルのURLを確認します[※6]。本書の執筆時点では`mysql-apt-config_0.8.33-1_all.deb`だったので、これを使用します[※7]。このファイルを使ってOracleのリポジトリを登録し、MySQLをインストールします。

```
$ wget https://dev.mysql.com/get/mysql-apt-config_0.8.33-1_all.deb
$ sudo dpkg -i ./mysql-apt-config_0.8.33-1_all.deb
$ sudo apt update
$ sudo apt install mysql-community-server
$ sudo systemctl start mysql
```

### Red Hat Enterprise Linux(RHEL)向け

MySQLのyumリポジトリページで、リポジトリ登録用ファイルのURLを確認します[※8]。ここでは、RHEL9向けの`mysql84-community-release-el9-1.noarch.rpm`とします。このファイルを使ってOracleのリポジトリを登録し、MySQLをインストールします。

```
$ wget https://dev.mysql.com/get/mysql84-community-release-el9-1.
noarch.rpm
$ sudo dnf install mysql84-community-release-el9-1.noarch.rpm
$ sudo dnf install mysql-community-server
$ sudo dnf systemctl start mysqld
```

なお、インストールを始める前に、すでにバンドル版のMySQLがインストールされている場合は、次のコマンドで事前に無効化しておきます。

```
$ sudo dnf module disable mysql
```

※6 https://dev.mysql.com/downloads/repo/apt/
※7 このファイルについている数字はインストーラ自体のバージョンであり、MySQL本体のバージョンとは全く別個のものです。
※8 https://dev.mysql.com/downloads/repo/yum/

# 1-5 データベースの使われ方のイメージ

改めて、システム全体の中でのデータベースの役割を整理しておきましょう。

利用者に対してサービスを提供するには、通常、いくつものプログラムが連携しています。例えば、Webシステムであれば、次のような流れになります。

1. Webブラウザで、URLを指定してアクセスする（リクエスト）
2. ネット経由のリクエストを、Webサーバが受け取る
3. リクエスト内容が静的コンテンツ（htmlなど）であれば、それが指し示すファイルをリクエスト元に返す
4. それ以外の場合は、あらかじめサーバに設定されたルールに従って、何らかのプログラム（Python、Ruby、PHP、Java などで書かれたもの）が呼び出される
5. 呼び出されたプログラムが、リクエストに従って何らかの処理を実行する。データの登録・更新や検索が必要な処理がある場合には、データベースサーバに対して処理の依頼を行う

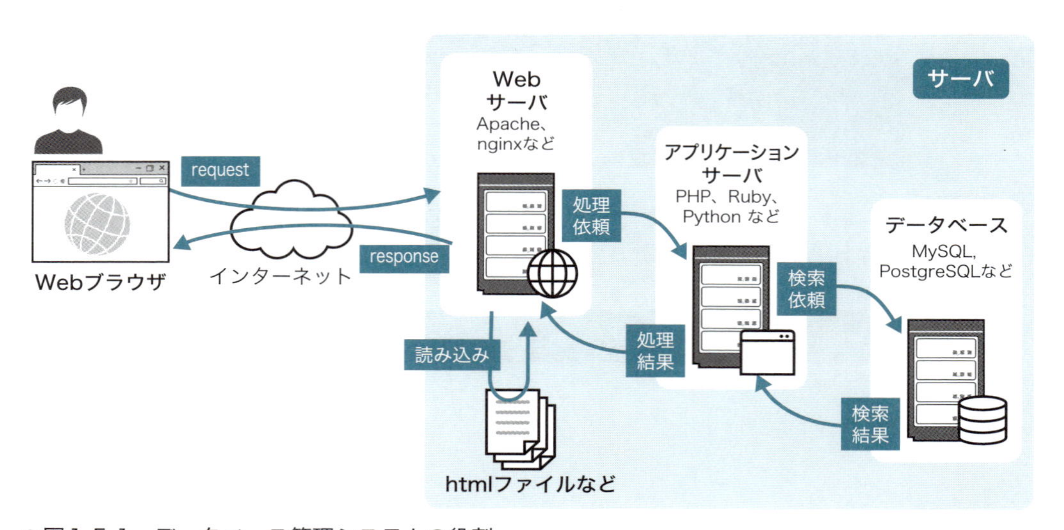


●図1-5-1　データベース管理システムの役割

このように、データベースは、それ単体でエンドユーザーが利用するような何らかのサービスを成り立たせるわけではなく、プログラムからデータの取り扱いに関する処理を請け負う「データ管理のエキスパート」です。図の中で「検索指示」「検索結果」と書いた部分は、データの登録（追加）の指示や変更（更新）などの指示を行うこともできます。詳しくは、第2章で説明します。

その他の利用例としては、デスクトップアプリケーションが挙げられます。最近では図1-5-1に示したようなWebサーバに対してデスクトップアプリケーションから通信をするパターンが多いのですが、以前はVisual BasicやDelphiなどで作られたプログラムが直接データベースに接続して検索や更新の処理を行う「クライアントサーバシステム」と呼ばれるシステムも多く開発されていました。

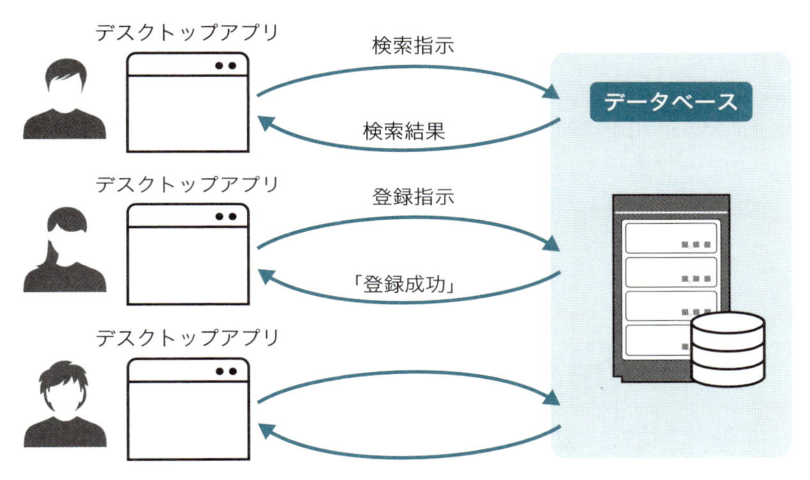


●図1-5-2　クライアントサーバシステム

いずれの場合も「何らかのプログラム」がデータベースに対してデータ操作の依頼をするという点が共通しています。

さらに別の例として、スマホのアプリを考えてみましょう。スマホアプリはサーバからたくさんのデータを取得してきて表示します。ニュース情報、誰かの投稿、記事の検索結果、ゲームであれば自分が持っているアイテムやポイント、ステージなどの情報などです。これらはインターネットの先にあるサーバからデータを取ってきて表示していますが、あくまでもアプリがやり取りする相手はWebサーバです。スマホアプリが直接データベースサーバに接続してデータを取得しているわけではありません（アプリが直接データベースに接続するように作ることもできますが、アクセス管理などのセキュリティの面からもメリットはないので、通常、そういった形式を採ることはありません）。

これらのことからも「データベースというのは、システムの大切な裏方である」と表現した理由を理解できたでしょう。

# 1-6 データベースを操作する専用言語：SQL

ここまで「データベースサーバに依頼(指示)する」という説明が何度も出てきました。では、その依頼は、実際にはどのように行われるのでしょうか。実は、データベースを操作するための専用の言語があるのです。詳しく説明していきましょう。

## RDBMSの専用言語「SQL」

「SQL」という言葉を聞いたことがある人も多いでしょう。「Structured Query Language」の略で日本語では「構造化問い合わせ言語」と訳されます。

詳細は第2章で説明しますが、RDBMSではデータをテーブルという箱のような概念に格納して管理します。このテーブルは、通常、データの分類[※1]ごとに作ります。SQLという言語を使用してテーブルに対して各種の操作を行えます。

主な処理を下表に示します。

▼表1-6-1 SQLでできること（一部）

| | |
|---|---|
| データ操作 | テーブルにあるデータの検索・集計 |
| | テーブルへのデータ追加 |
| | テーブルにあるデータの変更（更新） |
| | テーブルにあるデータの削除 |
| RDBMSの操作 | テーブルの作成 |
| | テーブルの削除 |
| | データベース利用ユーザーの権限設定 |
| データ制御 | トランザクションの開始と確定 |

## SQL誕生の背景

リレーショナルデータベースの祖は、1970年のエドガー・フランク・コッド博士の論文「A Relational Model of Data for Large Shared Data Banks」[※2]に遡ります。データの構造を数学的なn項関係（リレーション）の概念で扱うことから、リレーショナルデータベースと呼ばれるようになります。

※1 「顧客」や「商品」、「講座」や「先生」「学生」など。
※2 https://www.seas.upenn.edu/~zives/03f/cis550/codd.pdf

初期のコッド博士の研究は、主にデータ構造に注目していたもので、データ操作そのものはリレーショナル代数※3やリレーショナル論理※4に基づく「非常に専門的な」記述方法に従う必要があったようです。

その後、もっと多くの人が容易にデータ操作を行えることを意図して開発されたのが「SEQUEL（Structured English Query Language）」です。「英語で問い合わせられるように」と名付けられたとおり、より自然言語に近い形で指示できるよう工夫されました。1982年頃に「SQL（Structured Query Language）」と名前が変更され※5現在に到ります。

### COLUMN　SQLはシーケルなのか

海外でのデータベース関係の講演を聞いていると、SQLのことを「シーケル（シークェル）」と発音している人が多いことに気づきます。そのため、「英語圏の人が『シーケル（シークェル）』と言っているので、これが『正しい』発音だ」とする向きもありますが、筆者は次のような理由から「エスキューエルと呼ぶべき」と考えています。

1. **SQLの発明者の1人であるドナルド・D・チェンバリンが主に「エスキューエル」と発音している※6**
2. **SEQUELとは別の名前としてSQLが策定されたのだから、SEQUELとは別の発音をすべき**
3. **いくつかのデータベース製品が「エスキューエル」と発音することを明言している。例えばMySQLは、リファレンスマニュアルに「公式には『My Ess Que Ell』と発音する（『my sequel』ではなく）」と明記されており※7、PostgreSQLも2024年に「a SQLではなくan SQLである」（つまりシーケルではなくエスキューエルである）とアナウンス※8している**

ただし、MySQLリファレンスマニュアルでも「公式な」読み方の説明をした直後に「だけど、マイシーケルとかその他のローカルな発音をしても我々は気にしないよ」と書かれており※9、それほど発音に神経質になりすぎる必要はないでしょう。

---

※3　集合論に理論的根拠を持つ。
※4　述語論理に理論的根拠を持つ。
※5　「SEQUEL」という名前は、すでに英国の会社によって商標として登録されていたためといわれています。
※6　2024年のオンラインインタビュー。ただし、チェンバリン自身も大切なところではエスキューエルと呼んでいるものの、会話の中で気を抜くとシーケルと発しているので、発音論争はその程度のものといえそうです。https://www.youtube.com/watch?v=5VqM5nmcmPI
※7　https://dev.mysql.com/doc/refman/8.4/en/what-is-mysql.html
※8　https://git.postgresql.org/gitweb/?p=postgresql.git;a=commit;h=b1b13d2b524e64e3bf3538441366bdc8f6d3beda
※9　原文：but we do not mind if you pronounce it as “my sequel” or in some other localized way.

## SQLは標準化されている

現在、SQLはISO[※10]により標準化されています。世の中には多くのRDBMSのソフトウェアがありますが、各ソフトウェアはなるべくSQL標準に沿った機能を実装するように心がけています。そのため、RDBMSのソフトが変わってもほぼ同じようなSQL文によってデータ操作を行えるというわけです。このように、SQLは一度学習すると使用できる範囲が広いので、非常にコスパのよい学習分野と言えるかもしれません。

また、SQL標準は進化し続けています。ANSI[※11]によって1986年に制定されたため、「SQL-86」と呼ばれるようになったバージョンが最初です。その後、SQL-89、SQL-92、SQL:1999、SQL:2003、SQL:2006、SQL:2008、SQL:2011、SQL:2016、SQL:2023と改訂が進められました。本書で最初に学ぶRDBMSの基本的な機能は、SQL-92でほぼ完成したといわれています。また、モダンなSQLという観点では、ウィンドウ関数などが加わったSQL:2003を1つの到達点ということもできます。近年のSQL標準の改訂は、より多くのデータ型への対応と、分析に関する機能が拡充されているというのが筆者の持つ印象です。

少し残念な話をすると、先ほど各ソフトウェアが標準に沿うように「心がけている」と説明した部分です。開発のポリシーや歴史的経緯などから、全てのRDBMSが必ずしも標準に完全に沿っているわけではないということです。標準はあくまでも「標準」であって、「仕様」ではないので、むしろ標準に完全に沿っているRDBMSは1つもないといったほうがよいかもしれません。

標準に合致しない理由としては、標準化される前に独自にその機能を実装していたために変更できなくなるケースや、標準に機能が採り入れられたものの、利用シーンを鑑みて開発コストをかける判断に到らなかったもの、セキュリティやパフォーマンス上の理由から採用を見送られたものなどがあります。

とはいえ、基本的な構文に大きな差があるわけではないので、まずは自分がよく使うRDBMSを決めてしっかりと学習することをお勧めします。RDBMS製品ごとのSQL記述法の違いのことを「方言」と呼びますが、筆者の感覚としては、SQLの構文自体には方言は比較的少なく、値を加工したり判定したりする「関数」の機能などでは方言が多いという印象です。なお、RDBMS自体の運用方法についてはほとんどが標準化されているわけではないので、各RDBMS製品それぞれに異なる知識、ノウハウ、経験が必要になります。

SQLはRDBMSを操作する上でとても重要な部分なので、本書でも第4章以降でしっかりと解説していきます。

※10 「International Organization for Standardization」の略で、国際標準化機構と訳されます。製品、サービス、プロセス、材料、システム、マネジメントなどに関する国際規格を制定しています。

※11 「American National Standards Institute」の略で、米国国家規格協会や米国規格協会と訳されます。米国の国内における工業分野の標準化組織であり、ANSIが認定した規格は米国国家規格（ANSI規格）となります。

# 第2章 データベースの仕組み（構造）

データを預かって管理するというシンプルな目的のデータベースですが、その内部には多くの工夫が凝らされています。データの消失や不整合を防ぐ工夫、高速に動作するための工夫、たくさんの人が同時にデータを扱うための工夫などなど。どのような仕組みで、これらが実現されているのかを学んでいきましょう。


2-1　何はなくともテーブルとスキーマ

2-2　ブラックボックスとして見たときの「RDBMS」

2-3　RDBMSに依頼できること

2-4　データの損失から守る工夫

2-5　データへの高速なアクセス

2-6　データベースサーバは1台だけで運用しない

# 2-1 何はなくとも テーブルとスキーマ

SQLを使ってRDBMSとデータのやりとりをする場合、真っ先に知っておくべき概念が「テーブル」と「スキーマ」です。RDBMSでのデータ操作は、すなわち「テーブルに対する操作」ということができます。まずは、この2つの言葉について、理解しておきましょう。

## テーブル

RDBMSではデータを「テーブル」という概念の上に保存します。もう少し簡単にいうと、テーブルはデータを保存する容れ物のようなものです。

テーブルに対して行えるデータ操作には、次のようなものがあります。

- **データの追加（登録）**
- **既存データの変更（更新）**
- **既存データの削除**
- **既存データからの検索、抽出、集計など**

最初の3つは「更新系」の処理、最後の1つが「検索系」の処理と呼ばれます。

データを保存してそれを利用するには、何らかの構造が必要です。構造を決めておかないとごった煮の状態、例えば1つの引き出しの中に歯ブラシのスペアと3年前に行った沖縄旅行のパンフレットと明日履く靴下と自分の名刺とポテトチップスが入っているような状態になってしまい、必要なものを取り出すことが難しくなってしまいます。

このデータ保存の構造としてRDBMSが採用している概念が「テーブル」です[※1]。

### テーブルとは

テーブルといっても、食堂や仕事場にあるようなテーブルのことではありません。データベースの世界におけるテーブルは、日本語で「表（ひょう）」といったほうがよいかもしれません[※2]。具体的には、スプレッドシートをイメージしてみてください。スプレッドシートは、もともとは紙の上で集計作業などの情報整理をするために使われていましたが、その後、コンピュータ上でも扱えるようになり、最近ではMicrosoft ExcelやGoogle スプレッドシー

※1 「保存の」という言葉からファイルの中身にどのように格納されているかをイメージしたくなった人もいるかもしれませんが、ここでいう構造は、利用者からそのように見えるということ（＝概念）です。RDBMSは、その理念として、利用者が中身がどうなっているかを意識しなくてよい（すべきでない）という建前になっています。

※2 英語のテーブル（table）にはさまざまな意味がありますが、その中の1つに「表（ひょう）」という意味があります。

トを思い浮かべる人のほうが多いでしょう。表形式にデータを整理する例として、自分の知り合いを一覧表にまとめてみましょう。表2-1-1のようになります。



▼表2-1-1 住所録のテーブルの例

知り合い一覧

| 管理番号 | 氏名 | 郵便番号 | 都道府県 | 住所 | 電話番号 | 最初に会った日 | 親密度(主観) |
|---|---|---|---|---|---|---|---|
| 2 | 阿伊 植夫 | 999-9998 | 千葉県 | 房総市東半島1-2-3 | 04-xxxx-xxxx | 1985/10/10 | 3 |
| 4 | 賀木 久家子 | 999-9993 | 佐賀県 | 平野市田園1234-5 | 0952-xx-xxxx | 1993/12/28 | 8 |
| 6 | 佐師 素世想 | 999-9991 | 北海道 | 大広野市草原56 | 011-xxx-xxxx | 2015/11/5 | 5 |
| 9 | 館 伝人 | 999-9997 | 長野県 | 長長郡中長長4321-98 | 0263-xx-xxxx | 2016/8/25 | 5 |
| | : | : | | | | | |
| | : | : | | | | | |

とりあえずは、RDBMSの「テーブル」には、この状態がそのまま入るようなものだと理解してください。「テーブル」には、もう少しさまざまな決まりごとがあるので、これから説明していきます。

## テーブルの用語

テーブルを学ぶ際には、まず「行（ぎょう）」と「列（れつ）」という用語を理解しておく必要があります（表2-1-2）。行とは、「1件のデータ」です。表2-1-2では、横に長い1つのデータのかたまりが行です。この表の場合、（「：」の部分を除くと）「4行のデータ」があると表現します※3。これは、Excelなどのスプレッドシートと同じです。

列とは行の中での「項目」です。「"都道府県"列」「"最初に会った日"列」のように呼びます。表2-1-2の中で行と列が交わった部分の値は「管理番号の値が4の行の」「住所列」と呼ぶことができます。

行は「ロー（Row）」、列は「カラム（Column）」や「フィールド（Field）」などと呼ぶこともあります。本書の中でも、場所によって「列」といったり「カラム」といったりしますが、同じものだと考えて構いません※4。

▼表2-1-2 テーブルの行と列

知り合い一覧

列（住所列を囲む）／行（管理番号4の行を囲む）

| 管理番号 | 氏名 | 郵便番号 | 都道府県 | 住所 | 電話番号 | 最初に会った日 | 親密度(主観) |
|---|---|---|---|---|---|---|---|
| 2 | 阿伊 植夫 | 999-9998 | 千葉県 | 房総市東半島1-2-3 | 04-xxxx-xxxx | 1985/10/10 | 3 |
| 4 | 賀木 久家子 | 999-9993 | 佐賀県 | 平野市田園1234-5 | 0952-xx-xxxx | 1993/12/28 | 8 |
| 6 | 佐師 素世想 | 999-9991 | 北海道 | 大広野市草原56 | 011-xxx-xxxx | 2015/11/5 | 5 |
| 9 | 館 伝人 | 999-9997 | 長野県 | 長長郡中長長4321-98 | 0263-xx-xxxx | 2016/8/25 | 5 |
| | : | : | | | | | |
| | : | : | | | | | |

※3 「4行のデータ」は、「4件のデータ」と同じ意味です。

※4 逆に、行のことは本書ではあまり「ロー」とは呼びませんが、MySQLの実行結果画面で5行の結果が返ってきたときに「5 Rows」のように表示されるため、よく目にします。

## テーブルの特徴

テーブルとスプレッドシートとの大きな違いは、3点あります。

### 1. テーブルの列には「型」がある

それぞれの列には、「この列には、どのようなタイプ（型）のデータが入るのか」ということを決めておく必要があります。最も自由度が高いのは「文字列」で一般に可読文字であれば何でも登録できます。そのほかに、「日付（日付時刻）」や「数値」などがあります。表2-1-3では、「親密度（主観）」列には数値のみが、「最初に会った日」列には日付のみが入ることを示しています（テーブルを作るときに指定します。第7章で詳細を説明します）。スプレッドシートでデータ管理をしている場合は、「最初に会った日」列に「忘れた」のような文字を自由に入れたり、「親密度（主観）」列に「6から8くらい」や「最悪！」などの文字を入れたりすることができますが、テーブルの列で「ここは日付だけ」「ここは数値だけ」と決めた場合は、それら以外のタイプのデータを入れることはできません。

▼表2-1-3　テーブルの列と型の考え方

知り合い一覧

| 管理番号 | 氏名 | 郵便番号 | 都道府県 | 住所 | 電話番号 | 最初に会った日 | 親密度(主観) |
|---|---|---|---|---|---|---|---|
| 2 | 阿伊 植夫 | 999-9998 | 千葉県 | 房総市東半島1-2-3 | 04-xxxx-xxxx | 1985/10/10 | 3 |
| 4 | 賀木 久家子 | 999-9993 | 佐賀県 | 平野市田園1234-5 | 0952-xx-xxxx | 1993/12/28 | 8 |
| 6 | 佐師 素世想 | 999-9991 | 北海道 | 大広野市草原56 | 011-xxx-xxxx | 2015/11/5 | 5 |
| 9 | 館 伝人 | 999-9997 | 長野県 | 長長郡中長長4321-98 | 0263-xx-xxxx | 2016/8/25 | 5 |
| | : | : | | | | | |
| | : | : | | | | | |
| 数値だけ | 文字列 | 文字列 | 文字列 | 文字列 | 文字列 | 日付だけ | 数値だけ |

### 2. 1つのマスに複数の情報を入れない

例えば、知り合い一覧テーブルに、住所が2つある人（2拠点生活）を登録したいとします。その場合、スプレッドシートでは、表2-1-4（a）のようにしたいかもしれません。しかし、テーブルでは、このようにできません。テーブルの基本である「行と列からなる」を考えると、この構造には「行」が存在しない[※5]からです。文字列として設定された列であれば、表2-1-4（b）のようにコンマで区切るなどして複数の項目を入れることは可能ですが、検索しにくい、集計しにくいなど、データの使用勝手が悪くなるため、こういうことはしません。表としての枠線を勝手に消したり加えたりしてはいけないのです。

※5　見方を変えて、「1つの行のある列に複数のデータが入っている」と考えてもよいでしょう。

▼表2-1-4　テーブルではない例

(a) 知り合い一覧

| 管理番号 | 氏名 | 郵便番号 | 都道府県 | 住所 | 電話番号 | 最初に会った日 | 親密度(主観) |
|---|---|---|---|---|---|---|---|
| 2 | 阿伊 植夫 | 999-9998 | 千葉県 | 房総市東半島1-2-3 | 04-xxxx-xxxx | 1985/10/10 | 3 |
| | | 999-9985 | 東京都 | 小笠原村甥島31 | 04998-x-xxxx | | |

(b) 知り合い一覧

| 管理番号 | 氏名 | 郵便番号 | 都道府県 | 住所 | 電話番号 | 最初に会った日 | 親密度(主観) |
|---|---|---|---|---|---|---|---|
| 2 | 阿伊 植夫 | 999-…,<br>999-… | 千葉県,<br>東京都 | 房総市…, 小笠原村… | 04-…,<br>04998-… | 1985/10/10 | 3 |

## 3. 行には順序がない

テーブルのデータには順序がありません。スプレッドシートでは「3行目のデータ」のように示しますが、テーブルにはそのような概念はないのです。

RDBMSのテーブルでは、行はスプレッドシートのようにきれいに並べて保管されているわけではなくバラバラに保管されています。図2-1-1のように、1行を1つのデータとした情報が袋の中に入っているのをイメージするとよいでしょう。

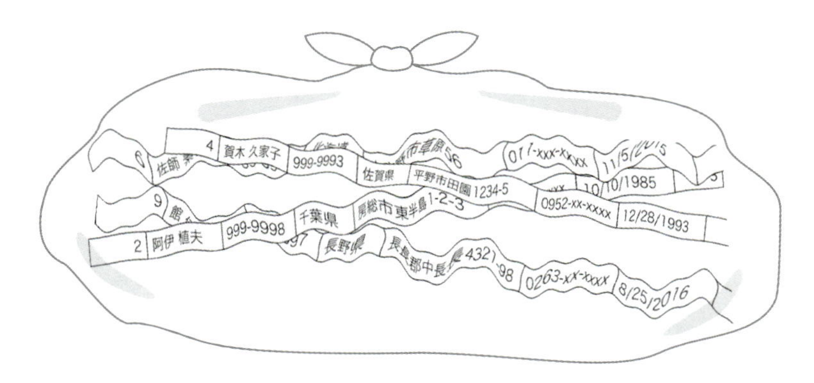


●図2-1-1　RDBMSのテーブルデータのイメージ

先ほどの説明の中で「管理番号が4の」と表現したのは、テーブルでは「3行目の」という概念がないためです。画面上では「上から順に」きれいな表形式に並んで見えていますが、便宜上並べているだけです。

「保管されているデータの行には順序がない」という話は、ほんの少しデータ操作ができるようになった入門者が勘違いしてハマる部分でもあるので、頭の片隅に置いておいてください。

## テーブルは自分で作る

ここまで、あたかもRDBMS上に「テーブル」というものが存在しているかのように説明してきましたが、RDBMSの初期状態ではテーブルは1つも存在していません※6。ユーザーが最初に、使いたいように自分自身で作る必要があります。

また、ほとんどのシステムでは、作成するテーブルが1つだけということはありません。複数のテーブルを作成し、必要なデータを適切なテーブルに登録し、参照するのが一般的です。例えば、先ほどの知り合い一覧の情報に加えて、年賀状などをやりとりした履歴を管理したい場合、たいていは表2-1-5（a）のように新たなテーブルを作成するでしょう。あるいは、このケースでは出すか受け取るかの2つしかないので、それぞれを列として定義した表2-1-5（b）のように作る方法もあります。いずれの場合も、追加したテーブルの「知り合い番号」の数字が、「知り合い一覧」テーブルの「管理番号」に紐付けられるようにデータ管理されるのが特徴です。

▼表2-1-5　複数テーブルの例

(a) 年賀状等やりとり一覧

| 知り合い番号 | 種類 | 授受 | 日付 | 備考 |
|---|---|---|---|---|
| 2 | 2022年年賀 | 受 | 2022/1/1 | |
| 2 | 2022年年賀 | 出 | 2021/12/10 | |
| 2 | 2023年年賀 | 受 | 2022/1/6 | |
| 2 | 2023年年賀 | 出 | 2022/12/25 | |
| 4 | 2022年年賀 | 出 | 2021/12/23 | |
| | : | : | | |

(b) 年賀状等やりとり一覧

| 知り合い番号 | 種類 | 出した日 | 受け取った日 | 備考 |
|---|---|---|---|---|
| 2 | 2022年年賀 | 2021/12/10 | 2022/1/1 | |
| 2 | 2023年年賀 | 2022/12/25 | 2022/1/6 | |
| 4 | 2022年年賀 | 2021/12/15 | | |
| 4 | 2023年年賀 | 2022/12/25 | | 来年から出すのやめる |
| 9 | 2022年年賀 | 2022/1/4 | 2022/1/3 | |
| 9 | 2023年暑中見舞い | | 2023/7/23 | |
| | : | : | | |

このように、テーブルの作り方は1つではなく、システムとしてやりたいことに応じてさまざまな形があります。RDBMSを使いこなすために習得すべきスキルはいくつもありますが、よいテーブルを作ることは「テーブル設計」と呼ばれ、重要なスキルの中の1つです。

※6　RDBMS自体を管理するためのテーブル（システムテーブルなど）はありますが、ユーザーが自由にデータを入れるためのテーブルはありません。

　必要に応じて複数個を作るテーブルですが、同じ構造で同じ内容の情報を格納するのであれば、テーブルは1つだけ作ってデータをまとめて管理するのが一般的です[※7]。先ほどの知り合い一覧テーブルを例にすると、10月5日に会った5人を格納するテーブルを作り、10月10日に新たに3人に出会ったので新しいテーブルを作る……というようにテーブルを増やすものではないということです。これらは「会った人」という内容で本質的に同じなので、1つのテーブルに（この例で「日付」が重要であるなら、日付情報を持つカラムを作って）格納するのが一般的です。紙の住所録ノートを作るときも、会った日が異なっても同じノートに書き足していくのであって、会った日が変わるごとに新しいノートに書き始めるわけではないのと同じです。

　テーブル設計については、第7章で改めて詳細を解説します。

##  スキーマ

　ここまで、テーブルはデータベース内でデータを格納するための「基本的な容れ物」であることを解説してきました。このテーブル群を整理して管理する単位が「スキーマ」です。スキーマは、ファイルシステムにおけるフォルダのようなもので、スキーマの中にテーブル群を作成していきます。

　もう1つ上位の概念として「データベース」と呼ぶ管理単位があります。データベースの中にいくつかのスキーマがあり、各スキーマの中にいくつかのテーブルがあり……というように多層で管理します。MySQLではデータベースとスキーマは同じものであり、PostgreSQLではデータベースの中にスキーマがあるといったように、RDBMSによってスキーマの概念が若干異なります[※8]。

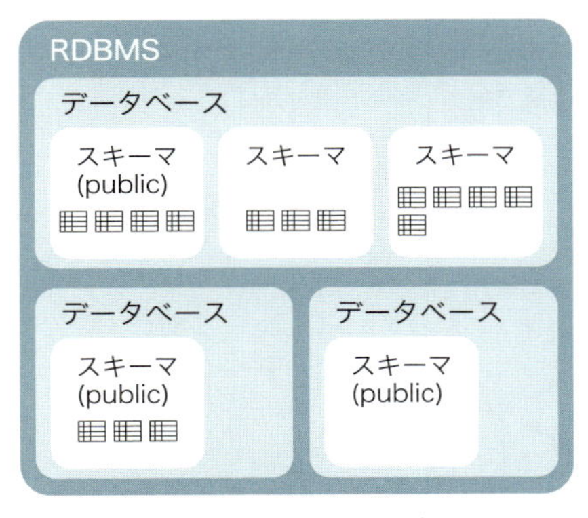


●図2-1-2　スキーマの概念

---

※7　データ件数が非常に多くなった場合などにパフォーマンスその他の管理上の理由で複数に分けることはテクニックとしてはありますが、初学者が検討する範囲の内容ではないので、ここでは割愛します。

※8　「データベース」という言葉がRDBMSを指しているのか、スキーマの管理単位であるデータベースを指しているのか、複雑に感じるかもしれませんが、大丈夫です。RDBMSを長らく使っている人たちでさえ、ややこしいなと思いながら、必要であればほかの言葉を補って間違いなく伝わるように苦労しているのです。

# 2-2 ブラックボックスとして見たときの「RDBMS」

データベース管理「システム」という名前から、なんだかすごく大仰な仕組みを想像してしまった人もいるかもしれません。もちろん、データを安全に管理し、高速に処理できるようにRDBMSにはさまざまな仕掛けがあり、その中身では非常に複雑なことを行っています。その部分は後の章で改めて説明するとして、ここでは利用者としてのRDBMSの見え方という点に絞ってみましょう。その本質は、非常にシンプルです。

## RDBMSはポートを開いて待ち受けている常駐プログラム

第1章で、RDBMSとは、管理しているデータに対してプログラムなどから追加、更新、削除、検索といったデータ操作の依頼を受けて処理をするものだと説明しました。この部分をもう少し詳しく見ていきましょう。

RDBMS自体の本質は、単なる「1つのプログラム」[※1]で、指示がやってくるのを待ち続けています。また、コンピュータシステムでは、プログラムが外部と情報をやりとりするために「ポート」と呼ばれるデータの出入り口を利用し、通信には特定の番号が割り当てられています。たとえば、Webサイト（httpやhttps）では 80番や443番ポートが、SSH通信では22番ポートが使われます。

RDBMSでも同様に「ポート」を開いて、依頼が届くのを待っているのです。使用するポート番号はRDBMS製品ごとに決まっていて、MySQLの場合は3306番ポートで待ち受けています[※2]。プログラムは、このポートに接続して、データ操作を依頼し、処理が終われば切断するという流れでRDBMSとやりとりを行います。RDBMSへの指示は、SQLという専用言語を使います。SQLはデータ操作だけではなく、テーブルやスキーマを作成したり削除したりすることもできます。

※1 実際には、データの安全を確保するためのさまざまな処理を請け負うプログラムやプロセスが連携しながら動作するので、必ずしも1つとは言い切れないかもしれません。RDBMS製品ごとに、その仕組みは異なります。

※2 PostgreSQLは5432番ポート、Oracle Databaseは1521番ポートです。この待ち受けポート番号は設定で変更できますが、特に理由がない限り、このままデフォルトポートを使うことがほとんどです。

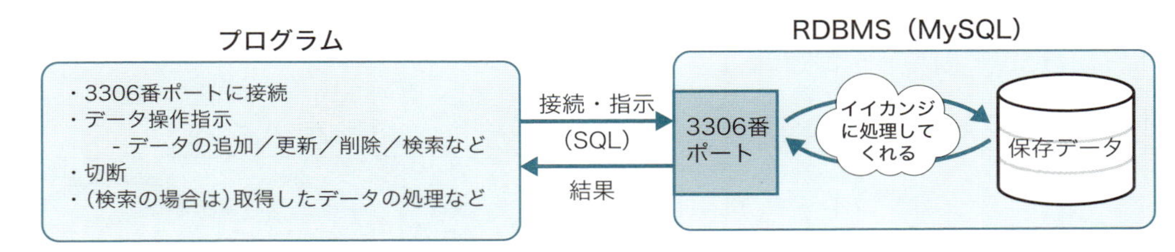


● 図2-2-1　データベースの動作

第1章では、さまざまな開発言語で書かれたプログラムからRDBMSサーバに接続して処理を依頼する形式を説明しました（図2-2-1）。これ以外にも、人間が対話式インターフェイスでアクセスすることもできます。各RDBMSソフトウェアはそれぞれ、対話的にSQL命令などを依頼できるクライアントプログラムを用意しています。「コマンドラインクライアント」や「CLI（Command Line Interface）」などと呼ばれます[※3]。

コマンド2-1に示したのは、`mysql`コマンドラインクライアントプログラムを用いてMySQLサーバに接続した例です。接続の処理が完了すると、最後に「`mysql>`」というプロンプトが表示されており、ここでSQL文などを入力してMySQLサーバにデータ操作やテーブル作成などの指示を行えます。

▼コマンド2-1　mysqlコマンドラインクライアントによるMySQLサーバへの接続の例

```
$ mysql -uroot -p
Enter password:

Welcome to the MySQL monitor.  Commands end with ; or \g.
Your MySQL connection id is 23477
Server version: 8.4.3 MySQL Community Server - GPL

Copyright (c) 2000, 2025, Oracle and/or its affiliates. All rights reserved.

Oracle is a registered trademark of Oracle Corporation and/or its
affiliates. Other names may be trademarks of their respective
owners.

Type 'help;' or '\h' for help. Type '\c' to clear the current input statement.

mysql>
```

図2-2-2に示したように、このコマンドラインクライアントも、RDBMSサーバが側から見れば「プログラム」の一種で、待ち受けていた3306番ポートに接続して来てSQLを送り

※3　MySQLでは`mysql`コマンド（一部では「小文字5文字マイエスキューエル」とも呼ばれています）、PostgreSQLでは`psql`、Oracle Databaseでは`sqlplus`などです。

付け、サーバが結果を返して用が済んだら切断するという点で、プログラムからアクセスされる場合と全く同じように扱われます。



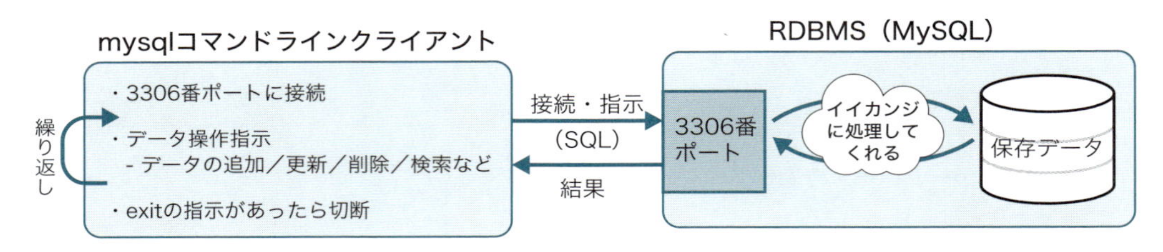


●図2-2-2　mysqlコマンドラインクライアントでの接続

## 誰でもデータにアクセスできるわけではない

データベースに保存するデータというのは、許可された特定の人だけがアクセスできる状態にしたいものです。待ち受けているポートにアクセスすれば誰でも自由にデータに触れることができてしまうと、大切な売上情報や取引先情報、漏れては困る個人情報などを安心してデータベースに登録できません。

そのため、RDBMSにはデータにアクセスできる人を制御する仕組みがあります。最も広く使われているのがユーザー名とパスワードによる制限です。アクセス権の設定は、基本的な単位としてはデータベースごとに行うのが一般的です（図2-2-3)。RDBMSによっては、より細かい単位で設定できるものもあります。また、アクセス権は単に「接続できる／できない」というだけではなく、対象のテーブルに対して何の操作を行えるのかを設定できます。詳しくは第3章および第6章で説明します。

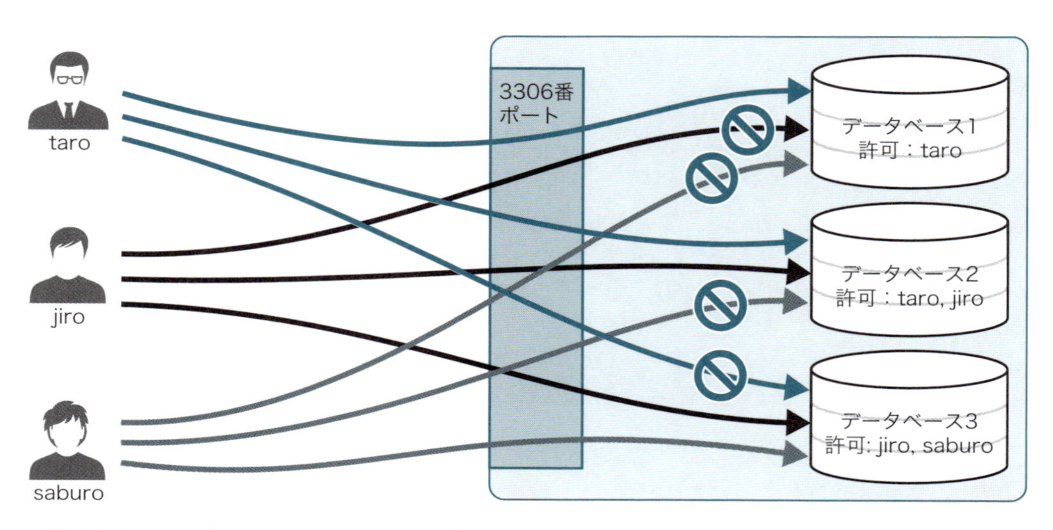


●図2-2-3　データベースごとのアクセス権のイメージ

# 2-3 RDBMSに依頼できること



ここまでで、データベースに接続して何か依頼・指示ができるらしいということまでは理解できたでしょう。では、どのような指示ができるのでしょうか。ここでは、それを解説していきます。RDBMSのへの依頼は、基本的には、第1章で説明した「SQL」という言語を使用します。SQLの具体的な会話構文については本書の後半でじっくりと解説するので、ここではどんなことができるのか、概要を理解しておきましょう。

## データ操作

RDBMSを使う最大かつ唯一の目的は「データ管理」です。つまり、データに対する操作を行うことが、RDBMSへの依頼事項として最も大切なものだといえるでしょう。データはテーブルに入っているので、テーブル上での操作と言い換えることもできます。

可能なデータ操作は4種類だけです。なお、具体的なイメージを把握するための助けとなるようにSQL文ののサンプルを示していますが、第4章で改めて説明します。まずは気楽に、「こんな感じなのか」という雰囲気を把握してください。

### 追加（登録）

テーブルに対して、1行分のデータを追加する指示です。INSERT文を使用します。データベース上に5つのカラムを持つmymenuテーブルが存在するとき、この指示をするだけでmymenuテーブルに1件のデータが追加登録されます。

▼mymenu（料理店のメニュー）テーブルに1行を追加する最もシンプルな例※1

```
INSERT INTO mymenu VALUES (123, '味噌ラーメン', 960, '麺類', '3種類の味噌を絶妙にブレンドした逸品');
```

### 削除

テーブルにあるデータから行を特定する条件を指定して削除します。削除は、必ずしも1行だけが対象になるわけではなく、指定する条件によって複数の行がまとめて削除されることもあります。DELETE文を使用します。なお、「ゴミ箱」のような便利な一時削除エリアは存在せず、削除を依頼されると、「削除してよいですか」のような確認をしてくれることもなく、削除が実行されます。

※1　id=123として、「メニュー商品名」「価格」「カテゴリ」「商品説明」の列があるテーブルに対する登録のイメージです。なお、mymenuテーブルは料理店にあるテーブルではなく、データベースのテーブルです。

▼麺類の扱いを止めるので、mymenu（料理店のメニュー）テーブルからカテゴリ（category）列が「麺類」であるものを削除する例

```
DELETE FROM mymenu WHERE category='麺類';
```

### 更新

テーブルにあるデータから行を特定する条件に加えて、どの列の値をどのように変更するのかの情報を添えて指示します。DELETE文と同様に指定条件によっては複数行がまとめて更新されることもあります。UPDATE文を使用します。

▼mymenu（料理店のメニュー）テーブルにあるid=147の行の価格（price）を1030円に更新する例

```
UPDATE mymenu SET price=1030 WHERE id=147;
```

### 検索・集計

テーブル内の行を取り出したり、集計したりします。複数のテーブルを組み合わせてデータを取り出したり、強力な集計機能を利用したりと、機能は多岐にわたります。「SQLを学ぶ」といった場合に、そのほとんどの時間をこの検索・集計機能の習得にかけるといっても過言ではありません。SELECT文を使います。ここではSELECTの簡単な使用例として、単純に行を指定して取り出す例を示します。

▼mymenu（料理店のメニュー）テーブルから、カテゴリが「デザート」であるものを取り出す例。取り出すのは、メニュー名（name）と価格（price）列だけにする

```
SELECT name, price FROM mymenu WHERE category='デザート';
```

例を見てみると、1つひとつのデータ操作方法は非常にシンプルだということがわかります。この中で、UPDATE／DELETE／SELECTに共通しているのが「対象行を特定している」という点です。「行を特定する条件」を上手に指定できるようになることが、SQL習得の鍵といえるでしょう。

## データベースオブジェクトの管理

テーブルやスキーマは、データベースで管理したい内容に応じて利用者が自分で作成するものです※2。テーブルやスキーマを作成する依頼もSQL文で行います。

データベースとスキーマの階層の考え方はRDBMSによって異なります。ここではMySQLを例に説明します。

※2 チームで開発している場合は、それを担当する人が作ってくれるかもしれませんが、こういうケースでは、この文は「利用するチームが自分で作成する」と読み替えてください。

### スキーマの作成

MySQLでは「スキーマ＝データベース」なので、スキーマを作成するというのは「データベースを作成する」と同じことです。スキーマの作成は、CREATE DATABASE文を使います[※3]。

RDBMS製品によっては、どのディスク領域[※4]を使うのか、デフォルトの文字コードは何かなどをオプションとして指定できます。データベースの中にスキーマがあるRDBMS製品では、データベース作成後にデータベースを指定して、その中にCREATE SCHEMA文でスキーマを作成します。

▼販売管理（hankan）データを扱うためのデータベースを作成する例

```
CREATE DATABASE hankan;
```

### スキーマの削除

MySQLでは、スキーマの削除にはDROP DATABASE文（またはDROP SCHEMA文）を使います。スキーマの中にある、大切なデータを保持しているテーブル群も一緒に消えてしまうので、非常に怖い作業でもあります。開発中や検証中、学習中以外では頻繁に使う命令ではありません。

▼販売管理（hankan）データを扱うためのデータベースを削除する例

```
DROP DATABASE hankan;
```

### テーブルの作成

スキーマの中にテーブルを作る依頼もSQLで行えます。CREATE TABLE文を使います。テーブル名と、各カラムの名前および型などを指定します。詳細は、第7章で解説します。

▼料理店のメニューデータを管理するためのテーブルmymenuを作成する例

```
CREATE TABLE mymenu (
  id      INT,
  name    VARCHAR(20),
  price   INT,
  category VARCHAR(10),
  description TEXT);
```

※3 CREATE SCHEMA文でも同じです。別名（シノニム）です。
※4 正確には、ディスク領域を定義した「テーブルスペース」です。

### テーブルの削除

テーブルの削除は、DROP TABLE文を使います。テーブルの中身、つまり登録されている大切なデータも一緒に消えてしまうので、これも慎重に実行しなければならない命令の1つです。

▼料理店のメニューデータを管理するためのテーブルmymenuを削除する例

```
DROP TABLE mymenu;
```

### その他のオブジェクトの作成と削除

データベースには、データベースやテーブルといったオブジェクトのほかにもいくつかのオブジェクトがあります。本書では詳しく解説しませんが、インデックス、トリガ、ビュー、シーケンスといったオブジェクトがよく知られています。これらのオブジェクトの作成と削除にも、CREATE文／DROP文を使います。基本的に、データベース内のオブジェクト作成にはCREATE文、削除にはDROP文を使用するという統一が採られているので、理解しやすいでしょう※5。

▼その他のオブジェクトの作成と削除の例

```
CREATE INDEX ...(略)...
CREATE VIEW ...(略)...
DROP TRIGGER  ...(略)...
```

## ユーザーの管理

データベースを使用できるユーザーの管理もSQLで行います。ユーザーの管理方法はRDBMS製品ごとに違いがあるので、利用しているRDBMSのマニュアルを確認してみてください。次のような依頼が可能です。

- **ユーザーの作成**
- **ユーザーの削除**
- **ユーザーがアクセスできるデータベースオブジェクトの許可出し**
- **ユーザーがアクセスできるデータベースオブジェクトの許可取り消し**

MySQLでの例を示します※6。

※5 オブジェクトの定義の変更にはALTER文を使います。
※6 MySQLではユーザーを「ユーザー名＋アクセス元」として扱うため、mymyというユーザー名とlocalhostというアクセス元のセットを各文の中で記述しています。

▼ユーザー作成の例

```
CREATE USER mymy@localhost IDENTIFIED BY 'p@55w0Rd';
```

▼ユーザー削除の例

```
DROP USER mymy@localhost;
```

▼mymyユーザーがmydbデータベースに対して、SELECT、INSERT、UPDATE、DELETEのみを行えるような許可を指定する例

```
GRANT SELECT,INSERT,UPDATE,DELETE ON mydb.* TO mymy@localhost;
```

▼mymyユーザーのmydbへの権利のうち、UPDATE権限のみを除去（剥奪）する例

```
REVOKE UPDATE ON mydb.* FROM mymy@localhost;
```

## 状態の確認など

現在のサーバの稼働状況や設定状態などをSQLで確認できます。各RDBMSごとに依頼方法は全く異なるので、マニュアルを確認してください。詳しくは第3章で紹介します。

# 2-4 データを損失から守る工夫

RDBMSは、大切なデータを守る守護神です。いろいろな状況に対してデータを失わずに守り通すために、さまざまな工夫が凝らされています。その範囲は、更新処理によってデータの不整合が起きないようにするための工夫から、予期せぬ出来事[※1]からもデータを守り切るものまであります。RDBMSは、通常、1人だけで使用するものではないので、みんなが次々に更新するような場合でもデータに不整合が起きないようにする工夫もあります。

## 更新の「かたまり」が重要

RDBMSへのデータ更新操作は、テーブルに対して行を追加したり、既存行の内容を書き換えたりするものだと学びました。実際のシステムでは、1つのテーブルへの1回の更新操作で完了するものだけではなく、複数回の更新SQLによって実施されるものが多くあります。

また、プログラム側からの視点としては、更新処理というのは、プログラム内から更新の依頼をして終わりというわけではなく、RDBMSから「更新成功」または「更新失敗」の結果を必ず受け取るということです。プログラムでは更新失敗した場合はリトライするなり、画面操作を行っているユーザーに画面上で「更新が失敗しました」と伝えるなりの処理を記述します。

また、RDBMSというのも単なるソフトウェアであることを認識しておかなければなりません。つまり、どこかのサーバマシンの上で動作しているため、急な停電やサーバマシンの故障など、処理の途中で急に物理的に電源が失われてしまうこともあります[※2]。あるいは、RDBMS自体のバグによって処理が途中で中断してしまったり、同じOS上で動くほかのプログラム、さらにはOSそのものの動作の影響でRDBMSの処理が完了できないことも起こりえます。

### 銀行口座の資金移動データの例

RDBMSの学習をしていると必ずといってよいほど登場するのが「銀行口座間の資金移動の例」です。ここでも、それに倣って「更新のかたまり」の考え方を説明しましょう。

とある銀行に、図2-4-1のような銀行口座残高テーブルがあるとします[※3]。

※1 RDBMS側で「想定して」工夫が凝らされているので、まんざら「予期せぬ出来事」というわけでもないのですが。

※2 こういったリスクを低減するためにサーバマシンに無停電電源装置（UPS）を備えたりするなど何重にも対策は講じますが、それでもリスクは低減されるものの、突然の電源断は発生します。

※3 もちろん、実際の銀行残高の管理は、明細などの更新履歴を保存するといった必要があるので、こんなにシンプルではありません。ここでは考え方の例として捉えてください。

```
 顧客名  ¦ 残高(円)
---------+-----------
 Aさん   ¦ 1,000,000
 Bさん   ¦   500,000
 Cさん   ¦ 1,200,000
 :       :   :
```

●図2-4-1　銀行口座残高テーブル

ここで、AさんがBさんに10万円を振り込んだとします。このとき、テーブル上のデータの扱い方として「AさんからBさんに移動」という操作ができるわけではありません。テーブルデータとしては、次の2つの処理を行うことになります。

**1. Aさんの口座から10万円を減らす処理**
**2. Bさんの口座に10万円を加える処理**

擬似的にSQL風に表現すると、次のようになります※4。

▼Aさんから10万円を減らす処理※5

```
UPDATE 銀行口座残高 SET 残高 = 1,000,000 - 100,000 WHERE 顧客名='Aさん';
```

▼Bさんに10万円を減らす処理

```
UPDATE 銀行口座残高 SET 残高 = 500,000 + 100,000 WHERE 顧客名='Bさん';
```

このとき、1.が実施されて、2.が実施される直前という絶妙のタイミングで突然停電が発生して※6処理が止まってしまったとします。再びRDBMSが起動されたとき、どんな状態になるかを想像してみてください。

```
 顧客名  ¦ 残高(円)
---------+-----------
 Aさん   ¦   900,000
 Bさん   ¦   500,000
 Cさん   ¦ 1,200,000
 :       :   :
```

●図2-4-2　途中で処理が止まってしまった時の銀行口座残高テーブル（想像）

※4　ここでは読みやすさのために数値に桁区切りのコンマを付けていますが、実際のSQL操作の際には、数値にコンマを付けることはできません。

※5　紙面上で金額の計算がわかりやすいように値の計算式を記述しましたが、Aさんの行の残高を使用して計算する方法（UPDATE 銀行口座残高 SET 残高=残高-100,000 WHERE 顧客名='Aさん';）や、プログラム側であらかじめ残高を計算して更新内容として与える方法（UPDATE 銀行口座残高 SET 残高=900,000 WHERE 顧客名='Aさん';）も可能です。

※6　停電は、いつでも突然です。

Aさんの100万円から10万円が差し引かれ、Bさんの50万円にそれを加算する処理が行われる前に止まってしまったのだから、表2-4-2のようになっていると想像したのではないでしょうか。その通り。何も工夫がされていない場合は、このような状態になります。でも、これでは困ります。つまり、「Aさんから Bさんに資金を移す処理」は、常にひとかたまりとして行われる必要があるのです。「Aさんから差し引く」という処理だけが実施された状態は、銀行員による着服でもない限り、あってはなりません※7。

そこでRDBMSには「この処理はひとかたまりですよ」と指示する方法が用意されています。先ほどの1.と2.の処理の前後にかたまりを伝えるための命令を追加します。

**0. 今から行う処理はひとかたまりですよ**
**1. Aさんの口座から10万円を減らす処理**
**2. Bさんの口座に10万円を加える処理**
**3. ひとかたまりの処理、完了です！**

具体的なSQLとしては、0.はBEGIN（RDBMSによってはSTART TRANSACTION）で、3.はCOMMITに相当します。擬似コードで示すと次のようになります。

```
BEGIN;
UPDATE 銀行口座残高 SET 残高 = 1,000,000 - 100,000 WHERE 顧客名='Aさん';
UPDATE 銀行口座残高 SET 残高 = 500,000 + 100,000 WHERE 顧客名='Bさん';
COMMIT;
```

1.のみが実施された状態で処理が終了してしまった場合は、次回にRDBMSが起動した際に完了（COMMIT）していないAさんへの更新処理は巻き戻されます。

```
 顧客名  ¦ 残高(円)
---------+-----------
 Aさん   ¦ 1,000,000
 Bさん   ¦   500,000
 Cさん   ¦ 1,200,000
 :       :   :
```

●図2-4-3　途中で処理が止まったけど無事にAさんの残高は元に戻っている銀行口座残高テーブル

※7　もちろん、銀行員による着服もあってはなりません。

また、例えば2.の処理の前にプログラム側で確認処理を行い※8、条件によっては処理を中断したいことがあるかもしれません。この場合は、3.でのCOMMITの代わりに「ROLLBACK」という命令を送ることで「今までの更新はなかったことにして！」という指示を行えます。先ほどの処理が完了せずに途中で終了してしまった例では、RDBMS起動時にAさんへの更新処理が自動でROLLBACK（ロールバック）されていたということになります。

このような仕組みによって、RDBMSはデータの一貫性（整合性）を保つような工夫がされているのです。

なお、ここで紹介したBEGIN（START TRANSACTION）、COMMIT、ROLLBACKも、SQL文です。SQLは、その役割に応じて大きく3種類に分類されています。

- **データそのものを操作するDML（データ操作：Data Manipulation Language）**
  SELECT、INSERT、UPDATE、DELETEなど
- **データベースオブジェクトを操作するDDL（データ定義：Data Definition Language）**
  CREATE TABLE、DROP TABLEなど
- **更新処理などのかたまりを指定するDCL（データ制御：Data Control Language）**
  BEGIN、COMMIT、ROLLBACKなど

### COLUMN　トランザクションのACID特性

「関連する一連の処理をひとかたまりの単位として扱う仕組み」のことを**トランザクション**といいます。トランザクションは、ACID特性と呼ばれる4つの性質を満たす必要があるとされています。

- **A：Atomicity（原子性）**
  一連の処理が「全てが成功するか、全て失敗するかのどちらかしかない」という性質。資金移動の例でいえば「Aさんからマイナスしたら、Bさんに必ずプラスされる。あるいは、Bさんにプラスされないならばさんからのマイナスは実施されない」となり、どちらか片方だけで終わることはない。ひとかたまり（原子的）である。
- **C：Consistency（一貫性・整合性）**
  トランザクションの前後で、データが常に正しい状態（矛盾のない状態）を保つ性質。資金移動の例では、資金移動前と移動後で、トータルの金額が合わなくなるような不整合は起きないようにするなど。

※8　プログラム側で処理開始にAさんとBさんの残高を取得しておいて、2.の更新前に改めてBさんの残高が、あらかじめ取得した500,000円から変わっていないことを確認するといったことが考えられます。ほかの人がBさんの残高を更新してしまっていたら、2.の処理で600,000円に更新するのは正しくないので、処理中断させるべきです。

- **I：Isolation（隔離性・独立性）**
  RDBMSはたくさんの人が同時に更新処理を行うことがあるが、複数のトランザクションが同時進行していても、互いに干渉し合わずに動作する性質。他人の送金処理が中途半端な状態を、自分の処理から見えないようにする。資金移動の例でいえば、他人からは「Aさんから10万円引かれたがBさんにはまだ10万円が入っていない」という半端な状態は見えないなど。
- **D：Durability（永続性・耐久性）**
  コミットが完了したデータは、データベース障害や、サーバダウンなどがあっても、結果が失われてはならないという性質。RDBMSに更新処理を依頼したプログラムが、いったん「処理成功（＝commit完了）」の通知を受け取ったら、そのデータは確実にRDBMS上に存在すると安心してよい。

なお、近年台頭しつつある分散データベースでは、分散という性質上、ACID特性の全てを同時に満たすのは困難とされており、その代わりに別の観点に基づく「BASE特性」が提唱されています。本書ではBASE特性については解説しませんが、興味のある人は、分散データベースの場合には、なぜACIDを満たせないのか、調べてみるとよいでしょう。

## みんなで更新するための工夫

RDBMSのデータは、たくさんの人で一緒に利用するものです。自分が更新途中のデータをほかの人が別の値に変更してしまっては困ることもあるでしょう。そのために、自分が更新中は他人にそのデータを触られないようにする仕組みである「ロック」が必要になります。

仕組みとして一番わかりやすいのは「今から私がこのデータベースを触るから、ほかの人は更新しないでね」という方法です。共有フォルダに置いたExcelファイルを開こうとして、誰かが開いている場合に「○○さんが開いています。読み取り専用で開きますか？」というメッセージが表示されて編集できない経験がある人も多いでしょう。「○○さん」が更新を終了する（＝Excelファイルを閉じる）と自分が編集できるようになります。これならば確実に更新は競合しませんが、多くの人がどんどん更新したいことがあるRDBMSのシステムでは、ちょっとのんびりしすぎています。

そこで、データベース全体をロックして占有してしまうのではなく、もう少し小さい単位にするという発想が出てきます。具体的には、ロックする単位を「このスキーマを」「このテーブルを」のように小さくしていけば影響範囲が小さくなり、たくさんの人がそれぞれの行を同時に更新できるようになります。現在のRDBMSは、主に行の単位でロックを行うことを基本として設計されています。

行単位でのロック機構により、多くの人が同時に更新処理を実施できる可能性が大きく広がりましたが、ここで1つ課題が発生します。図2-4-4を見てください。これは、更新者Xと更新者Yの2人ともが、AさんとBさんの行を更新しようとしているものです[※9]。更新者Xの立場で見ると、Aさんの行のロックを獲得したのち、次にBさんの行のロックを獲得しようとした際に「更新者YがBさんのロックを持っている」（Excelの例でいうと「ファイルを開いている」状態）ということで、それらの処理が完了してロックが開放されるのを待つ必要があります（①）。一方の更新者Yは、Bさんの行のロックを獲得して更新した後、Aさんの行のロックを獲得しようとするのですが、その行は更新者Xがすでに押さえているところなのでロックを獲得できません（②）。双方で相手の処理を完了するのを待っている状態ですが、相手の処理も自分の処理完了を待っているため、お互いに相手が完了するのを待ち続けて永遠に終わりません。

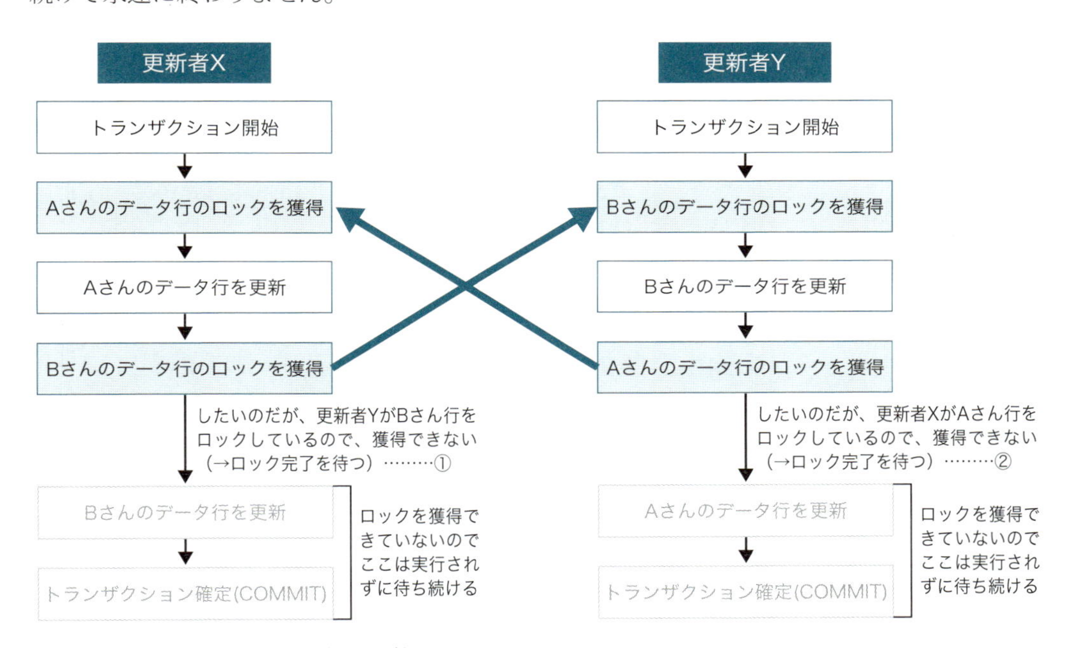


●図2-4-4　デッドロックが起きる状況

この状態を「デッドロック」と呼びます。永遠に終わらないのは困るので、RDBMSはデッドロックを検出する仕組みを備えています[※10]。それは、デッドロックが検出された場合に原因となるトランザクションの1つをロールバックするといったものです。どのトランザクションをロールバックするかはRDBMS製品ごとに異なりますが、最も被害が少なそうだとRDBMSが判断したトランザクションがロールバック対象となるように工夫されていることが多いようです。

※9　例えば、更新者XがAさんからBさんへの送金を、更新者YがBさんからAさんへの送金を同時に実施しようとした際に、このような状況が発生します。
※10　基本的には、内部でロック待ちの行列を作成し、相互に待ち合っているものを検出するという仕組みです。

## データベース内部でのデータ管理の概念

先ほどのAさんからBさんに資金移動をする例を、もう一度考えてみましょう。この処理は、⓪トランザクション開始、①Aさんから10万円を引く、②Bさんに10万円を加える、③確定（COMMIT）から成り立っていました。そして、これらの更新処理はAtomicity（原子性）を持っているのでした。

さて、このとき、データベースの内部ではデータは、どのように格納されているかを考えてみましょう※11。

単純に、図2-4-5のように更新されていると考えるのが自然かもしれません。しかしこのように実際の行の値をすぐに書き換えてしまうと、Aさんから100,000を引いたタイミングで別の人がデータを参照すると、「Aさんは900,000円でBさんは500,000円」という不整合な情報が見えてしまうことになります。これでは困ります。

トランザクション開始

| 顧客名 | 残高 |
|---|---|
| Aさん | 1,000,000 |
| Bさん | 500,000 |
| Cさん | 1,200,000 |

①Aさんから100,000円を引く更新

| 顧客名 | 残高 |
|---|---|
| Aさん | 900,000 |
| Bさん | 500,000 |
| Cさん | 1,200,000 |

②Bさんに100,000円を加える更新

| 顧客名 | 残高 |
|---|---|
| Aさん | 900,000 |
| Bさん | 600,000 |
| Cさん | 1,200,000 |

COMMIT

●図2-4-5　単純に考えた更新の例

そこでRDBMSでは、更新時にはいきなりデータを書き換えるのではなく、少し工夫をしています。図2-4-6に示したのが、その概念です。各データはどのトランザクションによって更新されたかを示すトランザクションIDを持っています。そして、トランザクション開始時には、そのトランザクションに対してトランザクションIDというものが振られます。更新時には元のデータが上書きされるのではなく、それとは別にトランザクションID＋更新後のデータを格納します。データを読む側は、このように格納された状態から、適切なデータを読み出します。この仕組みは非常に複雑なので、本書の範囲では「このように同じ行のデータでも内部では複数のバージョン（履歴）が格納されている」ことを理解していれば問題ありません※12。

トランザクション開始(トランザクションID=111)

| トランザクション | 顧客名 | 残高 |
|---|---|---|
| 101 | Aさん | 1,000,000 |
| 102 | Bさん | 500,000 |
| 103 | Cさん | 1,200,000 |

①Aさんから100,000円を引く更新

| トランザクション | 顧客名 | 残高 |
|---|---|---|
| 101 | Aさん | 1,000,000 |
| 102 | Bさん | 500,000 |
| 103 | Cさん | 1,200,000 |
| 111 | Aさん | 900,000 |

②Bさんに100,000円を加える更新

| トランザクション | 顧客名 | 残高 |
|---|---|---|
| 101 | Aさん | 1,000,000 |
| 102 | Bさん | 500,000 |
| 103 | Cさん | 1,200,000 |
| 111 | Aさん | 900,000 |
| 111 | Bさん | 600,000 |

COMMIT

●図2-4-6　実際の更新の例

※11　ここでの説明は特定のデータベースでの実際の動作を表したものではなく、考え方を説明するための例であることに注意してください。実際の実装は、もっと複雑です。

※12　興味がある人は、「MVCC（MultiVersion Concurency Control）」で調べてみてください。

##  トランザクション分離レベル

ここで、データを参照する側に立って考えてみましょう。RDBMSを使用しているのは自分1人ではないので、自分がデータを参照している間にも、ほかの人がデータを更新し続けています。データを参照する人は、基本的にはRDBMS上の最新の情報を参照したいわけですが、この「最新」とは何なのか、深く考えていくと実は本当に深い話であることがわかります。

先ほどのAさんからBさんに10万円を送金する例を採り上げます。この更新中にもたくさんの人がデータを参照しています。「参照する人1」さんが「参照ポイント①-1」でAさんの残高を参照した場合（図2-4-7：①）、どんな値が返ってくるのが正しいでしょうか（ケース①）。また、「参照する人2」さんが「参照ポイント②-1」でAさんの残高を参照した後、更新する人のトランザクションが完了した後である「参照ポイント②-2」でBさんの残高を参照したらいくらになるでしょうか（ケース②）。

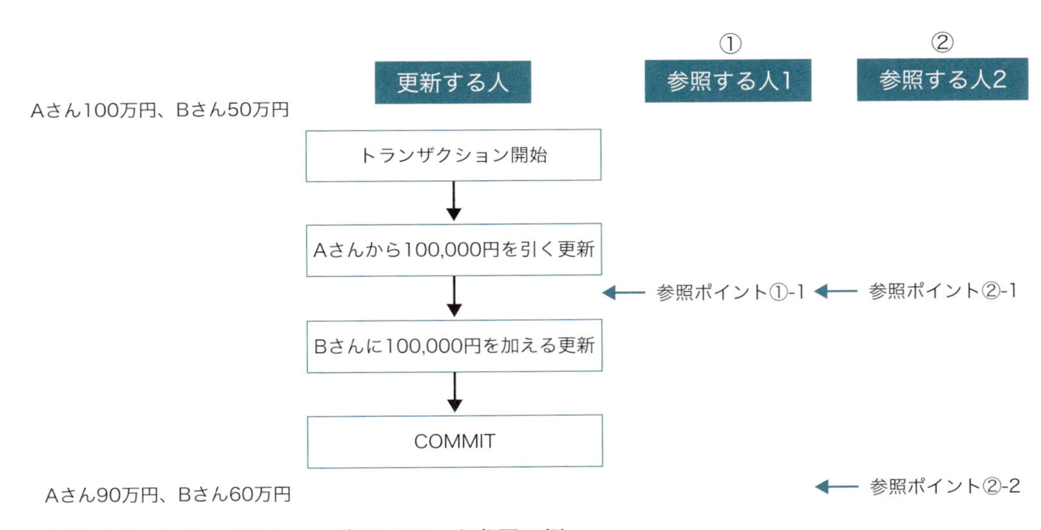


●図2-4-7　トランザクション内でのデータ参照の例

実は、どの値を読むかは、読み取り側が決めることができます。ここまでの学習でトランザクション中の更新（＝未確定の情報、半端な情報）は、ほかの人から見えないことで参照データの一貫性が保たれていることを学びました。しかし、あえて確認したい場合もあります[※13]。ケース①では、基本的には更新が確定している値として、Aさんの残高は100万円として得られるべきですが、読み取り側の設定によっては未確定の値（ただし、内部では更新が進行している値）である90万円を参照することもできます。

※13　とはいえ、実は、このようなケースはそれほど多くありません。例えば発売開始数秒で売り切れてしまうような人気列車の指定席の予約などでは、未確定であっても予約トランザクションが進行中のものも参照できたほうが、お客さんに「席取れます」と伝えてから「やっぱり取れませんでした」といってガッカリさせることが減るかもしれません。

ケース②では、別の課題が出てきます。参照ポイント②-1でAさんの残高を（未確定の90万円ではなく確定済の）100万円として得たとします。次に、参照ポイント②-2でBさんの残高を参照すると、これは「更新する人」の処理が確定（COMMIT）されているので、更新後の60万円という値を得ます。参照する人2が一連の集計処理を行っていた場合、これでは「Aさん100万円、Bさん60万円」という結果を得ることになり※14、これは正しくない状態といえるでしょう。Aさんを100万円と得たなら、Bさんは50万円として得たいところです※15。

こういったデータの見え方の制御を行うのが「トランザクション分離レベル」という考え方です。

ケース①で、未確定のものでも更新進行中のものがあれば読みたいというのであれば「Read Uncommitted（コミットされていないものを読む）」というレベルを指定します。コミットされたものを読む場合は「Read Committed（コミットされたものを読む）」というレベルです。コミットされていないものを読むことは「Dirty Read（ダーティリード）」と呼ばれています。日本語では「汚読」と訳されている本もあり、データの一貫性を大切にするRDBMSの世界ではあまり歓迎されていない動作であるような印象さえ受けます。

ケース②は、参照ポイント②-1と参照ポイント②-2で一貫性を持った読み取りをしたい、柔らかくいうと「ひとかたまりの処理」として扱いたいということです。「ひとかたまり」というのは、どこかで聞いたことがないでしょうか。更新時のトランザクションの考え方として学びました。データの読み取りの際にも、この「ひとかたまり」の考え方は有効です。参照する人2は、一連の参照処理を適切な分離レベルを指定した上で、トランザクションとして扱えばよいのです。このときに使いたい分離レベルが「Repeatable Read（反復可能読み取り）」です。その名の通り、トランザクション内では何度読んでも一貫性を持った値を得ることができます。今回の例では、更新がCOMMITされた後である参照ポイント②-2でBさんの値を50万円として得られます。Aさんの値を読んでも、「反復可能」の言葉通り、更新前の100万円という値を得ます。

分離レベルの話をするときには、既存の行が更新されるだけではなく、新たな行が発生する場合も想定しておかなければなりません。「更新前の値を読むか、更新後の値を読むか」という既存の行に対する考え方とは別に、新規のデータ行は更新前のデータが存在しないので少し状況が異なります。

※14　実は、この例では、SQLの工夫でAさんとBさんの値を同時に取得するということもできます。今回は「参照する人2」さんの集計作業の都合で、それぞれ別々に取得した例だと考えてください。

※15　ここでAさん90万円を先行して参照できればよいのではと考えた人もいるかもしれません。しかし、この90万円は未確定な状態なので更新がキャンセル（ROOLLBACK）されるかもしれず、あるいは更新ポイント②-2が更新ポイント②-1とほぼ同時に（Bさんに10万円を加える前に）実施されれば、このケースでは不整合は防げません。

Repeatable Readのトランザクション内でも、新規データ行が追加された場合はその値が見えてしまうというのが分離レベルとしてのRepeatable Readの考え方です。ただし「反復可能」を謳っているのに反復的に同じデータが読めないのはおかしいとの考え方からか、MySQLをはじめとするいくつかのRDBMSではこういった現象を回避する動作をするように実装されています。RDBMSによって異なる部分なので、学習の際には利用しているRDBMSのマニュアルをよく読んでみてください。なお、新規行が突然「幽霊のように」湧いて見えてしまうことから、この現象は「Phantom Read（ファントムリード）」と呼ばれています。Phantom Readを発生させないようにする分離レベルが「Serializable（直列化可能）」です。Serializableは読み取りの一貫性を保つことができて一見するとよさげなのですが、実現のために更新時に厳しめにロックを確保するために、たくさんの処理を同時に実行できなくなります（自分の処理が完了するまでに多くの処理を待たせることになる）。

「Read Uncommitted」「Read Committed」「Repeatable Read」「Serializable」という4つの分離レベルと、「ダーティリード：汚読」「非リピータブルリード：反復不可能な読込」「ファントムリード：幽霊読込」を一覧表にまとめたものが、表2-4-1です。ただし、前述のとおり、Repeatable Readの際にファントムリードが発生しないようにしてあるRDBMSもあります。

▼表2-4-1　トランザクション分離レベル

| 分離レベル | ダーティリード | 非リピータブルリード | ファントムリード |
|---|---|---|---|
| Read Uncommitted | 発生する | 発生する | 発生する |
| Read Committed | 防止される | 発生する | 発生する |
| Repeatable Read | 防止される | 防止される | 発生する※16 |
| Serializable | 防止される | 防止される | 防止される |

分離レベルの考え方に基づいて銀行送金の例で具体的に見てみると、トランザクションは、図2-4-8のようになります（Repeatable ReadでPhantom Readが発生しないRDBMSでは異なります）。この例では、更新1がトランザクション内でAさんから10万円を減じ、Bさんに10万円を加えてコミットを行い、その合間に更新2が新規のCさんの行を20万円として追加しています。

※16　一部のRDBMSでは「防止される」となります。

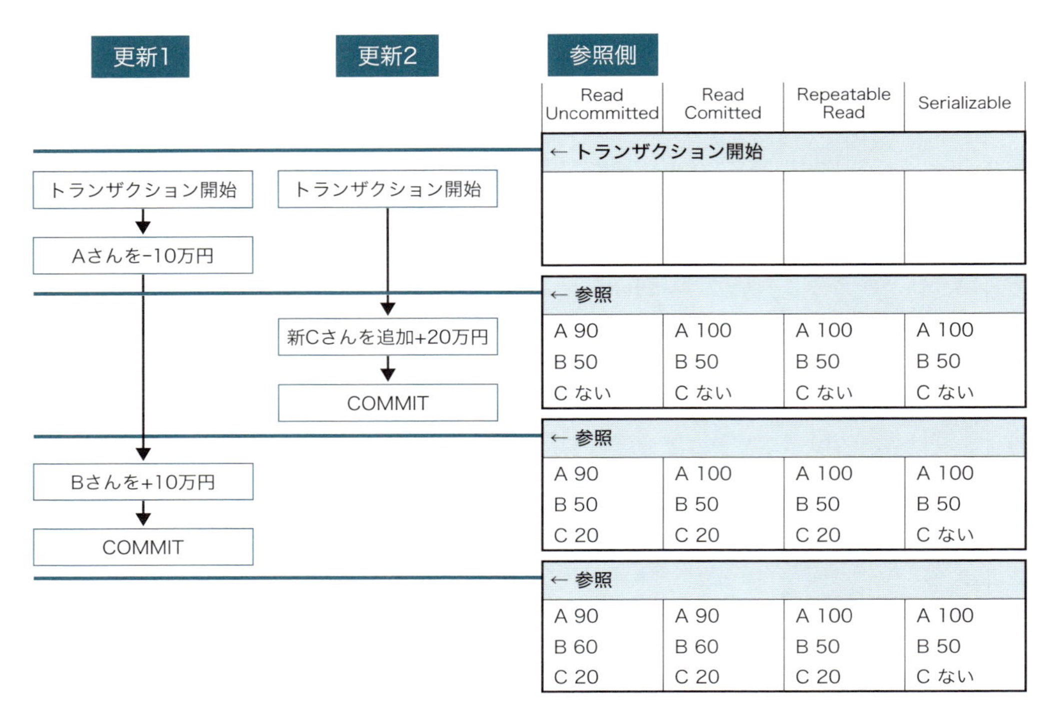


●図2-4-8　分離レベルの考え方に基づいた銀行送金の例

## トランザクション分離レベルの指定方法

トランザクション分離レベルの指定方法はRDBMSによって異なります。トランザクション開始前にセッションの情報として指定してからトランザクションを開始するパターンや、トランザクション開始時に併せて指定するパターンがあります。

▼MySQLの分離レベル指定方法の例

```
SET SESSION TRANSACTION ISOLATION LEVEL SERIALIZABLE;
START TRANSACTION;
（いくつかの参照処理）
COMMIT; （参照しかしていないので ROLLABCK;でも同様の動作）
```

▼PostgreSQLの分離レベル指定方法の例；

```
BEGIN ISOLATION LEVEL REPEATABLE READ;
（いくつかの参照処理）
COMMIT; （参照しかしていないので ROLLABCK;でも同様の動作）
```

接続しているセッションで分離レベルを指定しない場合の動作（デフォルトの動作）も、RDBMSによって異なります。デフォルトの分離レベルは、サーバ全体の設定として、ほかのものに変更しておくこともできます。設定を変更していない場合のデフォルトの分離レベルは、MySQLがRepeatable Readで、それ以外のRDBMSはRead Committedのものが多いようです。

## トランザクション分離レベル実現の原理

最後に、このような複雑なデータの見え方に関する制御がどのようにして可能になっているのかの概要を紹介して、一連の話の締めにしましょう。

テーブル上のデータは最新の情報だけを持つのではなく、更新履歴のようなものを保持していることをすでに学びました。

▼表2-4-2　銀行送金のデータ状態の例（図2-4-6の最終状態）

| トランザクションID | 顧客名 | 残高 |
|---|---|---|
| 101 | Aさん | 1,000,000 |
| 102 | Bさん | 500,000 |
| 103 | Cさん | 1,200,000 |
| 111 | Aさん | 900,000 |
| 111 | Bさん | 600,000 |

トランザクション分離レベルを学んだ今、改めてこの表を見てみましょう。Read Uncommittedのときには、どのデータを読めばよいのでしょうか？　Repeatable Readのときには、どうすればよいのでしょうか？　実は、このように履歴状態とトランザクションIDを持つというMVCCの仕組みが全てを包容してることに気づいたでしょうか。

考え方として、トランザクションIDはそのトランザクションの開始順がわかるように振られています（タイムスタンプや順序が保証されているIDなど）。読み取りを行う側のトランザクションも自分のトランザクションIDを持っており、図2-4-7には掲示していませんが、各トランザクションIDは、そのトランザクションがCOMMIT済みなのか否かかの情報を持っています。

Read Uncommittedの場合、COMMIT状態を無視して、常に対象行（Aさんのデータなら Aさんの行）の最新状態を読めばよいわけです。Read Committedはコミット済みのトランザクションIDの中での最新状態を、Repeatable Readの場合は、読み取りのトランザクション開始時点でCOMMIT済みだったトランザクションのデータを（仮にその後にCOMMITされた最新データがあっても無視して）読めばよいのです。

このような考え方で分離レベルが実現されています。

実際には、SQLを実行するたびにトランザクション分離レベルを変更するということはまずありませんが、こういった違いがあるのだということを知っておいてください。データベースサーバ全体の設定、設計を担当することになった際に、改めて学習しなおせばよいと思います。これにて、トランザクションに関する一連のお話は、「COMMIT;」とします。

##  変な値を入れさせないようにするための工夫

テーブルの各列には「型」があり、決められた型以外の値を格納することができないようになっているという制限は、すでに学びました。これによって、数値データを入れるべき列に文字列が入ってしまったり、日付データを期待している列に日付以外の値が入ったりしてしまうことを防いでいます。

データを正しい状態に保つということは、言い換えると、不整合の元となる歓迎されざるデータが登録されないようにするということです。これを実現するために、テーブルに対してさまざまな制約を指定する仕組みがRDBMSには用意されています。ここでは、代表的な制約をいくつか紹介しながら、その必要性と有効性を見ていきましょう。

### 1. PRIMARY KEY（プライマリキー：主キー）

プライマリーキーは、テーブルの中でその行を特定するために必須となる列であることを示す制約です。同じものが2度出てきてはならず（重複禁止）、値を必ず入れる必要がある（NULL禁止＝必須項目）という制限です。「○○ID」というように、IDとして名付けられることが多いです。テーブルごとに1つだけ指定できます。複数のカラムを組み合わせてプライマリーキーとすることもあります（この場合も「重複禁止＋NULL禁止」というルールは同じです）。

テーブル設計をする上で必須ともいえる最も重要な制約です。

### 2. UNIQUE（ユニーク）

重複したデータの登録を禁止にする制約です。PRIMARY KEYと似ていますが、空欄（NULL）にできるという点だけが異なっています。従業員テーブルのメールアドレス列などで、ほかの人と同じメールアドレスを持っていることは許可したくない場合などに有効です。UNIQUE制約自体は、その列の値が空欄となることを禁止するものではないので、空欄の行が複数存在することは問題ありません。

### 3. NOT NULL（ノットヌル）

必須項目であることを示す制約です。NOT NULLが指定された列では値の省略（空欄）を許しません。ユーザー登録時にメールアドレスの登録は必須にするような場合に有効です。このような制約はアプリケーション側でも十分に実施するはずですが、手作業でのデータメンテナンスなど、絶対に空欄では登録させないデータベース側の最後の砦として有効です。

### 4. CHECK（チェック）

列に入る値が満たすべき条件を定める制約です。例えば、列に登録可能な数値の範囲を指定する（「年」のカラムは「1970～2100」、「試験の点数」のカラムは「0～100」の値しか登録できないようにする）といった用途があります。この制約も、通常はアプリケーション側で十分に確認されたデータがRDBMSに登録依頼されるべきものですが、データベース側でも条件に合致しないデータは登録させないという用途に有効です。

### 5. FOREIGN KEY（フォーリンキー：外部キー）

ここまでの制約が1つのテーブルに対する制限であるのに対し、外部キーは複数のテーブル間に関わる制約です。そのカラムに登録する値が「別のテーブルの指定カラムに存在する値しか入れられない」という制約です。例えば、あるテーブルに「都道府県コード」を登録するカラムがあった場合、ここには別の「都道府県マスタ」テーブルに存在する都道府県コードのみが登録可能であるといった使い方をします。

テーブル設計時にこれらの制約を適切に使うことで、テーブルにおかしなデータが登録されるのを防ぎます。

## バックアップ

RDBMSのデータは、不測の事態で失われてしまうようなことがあっては大変です。そのための対策として、ディスク（ストレージ）レベルでの多重化（RAIDなど）という手段もあるでしょう。後述するレプリケーションの機能などを使って多数の場所に同じデータが保管されている状態にする方法もあります。

ここでは、そういった事前対策の中で最も基本的な方法である「バックアップ」について紹介します。「バックアップ」自体はRDBMS専用の用語というわけでもないので、当然、知っているでしょう。大切なデータを、保存している場所とは別の場所にコピーして保管しておくというものです。

基本的にはデータファイルを全部コピーしておけば十分なように感じますが、ここでRDBMS特有の課題が発生します。RDBMSは常に利用され、常にデータの更新が行われているということです。ファイルのコピーにはある程度の時間がかかるので、データファイル（たいていは全体のサイズが大きいので複数のファイルに分かれています）のコピー開始の頃とコピー終了の頃でRDBMS上のデータは変化しているものです。銀行送金の例であれば、Bさんのデータを含むファイルが先にコピーされ（まだ送金されていないタイミング）、その後Aさんのデータを含むファイルがコピーされた（すでに送金は済んでいるタイミング）といったケースで不整合が発生してしまいます。

そのため、RDBMSでは専用のバックアップの仕組みが必要になります。バックアップ機能は各RDBMS製品によってさまざまで、製品自体に付属した機能を使う場合もあれば、サードパーティ製のツールを採用する場合もあります。

データサイズが非常に大きい場合は、全てのデータをバックアップするのに時間がかかりすぎることがあります。このため、RDBMSの多くのバックアップツールでは、変更部分だけをバックアップする機能が用意されています。例えば、週1回だけ全体のバックアップ（フルバックアップ）を取得し、それ以外の日には変更点だけをバックアップすることで、日々のバックアップ時間を短縮できます。

「変更点だけを」にも2種類の考え方があります。前回のフルバックアップからの変更内容を毎日取得する「差分バックアップ」と、前日の更新部分からの変更内容だけを毎日取得する「増分バックアップ」です※17。

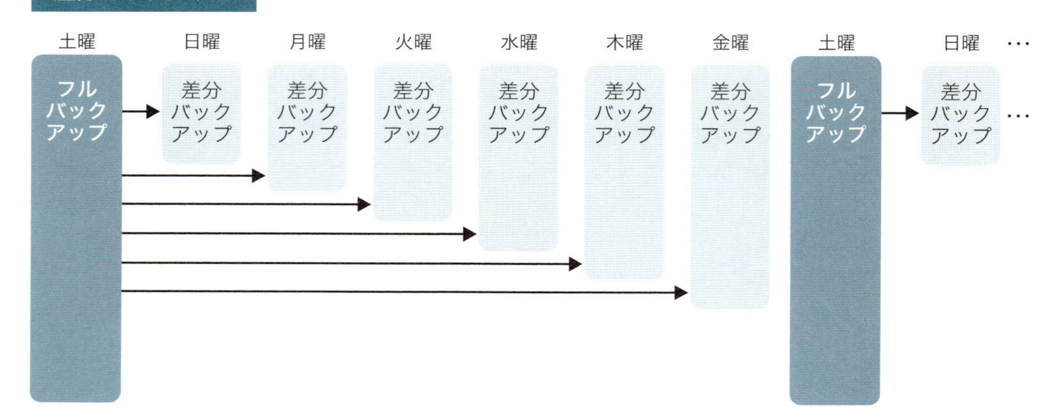


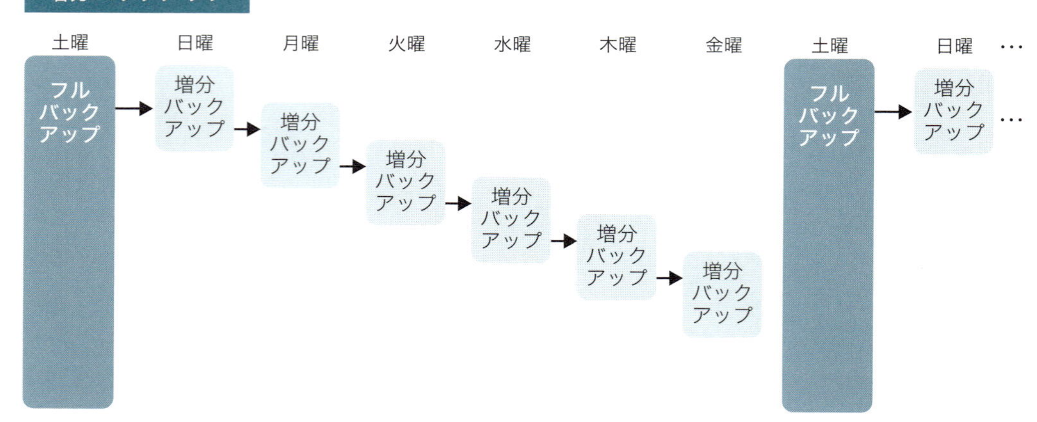


●図2-4-9　差分バックアップと増分バックアップのイメージ

※17　バックアップは必ずしも1日1回と決まっているわけではありません。1日に2回や3回行うことも要件によっては検討が必要な場合もあるでしょう。その場合も、ここで説明したフルバックアップと差分または増分バックアップの組み合わせでバックアップ設計を行うことになります。

増分バックアップは前回バックアップ（増分バックアップ）した時点からの変更内容だけをバックアップするのでサイズが比較的小さくなるのに対し、差分バックアップは前回フルバックアップした時点からの差を全てバックアップするので、フルバックアップからの日が遠ざかるにつれてサイズはどんどん大きくなっていきます。だとすれば、日々のバックアップ時間を小さくするために「変更点だけ」のバックアップを採用しているのだから、小さくなる増分バックアップでよさそうなものですが、なぜ差分バックアップがあるのでしょうか。

バックアップというのは、不測の事態が起こったときのために、ある時点におけるデータのスペアを用意しておくものです。トラブルが起きたとき以外には必要はないのですが[※18]、データベース本体に格納したデータが失われたときには、これほど心強いものもありません。バックアップしてあったデータをデータベースに書き戻すことを「リストア」といいます。リストアを行うのは、システムのデータに問題が起こっているときなので、サービス内容によっては一刻も早く書き戻し処理を完了したいものです。そういった際に、差分バックアップであれば、フルバックアップを書き戻したあと、最新の差分バックアップを適用すれば、その時点までのデータが書き戻せます。しかし、増分バックアップだと、まずフルバックアップを書き戻してから、各日の増分バックアップを順に書き戻していく必要があり、差分バックアップの書き戻しよりも時間がかかってしまいます[※19]。

日々のバックアップ時間を短くしたいのか、そこに多少時間をかけてもトラブル時に一刻も早く書き戻せる状態にしたいのか、何を重視するかによってバックアップ計画も変わってくるというわけです。

※18　バックアップの運用を検討したり実際にバックアップ作業をしたりするのは、案外と面倒なことなのですが、そんな思いをして取得したバックアップが全く出番がないというのがシステム運用では何よりもの幸せです。

※19　差分バックアップも増分バックアップも、フルバックアップからその日までの差が入っているのだから、違いは単に日々に分割されているか、その日にまとめて入っているかだけで、書き戻す時間も同じではないだろうかと思った人は、よく考えています。ポイントは「同じ行のデータが何度も書き換えられることも（普通に）ある」ということです。ある行が日曜のバックアップ前にも変更され、月曜にも、火曜にも……といった場合、差分バックアップのリストアでは最終形の火曜の変更のみを書き戻しますが、増分バックアップのリストアでは（翌日にすぐに書き換えられるのに）愚直に何度もその行のデータを書き戻すので、差分バックアップと比べて増分バックアップはリストアに多くの時間がかかるのです。

## COLUMN 「データを守る」とは即ち「何を想定するか」ということ

本文で「トラブルがあったときのために」バックアップをとっておくのだと説明しました。「トラブル」と簡単にいってしまっていますが、非常に多岐にわたるやっかいなものです。このコラムではデータのバックアップだけでなく、システム自体のバックアップについても併せて考えてみることにします。

バックアップの目的は「何らかのトラブルがあってサービスの継続ができなくなったときに、いち早く元の通りにサービスの提供を再開できるようにする」ということなのは、論を待たないでしょう。

では、「何らかのトラブル」とは、具体的にどんなものがあるのでしょうか。まず思いつくのはサービスを提供しているマシン自体の故障です。「電源が入らない」「メモリのエラーで正しく動作しない」など、いろいろあるでしょう。この際、すぐ隣に同じようなマシンが用意されていれば、そちらにデータをコピーしたりリストアしたりしてサービスを再開できます。しかし、トラブルの内容が、サーバを置いているビル自体の電源の故障やビルの火災など、ビル自体に起因するものだったらどうでしょう。隣にあるマシンも稼働させることはできません。別のビルに用意しておく必要があるということです。

自然災害や人為災害で地域全体が一時的に麻痺してしまうことを想定するかもしれません。この場合は、代替で稼働可能なシステムを遠く離れた地域に用意しておく必要があります。システム自体についても、そしてバックアップデータの置き場所についても、発生しうるトラブルを正しく認識し、備えることが大切です。

想定すべきは地域的な観点だけではありません。データベースのデータをどのようなときに書き戻す必要があるのか（バックアップが役に立つのか）の想定という観点もあります。

「作業者のミスによって大切なデータをまとめて削除してしまった」「目的と違う値に大量に書き換えてしまって元に戻せない」といったときにもバックアップが役に立ちます。あるいは、従業員の悪意やランサムウェアなどの攻撃によってデータの変更や破壊が行われた場合もバックアップの出番です。これらのケースでは、必ずしも直近のバックアップに戻す場合だけではなく（直近のバックアップもすでに壊れたデータかもしれない）、特定の時点に戻す必要があるかもしれません。時にはフルバックアップよりも前の時点のデータが必要になるかもしれず、バックアップ計画を立てる際には「どれくらい古いデータまでバックアップを保存しておくのか」を検討することになります。

このように、「データを守る」とは即ち「何を想定するか」ということなのです。

# 2-5 データへの高速なアクセス



RDBMSは「大量のデータを」「同時並行で」「高速に」さばくために、内部でさまざまな工夫をしています。普段は意識せずに使うことも多い部分もありますが、RDBMSの技術者としては、概要は理解しておくべきポイントです。

## 前提知識

RDBMSに限らず、コンピュータ上で稼働するシステムは、データをメモリ上または「ディスク」※1上に配置します。一般に、メモリはコンピュータの電源を落としたら内容が消えてしまう※2ものであり、消えないようにする※3ためにはディスクに保存する必要があります。ディスクには磁気ディスク（ハードディスクドライブ：HDD）とフラッシュメモリ（ソリッドステートドライブ：SSD）があります。さらに、SSDには、SATA接続のものとNVMe接続のものなどの種類があります。

ここからの話の前提知識として、それぞれの保存メディアごとの速度、耐久性、値段について把握しておきましょう。

メモリは非常に高速です。ほかの「ディスク」と比べて、文字通り、桁違いに高速です。その代わり、前述のように、電源断によってデータが消失してしまうので、永続化すべき情報は「ディスク」に書き出しておく必要があります。

HDDはメモリよりも桁違いに遅いメディアです※4。ただし、容量あたりの単価が非常に安く大容量化しやすい点はメリットです。磁気を持った円盤が回転しているところにアームでデータを読み書きする仕組みであり、物理可動部分が多いため、衝撃には弱いのがデメリットです※5。

SSDはフラッシュメモリを用いたストレージで、HDDよりも高速に動作します。特にHDDが物理的にディスクの回転や読み書きアームの移動によってデータを読み書きする原理から苦手としているランダムアクセス（ストレージ上のあちこちに散らばって書かれているデータを読み取るなど）で、SSDに大きな利があります。代表的なものとして、SATAとNVMeという2つのインターフェイスがあり、NVMeのほうが高速にデータアクセスが可能

※1　正確にはSSDは「ディスク」ではないので、ここは「ストレージ」と呼ぶべきですが、ここでは聞きなれているであろう「広義のディスク」と考えてください。

※2　「揮発性」といいます。

※3　「永続化」といいます。

※4　データを頻繁に更新したり検索したりするRDBMSの用途としては、特にディスクアクセスの遅さは全体のパフォーマンスに影響します。

※5　余談ですが、電源を入れたままのHDDを手で持って左右に動かすと、ジャイロの原理で手の中でHDDが踊るような感覚があり、楽しいです。ただし、まず間違いなく壊れるので、よい子はマネをしてはいけません。

です。SSDは、原理上、書き込み回数の上限が設定されており、特に頻繁に更新を繰り返すRDBMSでの使用にあたってはHDDよりも短寿命になりがちです。

### まとめ

- **メモリは速いが電源断で揮発するので、永続化データは「ディスク」に書き出す必要がある**
- **HDDは大容量で比較的安価だが、DBMS用途としては遅い場合もある**
- **SSD（SATA ／ NVMe）はHDDよりも高速だが、寿命（書込回数上限）に注意が必要。HDDよりも高価**

▼表2-5-1　RDBMS用ストレージの特徴

| | メモリ | HDD | SSD（SATA） | SSD（NVMe） |
|---|---|---|---|---|
| アクセス速度 | 超高速 | 結構遅い | HDDよりはマシ | SATA接続のSSDよりも速い（メモリには及ばない） |
| およそのオーダー(桁) | 数十ナノ秒 | 数ミリ秒 | 数百マイクロ秒 | 数十マイクロ秒 |
| 寿命 | 一般にとても長い | SSDよりは長いとされる（ただし衝撃には弱い） | 書込回数による上限値があり、RDBMSとしての利用では特にHDDよりも短い | 書込回数による上限値があり、RDBMSとしての利用では特にHDDよりも短い |
| サイズあたりの値段 | 高い | 安い | HDDよりは高い | SSD(SATA)よりは高いことが多い |
| 電源断のときのデータは | 消える | 保持される | 保持される | 保持される |
| 壊れるか？ | 壊れることもある | 壊れる | 壊れる | 壊れる |

## 更新時の工夫

RDBMSへのデータの登録や更新を依頼する側からすると、依頼した処理は迅速に終わらせて結果を返してもらいたいものです。このような期待に応えて、少しでも高速に処理を済ませて結果を返せるように、RDBMSではさまざまな工夫が凝らされています。

ここでは「ディスク」としてHDDを使用する例で考えていきます※6。

データの登録や更新の依頼を受け取ったとき、RDBMSが迅速に処理を済ませて結果を返すにはどうしたらよいでしょうか。更新内容をいちいちディスクに書いていたら、時間がかかると学んだことを思い出したかもしれません。とはいえ、一刻も早く結果を返そうとしてメモリ上に保持しただけで「登録完了（COMMIT 成功）」を依頼元に返してしまっては、

※6　SSDの場合でも、HDDよりは少し速くなりますが、メモリとの比較という点では考え方は同じです。

その直後に電源断の事故があったときなどにはデータが失われてしまいます。これではACIDの「D」を満たせません。やはり「完了」を返す前にはディスクに書かなければなりません。どうすればよいでしょうか。

その理解のためには、もう少しデータの保存形態について知っておく必要があります。RDBMSでは、検索時の効果を考慮してデータを保存します。保存内容によってはディスク上のあちこちに散らばって書き込みを行うこともあります。後述するインデックスなど、付随するデータの更新処理も行うため、これらの書き込み処理には少し時間がかかります。全てが完了するのを待ってから完了通知を送るのでは、依頼主を待たせてしまいます

そこで、RDBMSでは「大事な内容だけをとり急ぎ比較的高速に書ける方法でディスクに書いておく」という手段を講じており、これは「WAL（Write Ahead Log）」などと呼ばれています。依頼主に完了を返したあとで、本来あるべき場所への更新処理を行います。完了通知を返したあとで「あるべき場所への更新」が実施される前に電源断があっても、WALのデータをもとにデータの登録を完了できるという仕組みです。

WALに書く情報は、更新処理が行われるごと（コミット前）にメモリ上に蓄積しておき、`COMMIT`のタイミングでディスクに書き出す（フラッシュする）という仕組みなどを利用します。それにより、ディスクへの書き出しにかかる時間を最小化しています。ディスク自体の速度が速くなるわけではありませんが、もっとも速度効率のよい方法でディスクに書き込めるように工夫されているのです。

WALに書き込んだ内容は、`COMMIT`完了後にゆっくりと適切なデータ管理を行うエリアに改めて書き込みされます。

たとえ話をすると、窓口で書類を出した際、書類を受け取るたびに正しい棚のファイルに格納してから窓口の来客に受領完了を返すのではなく、脇の書類ケースに積んだだけで受領完了を返すというのが近いかもしれません。窓口担当とは別の人が定期的にそのケース覗いて、書類が入っていたら受け取って正しい棚のファイルに保管すれば、窓口に来た人を待たせることなく、効率がよいでしょう。メモリ上にある状態は、さしずめ、受付カウンターの上に書類が置きっぱなしのまま来客を返してしまう感じでしょうか。強風が吹いて書類が飛んで行ってしまっては大変です。

RDBMSの実装によって差はありますが、どのRDBMSでも「メモリは高速だが消える。ディスクは遅いが永続化できる」という前提条件のもと、受け取った更新データを少しでも速くかつ安全に処理して完了通知を返せるような工夫がなされています。

## インデックス

ここからは、RDBMSが備える検索（読み取り）時の高速化の工夫について紹介していきます。最初はインデックスです。

特に工夫のないデータストアでは、検索処理が依頼された際、保存されているテーブルのファイル全体を確認して対象のデータを取り出す必要があります（フルテーブルスキャン）。よく検索条件に使われる列に対してインデックスを作成しておくことで、ファイル全体を見ずとも検索対象となる行のデータに素早くたどり着けるという仕組みです[※7]。

インデックスはテーブル作成時に指定するほか、既存のテーブルに追加することもできます。インデックスを作成すると、内部的には指定したカラムの情報のコピーを検索しやすい構造に再整理して別の場所へと保管します。保管したデータには、元のデータの位置を示すポインタが付与されているため、インデックスで素早く対象のデータを見つけてデータ行にアクセスできるわけです。

テーブルにデータが追加されたり更新されたりすると、インデックスの内容も都度更新されます。「作成するだけで速くなる魔法」のように考えて無闇矢鱈にインデックスを張るケースが散見されますが、更新時の処理時間やインデックスのためのストレージ領域などへの影響を理解し、必要なカラムに絞ってインデックスを張ることが肝要です。

インデックスはテーブルの中でのデータ行の絞り込みに使用するものなので、「絞り込めないもの」に対しては、いうまでもなく効果が薄いです。「血液型」を格納する列を考えてみると、例えば100万人のデータがあっても、これはA、B、AB、Oの4種類[※8]のいずれかに該当するデータなので、インデックスを使っても絞り込みにはほとんど寄与しません。あるいは、中学生対象の塾の「学年」列も、値が1、2、3の3種類なので、インデックスの絞り込み効果は薄そうです[※9]。

ある列のデータ値のばらつき度合いのことを「カーディナリティ（Cardinality）」といいます。血液型や学年のようなばらつき度合いの低い（＝ばらついていない）データのことを「カーディナリティが低い」と表現したりします。テーブル設計をしたりクエリのパフォーマンスについて議論したりするときに使う言葉なので、覚えておくとよいでしょう。

---

※7　本書の中から「フルテーブルスキャン」について書かれている場所を知りたくなったとき、前から1ページずつ目を皿のようにして「フルテーブルスキャン」という文字を探すよりも、巻末の「索引」を見て、このページにたどり着くほうが、遙かにラクですよね。

※8　厳密にいうと、この4つに当てはまらない血液型もあるにはあります。

※9　本書でいえば「データベース」という用語が出てくる全ての箇所に索引が作成されていたとしても、ほとんど使い物にならないでしょう。

## クエリ最適化機能（オプティマイズ）

RDBMSへのデータ操作の依頼には、SQLを使います。依頼を受けたRDBMSは、SQL文を解析して、どのような方法でデータを検索するかの計画を立てます。インデックスを使ったほうがよいのかフルテーブルスキャンしたほうがよいのか※10、複数のテーブルからのデータ検索の場合はどのテーブルからどういう順序で絞り込んだら速いのかといったことを決定します。そのために、テーブルごとの行数やカラムデータがどう分布しているかの「統計情報」を内部で保持しています。オプティマイザは、この統計情報を元にクエリの実行計画を立てます。

なお、統計情報の作成はそれなりに大変な処理なので、更新のたびに行われるのではなく、所定のルールに基づいたタイミングで更新されます。したがって、テーブルの内容が大幅に変更された直後などで統計情報がまだ更新されていない場合に、誤った統計情報に基づいた適切ではない実行計画が立てられて、処理に時間がかかることもあります（100万件のデータを追加したのに、統計情報では、そのテーブルに10件しかないと認識しているなど）。統計情報の更新タイミングはRDBMSごとに異なります。また、手動で統計情報の更新を指示する命令が多くのRDBMSには用意されています※11。

※10 インデックスによる検索は、一度インデックスで対象データを見つけた後で、そのデータ行が示す実データ領域に再度アクセスしてデータを取得するため、全体のデータ数が少ない場合は最初からフルテーブルスキャンをしてしまったほうが二度手間にならずに速いことがあります。

※11 「ANALYZE」「OPTIMIZE」「STATISTICS」などのキーワードで、利用しているRDBMSのマニュアルを調べてみてください。

# 2-6 データベースサーバは1台だけで運用しない

システムやアプリケーションなどのサービスにとって、データベースサーバは心臓部といってもよいくらいの重要な存在です。データベースサーバが壊れたり停止してしまったとしても、直るまでサービスも止まりますというわけにはいきません。

データを保全して復旧する手段としてバックアップを紹介しましたが、バックアップを取った時点以降のデータは失われている可能性が高いですし、リストアにもそれなりの時間がかかります。

そこで、多くのサービスではデータベースサーバを２台以上で運用することが一般的になっています。さまざまな手法がありますが、代表的なものが「レプリケーション」です。レプリケーションは、1つのRDBMSサーバで行われた更新内容を別のRDBMSサーバにも同様に反映するという仕組みです。

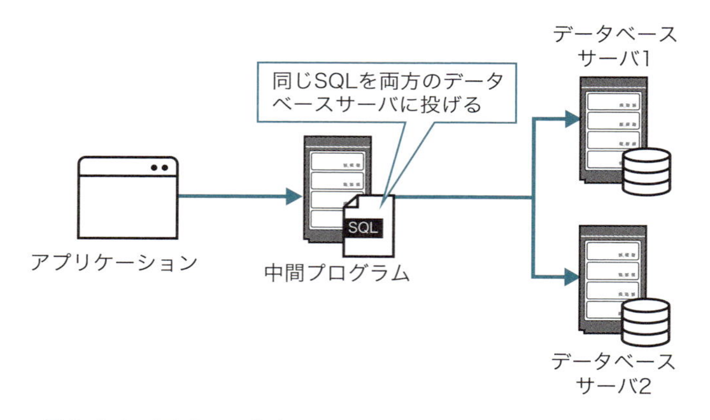


●図2-6-1　同じデータを２つのサーバに同様に書き込む方法（課題あり）

２台のデータベースサーバのデータを同じ状態にすると聞いて、図2-6-1のような構成を想像したかもしれません。確かに２つのデータベースサーバに対して同じデータの登録・更新の依頼がされているので、２台が同じようになるように思えます。しかし、この構成にはいくつかの課題があります。

- **パフォーマンス上の課題**

  確実にサーバ1とサーバ2の両方への書き込みが行われたことを保証するためには、両サーバでの処理完了を待つ必要がある。サーバ上の別の処理などの影響で、どちらかのサーバで多く時間がかかる場合、更新処理にかかる時間は遅いほうのサーバに依存する。

- **障害時の問題**

  両方のサーバへの更新が成功したときに「処理成功」と扱うので、仮に片方のサーバに障害が起こった場合には、そのサーバからは結果が返らず、処理がいつまでたっても成功しないことになる。「2台とも正常に稼働している必要がある」という条件は、「1台だけが正常に稼働している必要がある」場合に比べて、障害発生率は2倍近くになる[※1]。

別の考え方として、データ更新自体を2台に行うのではなく、最初の書き込みは1台のデータベースサーバに対して行い、その後で他方のデータベースサーバにも更新内容を反映させる方法があります。「レプリケーション」は、この考え方に基づく手法です。レプリケーションでは、アプリケーション側が登録更新を行うRDBMSサーバは1台だけです。データベースサーバ1に対して行われた更新を、データベースサーバ2やデータベースサーバ3へと反映するという順で処理が行われます。データ元となるデータベースサーバを「プライマリ（またはソース）」、データが転送される先のデータベースサーバを「レプリカ」といいます[※2]。一般に、書き込みはプライマリのみに対して行います[※3]。

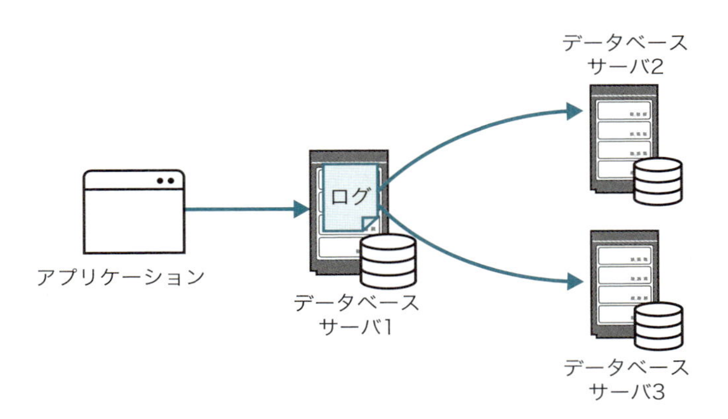


●図2-6-2　レプリケーションの方法

##  レプリケーションの活用方法

レプリケーション構成が実現できることにより、さまざまな活用方法が拡がります。

### 1. 負荷分散

一般に、データの登録・更新はソース（プライマリ）サーバのみに対して行えますが、

※1　情報処理の基礎を学んだ人なら、2倍までは到らないことを知っているでしょう。いずれにせよ、1台だけの動作保証時に比べて格段に故障の確率が高くなることは間違いありません。
※2　MySQLでは、以前はマスター／スレーブと呼んでいました。表現に対する国際的な強い圧力と忖度が発生した時代がかつてあり、現在はソース／レプリカと呼び名を変えています。
※3　データの大元となるデータベースサーバを決めておかないと、データが循環してしまったり、ほかのサーバの状況を見ないとUNIQUE制約が保証できないなどの課題が発生します。それゆえ、任意のサーバに書き込みをできるようにするには、相当の工夫が必要となります。

レプリケーションを行っていれば、レプリカ上にもソースサーバと同じデータが存在しているので、検索処理はレプリカ側に対して行っても同じ結果を得られます。つまり、レプリケーションを活用すれば検索処理の負荷分散を図ることができます。



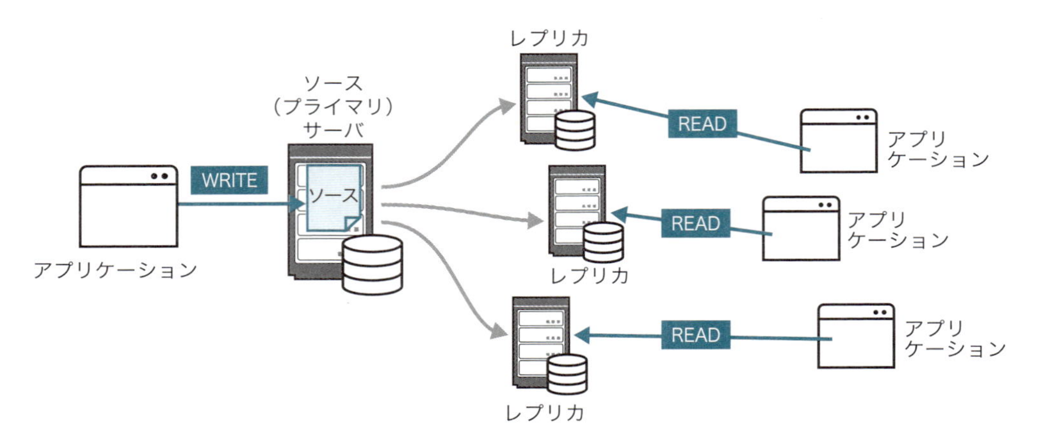


●図2-6-3　レプリケーションによる負荷分散

## 2. 障害対策

　レプリカはソースサーバと同じデータを保持しているということは、ソースサーバに障害が起きたときも活用できそうです。レプリカの1つを新たにソースサーバとして「昇格」させて、更新は新たなソースサーバに対して行うこととし、ほかのレプリカも新たなソースサーバからデータ受け取るように組み替えを行うのです。

　ただし、この方法は、後述するレプリケーションの同期性をしっかり理解した上で、適切な状態のレプリカを適切な方法で昇格させる必要があり、ワンタッチでできるわけではないため、運用計画を立てるスキルが必要です。

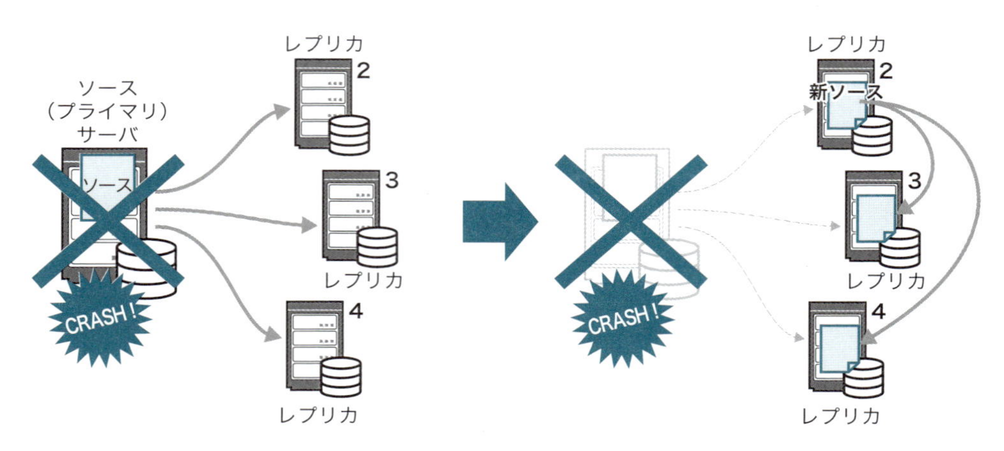


●図2-6-4　レプリケーションによる障害対策

### COLUMN　レプリケーションはバックアップか？

レプリケーションはRDBMSのデータの全てのコピーを持っているので、障害時の復旧においてバックアップと同様に、あるいは直前のデータまで保持しているという点ではバックアップ以上に有効です。しかし、「レプリケーションはバックアップではない」とする論調も、よく見かけます。なぜでしょうか。

それは、バックアップのコラムでも説明したように「何を想定するか」によるからです。コラムで挙げた想定課題ごとに、レプリカの効果を検討してみましょう。

1. **サーバ単体の障害：すぐ隣にでもレプリカがあればデータは保全できている**
2. **ビル全体の障害：別のビルにレプリカがあればデータは保全できている**
3. **地域全体の問題：別の地域にレプリカがあればデータは保全できている**

ここまでが想定課題であるならば、レプリケーションは十分にバックアップとしての役割を果たしているといえるでしょう。

4. **誤操作による更新の切戻要望：一瞬でレプリカに反映されているので、レプリカからの復旧は不可能**
5. **悪意または過失によるデータ破壊：壊れたデータがレプリケーションされてしまうため、レプリカからの復旧は不可能**

4と5は、普通にレプリケーションを構成しているだけでは、レプリカ側にあるデータも正しくない状態のものになってしまうため、復旧できません。レプリケーションを断続的に稼働させる（深夜にレプリカにデータを移したら、日中はレプリケーションを停止する）などの運用方法を採ったり、遅延レプリケーションの機能を使って一定時間前までの状態を保持することもできますが、世代管理の自由度ではいわゆるバックアップに及びません。

このような適用範囲の違いを理解した上で、サービスが想定する範囲が1～3であれば、その案件の中ではレプリケーションを「バックアップ」と呼んでも差し支えないのではないかと筆者は考えています。繰り返しになりますが、バックアップとは「何を想定するか」なのです。

## レプリケーションの同期性：MySQLにおけるレプリケーションの例



レプリケーションを構成する場合には、レプリケーションの同期性について理解しておく必要があります。RDBMSによって違いはありますが、ここではMySQLのレプリケーションを例に、仕組みの解説をします。

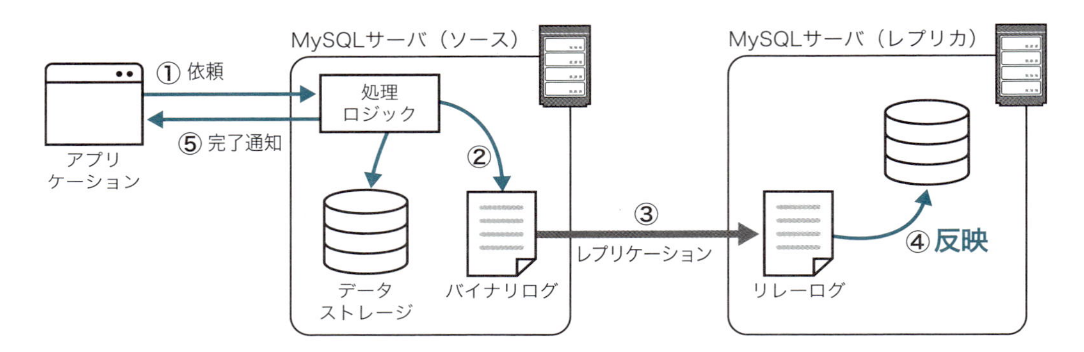


●図2-6-5　レプリケーションの同期性

アプリケーションから更新のリクエスト①を受け取ったMySQLは、データ領域とともにバイナリログにもデータを保存します（②）。通常は、この時点で依頼元には完了通知⑤を返します。その後、レプリケーションのプロセスがレプリカにデータを転送し、レプリカのリレーログに保存します（③）。レプリカのデータ反映用のプロセスがリレーログの内容を読み取り、データ領域に変更を反映します（④）。

このように、基本的には③の処理、④の処理ともに非同期で行われます。そのため、アプリケーションに更新完了が返った瞬間には、レプリカのデータベースにはソースと同じデータは反映されていません。前節で紹介した「ソースに書き込みをして、レプリカから読み取る」という構成を採る場合には、あくまでもレプリケーションは非同期であることを念頭に置いておく必要があります※4。

実は、障害時のデータ保全の観点からは、この状態は健全とはいえません。ソースサーバのバイナリログに記録されて完了通知を送った直後に、ソースサーバがクラッシュしてしまった場合を考えてみてください。レプリカのリレーログにデータが渡る前なので、アプリケーションに登録完了を通知した後であるにもかかわらず、そのデータはどこにも存在しない、つまり失われてしまいます。これでは、ACIDのDを満たせません。

これに対応するため、MySQLには、非同期レプリケーションとは別に「準同期レプリケーション」という仕組みがあります。これは、リレーログへの書き込み（③）までが確実に行われたことを確認してから依頼元へ完了値を返すものです。ちょっとした違いのように見えますが、これで、タイミング悪く（よく？）ソースサーバがクラッシュしたとしても、確実

※4　多くの場合、ミリ秒の単位で反映は完了しますが、巨大な更新が後続の処理を何秒間も待たせてしまっている場合もあり、あくまでも「非同期である」ことを忘れてはなりません。

にデータはレプリカのリレーログに存在し、レプリカのデータ領域に反映できます。非同期レプリケーションに比べて、リレーログの反映完了を待ってから完了通知を返すので、アプリケーション側から見た時の更新処理が返ってくるまでの時間は非同期レプリケーションよりも長くなります。

ここまでの話をまとめとして、レプリケーションのタイプによる更新プロセスについて整理します。更新依頼から完了通知までに着目すると、次のような処理が同期的に実施されます。

- **非同期レプリケーション**
  ① —更新依頼→ ② —完了通知→ ⑤
- **準同期レプリケーション**
  ① —更新依頼→ ② —レプリカのリレーログに反映→ ③ —完了通知→ ⑤
- **（完全）同期レプリケーション（MySQLでは未対応）**
  ① —更新依頼→ ② —レプリカのリレーログに反映→ ③ —レプリカのデータ領域に反映→ ④ —完了通知→ ⑤

レプリカへの反映を確実にする準同期レプリケーションや完全同期レプリケーションは魅力的に映りますが、その分、処理完了までの時間が長くなる点がトレードオフです。なお、レプリケーションについては同じ用語でもRDBMSごとに動作が異なる場合があります[※5]。用語に惑わされることなく、本書で学んだように、ソースとレプリカの間でどのようなデータの保存が保証されているのかに着目すると、正しい理解につながります。

##  レプリケーション以外の複数台での構成

複数台構成の代表としてレプリケーションを紹介しましたが、複数台のデータベースサーバを使用する運用構成としてはレプリケーション以外のもあります。そのうち、「クラスタリング」と「シャーディング」の2つについて、簡単に紹介しておきましょう。

### 1. クラスタリング構成

複数台のサーバを1つのシステムとして見せる仕組みです。通常、3台以上で構成し、データを互いに持ち合うなどで負荷分散を図るとともに1台が故障してもデータを失わないような工夫がされています。ハードウェアに障害が発生してもサービスを継続できる「可用性」が高い仕組みです。

※5　MySQLにもPostgreSQLにも「準同期レプリケーション」がありますが、データ更新の保証範囲が異なるものです。

## 2. シャーディング

巨大なデータを複数台のデータベースサーバのうちの1つにルールに基づいて振り分けて保存する考え方です。例えば、ブログサービスのように大量の投稿データを格納する場合に、ユーザーIDの末尾の数字に応じて10台のデータベースサーバに振り分けるといったイメージです[※6]。

※6　必ずしも10である必要はなく、3で割った余り（剰余）で振り分ければ3台に、5の剰余で振り分ければ5台への振り分けができます。

# 第3章 データベースを使うということ・学ぶということ

データベースエンジニアになるには、学ぶべきことがたくさんあります。どのような項目があるのか、どういった順序で学んでいくのがよいのか、そして、どのような環境を手に入れると効率よく学習できるのかを確認していきましょう。


3-1 データベースを学ぼう

3-2 安心して壊そう

3-3 データ操作に関して学ぶべきこと

3-4 テーブル設計で学ぶべきこと

3-5 運用管理について学ぶべきこと

# 3-1 データベースを学ぼう

一言に「データベースエンジニア」といっても、そのカバーする範囲は多岐にわたります。本章では「データベースエンジニア」になるためにはどういったことを学んでいく必要があるのかについて紹介していきます。

データベースエンジニアが学ぶべき内容は、大きく次の2つに分けて考えることができます[※1]。

1. RDBMSをユーザーとして利用する立場
2. RDBMSそのものを管理・運用する立場

1.は、主にテーブルのデータ操作など、「そこにあるRDBMS」の上でデータを登録・更新したり、抽出や集計処理などを行うものです。特に「検索」と総称される抽出や集計の処理を行うには数多くのテクニックがあるので、「データベースを学ぶ」というのは、「SQLを使った抽出・集計処理を学ぶ」ことだと考えている人も多いかもしれません。データ操作の際に使う言語である「SQL」は、第1章でも説明したようにISOで標準化されており、どのRDBMS製品でもある程度は共通して使えるため、一度習得してしまえば、一生ものといえるでしょう。

データはテーブルと呼ぶ構造に保存しますが、このテーブル自体を作るのもRDBMSユーザーの役割です（チームで開発している場合、誰かが代表して作っているはずです）。特に実際の開発現場でRDBMSを使い始めた人は、最初は他人が用意してくれたテーブルの上でデータを操作することから取り組み始めるでしょう。RDBMS操作の経験を積んで、あなたも「テーブルを作成した誰か」の役割を果たすようになるかもしれません。

また、近年、IT技術者だけではなく、業務の現場の人が自分たちでSQLを駆使してRDBMSからデータを抽出したり集計したりして活用するシーンも増えてきています。

2.は、1.の立場の人たちが使うRDBMSサーバを構築し、安定して稼働させる立場です。サーバ設定や運用の仕組みはRDBMS製品によって大きく異なる[※2]ので、MySQLにはMySQL固有の、PostgreSQLにはPostgreSQL固有の知識と経験が必要になります。安定稼働して当たり前で、トラブルが発生したときだけ目立つという、ある意味で地味な存在ではありますが、

※1　これ以外に「RDBMS自体を開発する立場」もありますが、これは本書で扱う範囲を大きく超えます。
※2　同じRDBMS内でもバージョンによって大きく異なる場合もあります。

RDBMS製品の基本哲学や内部構造に精通し、動作の仕組みや原理を知り尽くして、日々組織のデータベースを支えてくれているデータベース管理者は、その方面からは非常にカッコよく見えます[※3]。

データベースエンジニアとしてのキャリアの作り方は、あなたの置かれている環境やチャンスなどによって千差万別ですが、多くの場合、まずはある程度のデータ操作をスムーズにできるようになってから、テーブル設計やサーバの運用管理に広げていくというのがよいのではないかと、個人的には考えています。

本章では、次に示す3本柱を「データベースエンジニアの知識エリア」として、紹介していきます。

- **データ操作に関して学ぶべきこと**
- **テーブル設計で学ぶべきこと**
- **運用管理について学ぶべきこと**



※3　個人の感想です。

# 3-2 安心して壊そう



データベースに限らない話ですが、習得の鍵は「何度も繰り返すこと」にあります。そのためには、何度でも繰り返して試すことができる環境が必要です。「こんなことしたら壊れるかも」「大変なことになるかも」と心配して実行をためらってしまっては、経験の機会を逃してしまいます。心置きなく学習環境を壊せるように、壊してしまっても何度でも元に戻せるという安心感を獲得しておきましょう。

そのためのいくつかの方法を紹介します。

## インストールとアンインストールの習得

ソフトウェアのインストールが面倒だと感じていると、今動いている環境を大切に使う（＝あまり試さない）ようになってしまいます。RDBMSの（例えばMySQLの）インストールに慣れておくことで、この壁を少し低くできます。また、環境を繰り返し再構築する場合は、アンインストールも重要です。余計なファイルを残さずに再度きれいなインストールができるためのアンインストール方法も習得しておきましょう。

## 不要なマシンを利用する

使わなくなったノートパソコンが手元にありませんか。Linuxを入れて自由にMySQLやPostgreSQLなどが動作する環境を作りましょう。学習時は、そのノートパソコン上で作業してもよいですし、SSHなどで接続すれば、いつも使っているパソコンからノートパソコンにアクセスして使うこともできて便利です※1。おかしな状態にしてしまったかなと思ったら、OSからインストールし直すこともできます※2。

---

※1 Webブラウザでマニュアルを見ながら操作したり、作業した記録としてコピペしたりする際に、いつも使っているマシンで作業できると効率がよいでしょう。

※2 トラブル時にすぐにその状況を消してしまうのではなく、調べて修復することで、より深い理解を得られる面もあります。バランスを取っていきたいものです。

## 仮想環境を使う

不要になったマシンを用意しなくても、VirtualBoxのような仮想環境を使えば、新たなLinux環境を構築できます[※3]。何度でもOSから再インストールすることもでき、仮想環境が備えるスナップショットのような機能を活用すれば、壊してしまっても特定の時点にまで戻すこともできます。

## レンタルサーバを使う

レンタルサーバ（VPSやクラウド環境）でもデータベースを使うことができます。「不要なマシンを使う」の場合と似たような感じですが、ハコ（マシン）を自分で用意しなくてよいこと、OSのインストールが管理画面から簡単にできることが利点です。特に、OSインストールについて、まっさらな環境が数分で手に入るのは、リトライを繰り返すためには大きな補助となるでしょう。サービスによりますが、月額数百円程度からあります。レンタルサーバのような共用環境を使う場合は、セキュリティや大きな負荷で迷惑をかけないようにという点には注意する必要があります[※4]。

このように、学習のための環境を得るのにはさまざまな方法があります。本書は「手順説明書」ではないので、本書を見ながら順次実行してみようというスタイルではありませんが、本書で説明されている考え方を理解して、実際に手元のRDBMSで試してみてください。不明なところは、RDBMSのリファレンスマニュアルに書いてあるかもしれません。マニュアルを調べながら1つひとつ自分の手で試してみてほしいです。壊してしまっても簡単に新しい環境を得られる安心感の上で、たくさんの経験を積んでください。

※3　専用のマシンを1台用意できる場合は、Proxmox VEを活用すると、その上で何台ものLinuxを立ち上げることが容易にできます。

※4　ネットワーク設定をいじる場合は、外部からの攻撃を喰らってしまわぬように「公開しすぎない」設定にする点に注意が必要です。負荷については、RDBMS学習者が通常の手作業で行う範囲で負荷をかけすぎることはほぼありませんが、数十ギガバイトの大量データを一気に扱おうとしたり、スクリプトで大量のプロセスを同時実行するなど、いかにも沢山の処理をさせそうだなというときには気に掛けておいてください。

# 3-3 データ操作に関して学ぶべきこと



データ操作は、RDBMSスキルの中でも中心をなすものです。何といっても、RDBMSを利用する目的が「データを管理すること＝データ操作をすること」だからです。データ操作の世界は、間口の広い「とりあえず使えるようなレベル」から、「データの複雑な集計や加工処理ができるようになる」まで幅広く、多くの学ぶべき事があります。

データ操作について学ぶべきこととして、どのようなものがあるのか、代表的なものを紹介していきます。

##  RDBMSとデータ操作の基礎

スキーマ（データベース）があり、テーブルがあるところから全てが始まります。このテーブルに対してデータを登録したり、検索、集計したりするという世界観の理解が、データ操作学習のスタートです。専用言語である「SQL」を使ってデータを操作します。本書では第2章で簡単に紹介しました。テーブルとSQLについてイメージができていない人は、第2章に戻って確認してみてください。とはいえ、触りながら「こういうものか」とわかってくる部分もあるでしょう。MySQLを例に、第4章以降で実際にテーブルへのデータ操作（SQL）を詳しく解説するので、少し触ってみてから改めて第2章に戻って自分の理解を確認してみるというのでもよいかもしれません。

##  SQLの基本文法

データ操作の4種類のSQLがあることを第2章で簡単に紹介しました。データ操作の4種類は、次のようなものでした。

- **データの追加（登録、挿入）**
- **既存データの変更（更新）**
- **既存データの削除**
- **既存データからの検索、抽出、集計、加工など**

それぞれ、INSERT、UPDATE、DELETE、SELECTというSQL文を使用します[※1]。この4つのデータ操作は、RDBMSの世界だけではなく広くコンピュータシステムでも使われる考え方で、「CRUD[※2]」として知られています。この4つの操作をRDBMSに依頼できるのだということを理解した上で、それぞれのデータ操作を実際に行えるようになることを目指しましょう。本書では第4章で紹介します。

なお、INSERT、UPDATE、DELETEを総称して「更新系クエリ」、SELECTを「参照系クエリ」と呼びます。



##  高度な参照系SQL

参照系クエリは、単なる抽出に留まらず、テーブル同士の結合や集計、値の加工、並べ替えなど、多岐にわたります。「SQLを習得する」の大部分はSELECT文の理解が占めるといっても過言ではありません。

学習プランとしては、「基本的」「高度」と分けずに、まとめて「SQLを習得しましょう」でもよいかもしれませんが、参照系クエリの世界はあまりにも広く深いので、学んでも学んでもなかなか習得の感覚が得られないことも多いのです。そこで、「まず基本的なクエリ操作は習得した」と一旦区切って満足したほうが励みにもなるため、筆者は初学者に向けてはこのように分類して説明しています。筆者が勝手に分類しているだけなので、明確な「ここからが高度です」という基準があるわけではないのですが、概ね次のようなものだと考えるとよいでしょう。

- **基本的な参照系クエリ技術**
  - **SELECT文の基本構文の理解**
  - **関数の使用**
  - **並べ替え（ORDER BY）**
  - **集計クエリ（GROUP BYおよび集約関数）**
  - **サブクエリ**
  - **複数テーブルの結合**
- **高度な参照系クエリ技術**
  - **CASE式**
  - **ウィンドウ関数**
  - **共通表式（CTE）**

※1　読み方は、「インサート」「アップデート」「デリート」「セレクト」です。

※2　「クラッド」と読みます。「Create」「Read」「Update」「Delete」の4種類です。SQLの用語とは少し異なりますが、表しているものはSQLの4つのデータ操作文と同じです。

学習の目安として分類しましたが、「ここから先は高度だから、自分は学ばなくていいや」とは考えないでください。CTEやCASE式、そしてウィンドウ関数は、SQLの表現力を大幅に高めてくれる、非常に強力な機能です。ここまで使えるようになってようやく「SQLチョットデキル」といえるようになるので、データの抽出や集計処理を学ぶ際は、これらの機能を自由に使えるところを目指してください。

## トランザクションやロックの理解

正しいデータ更新のためには、「データ更新の『かたまり』」を意識することが大切です。この考え方と実現方法について、「トランザクション」として第2章で学びました。トランザクションは「一連の処理をひとかたまりとして扱う」仕組みで、処理の「かたまり」の完了としてCOMMITと、「かたまり」の処理を全てなかったことにするROLLBACKがあります。「コミット」と「ロールバック」は日常会話※3でも普通に使う言葉なので、慣れておきましょう。ロールバックは、明示的なトランザクションの中で指示するだけではなく、システムの予期せぬ停止（突然の電源断やサーバのクラッシュなど）の際にもRDBMSの内部で自動的に行われます。再起動後に未完了のトランザクションがロールバックされることで、データの一貫性を保っているのです。

ロックの仕組みも併せて理解しておくと、RDBMSの内部にちょっと足を踏み入れたという感覚を味わえるでしょう。デッドロックやロック待ちの影響による反応速度の低下などは独りで学習しているとなかなか体験できないものですが、ある程度のアクセス数がある実稼働システムが身近にあるなら、遭遇することがあるかもしれません。開発したシステムで更新が失敗することがあるとか、期待していたよりも速度が出ていないといったときに、こういった知識が役に立つことがあります。

## パフォーマンスを考慮したクエリ

データ操作の4つのSQL文をそれなりに使えるようになって一安心といいたいところですが、「SQLプロフェッショナル」としてのデータベースエンジニアとしては、さらなる高みがあります。

実際にSQLを使ったサービスを運用していると、ユーザー数やデータ量が増えるほどクエリの実行に時間がかかることに遭遇するものです。利用者が少ないうちは「とりあえず望み通りの結果を得られるクエリ」で十分だったものが、サービスの発展とともに「より速く、よりサーバに負荷を掛けないクエリ」を意識する必要が出てくるのです※4。

※3 もちろん、家庭内での日常会話ではなく、データベース界隈での日常会話の話です。
※4 最初からそういったことを意識したクエリを書けるのが一番ですが、実際に問題は起きていないのであれば問題ないともいえます。まさに、私の大好きな言葉である「問題なければ問題ない」です。経験を積んだSQLプロフェッショナルは、最初から比較的よい感じのクエリを書けるもので、このあたりが経験の差といえるかもしれません。

クエリに時間がかかる原因を特定し、よりよいクエリに書き換えたり、あるいはその原因が画面表示項目などのサービスの要件としてさほど重要ではない項目の取得や検索条件にあるのであれば、サービス仕様の変更を提案することもあるかもしれません[※5]。インデックスの効果を理解できれば、適切なインデックスの追加で解決するかもしれません。

このとき役に立つスキルが、「クエリの実行計画」を見る力です。実行計画は、RDBMS内部で、どのような順序で、どういう情報を使って検索処理が行われたかを確認できるものです。これを読み解くことで、クエリが遅い原因を特定することにつながります。

実行計画は、残念ながらRDBMS各製品ごとに全く異なる形式で得られる情報なので、学んだRDBMSでしか使えない知識にはなりますが、クエリ実行の考え方や遅くなる原因などはどのRDBMSでも同じなので、学んだ以外のRDBMSへの応用ができる部分もあります。自分が使用しているRDBMSで、実行計画の読み解きに挑戦してみてください。



※5　このあたりは、開発チームの規模や役割によって変わってくるかもしれません。縦割りの組織開発では、「DB屋ごときが画面表示に口を出す」ことに対して厳しい反応を受ける事例もあると聞いています。:-p

# 3-4 テーブル設計で学ぶべきこと

## テーブルは自分で作るもの

DBMSでのデータの格納先であるテーブルはRDBMS上に最初からあるわけではないので、格納したいデータの内容に合わせて自分で作成します。作成するテーブルは、表形式となっていることや列に型を指定することなど、最低限のルールを守ってさえいれば自由に作成できます。

## よいテーブルはよいシステムを生む

自由に作れるとはいっても、「よいテーブル」を作るためのコツというものがあります。よいテーブルとは、次のようなものです。

- **更新によって不整合を起こしにくいテーブル**
- **取り出したいデータが十分に高速に取り出せる**
- **やりたいことが変化した際（仕様変更）に対応しやすい**

こういった「よいテーブル」を検討して作ることを「テーブル設計」といいます。テーブル設計というのは、主にアプリケーション側などから使うために行うものなので、アプリケーションが何をしたいか（＝要件）を把握することが必須です※1。ただし、愚直に現状にフィットさせるだけでは将来性の幅を狭めてしまうこともあり、バランス取りは難しいところです。

## テーブル設計に必要なスキル

テーブル設計にはどのようなスキルが必要になるでしょうか。非常にあいまいな言い方になってしまうのですが、「システムが持つデータに対する共感力」が大切だと筆者は考えています。データはどうしたいのか、何をされたらデータは嫌な思いをするのか。もう少し現実世界寄りの話をすると「悪意を持った想像力」が必要といえるかもしれません。いったん設計してみたテーブルに対して「こんな更新が発生したら」「こんな集計処理をしたいとし

※1　全くアプリケーション側の要求を意識せずに、管理すべきデータ項目だけとにらめっこしながらテーブル設計を行う手法もあります。非常に大規模でアプリケーションの要求を把握しきれない、要件決定を待てない、あるいは、アプリケーション側が設計されたテーブル構造に合わせる方針であるなどの事情があるようです。このようにやむを得ない場合もありますが、設計するシステムが全体の把握が可能な規模であるならば、「アプリケーションが使用するためのテーブル」を作っているのだという意識を持ってテーブル設計をしてください。

たら」などと、さまざまなデータ操作をイメージしてみるのです。

「問題がないなら問題ない」。これは筆者が好きな言葉の1つですが、裏を返せば「問題に気づく力が必要」ということでもあります。「こんなことをしたら問題が発生する」ということに気づく力、つまり「悪意を持った想像力」というわけです。悪意という言葉がちょっと厳しく感じるのであれば「少し意地悪な見方をしてみる」と言い換えてもよいでしょう。「問題がないなら問題ない」ためには、「問題がない」と言い切れることが必要であり、つまり、さまざまな状況を想像して「問題に気づく力」が必要というわけです。

少々禅問答のような精神論のような話になってしまいましたが、問題に気づくためのコツのようなものはあります。「このようなテーブル設計は問題になりやすい」というパターンのようなものもあります。一部ではありますが、第7章で紹介します。

# 3-5 運用管理について学ぶべきこと

## 目的はシステムの安定運用

RDBMSの運用管理の目的は、一言でいえば「システムの安定稼働を守る」ことにあります。データベースが停止してしまうと、提供しているECサービスも業務に使用しているシステムも稼働できなくなり、会社はたいへんな損をしてしまいます。したがって、適切な導入を行い、適切な監視を行い、トラブル発生時には適切に対応するといったことが必要になります。問題の発生を未然に察知して対処し、それでも発生してしまったトラブルに対して迅速に対応するということです。「RDBMSサーバが当たり前のように、いつも稼働している」状態を保つのかが、運用管理者の腕の見せどころといえるかもしれません。

## RDBMSごとに異なる運用方法

RDBMSの運用管理に必要な知識はRDBMS製品ごとに大きく異なります。ISOで標準化されているSQLとは異なり、運用管理は「そのRDBMSというソフトウェアについて学んいく」というものといえるでしょう。そのため、あるRDBMSで学んだ方法（例えば、特定のパラメータをどのように設定するとか）や個別のパラメータ設定方法などの知識は、ほかのRDBMSでは全く役に立たないことがあります。

一方で、「可用性の確保」「データの保全」「監視と障害対応」といった運用管理者の目的は、RDBMS製品に依らず、どれでも同じです。RDBMSの運用管理を学んで行く際には、単にコマンドやパラメータ名を覚えるのではなく、それは何のために、どのような効果を狙って実施するのかといった本質を常に意識する習慣を付けておくと、ほかのRDBMSにも適用できる、普遍かつ汎用なスキルになることでしょう。

## 運用管理に必要なスキルセット

RDBMSの運用管理に関するスキルには、次のようなものがあります。

### インストールと初期設定

システムへのRDBMSサーバおよび関連ツール群のインストールは、RDBMS管理者の最初の仕事といえるでしょう。もちろん単にソフトウェアをインストールして終了というわけではありません。RDBMSが自分たちの環境で最適に動作するような、各種の設定を行います。

設定内容を決定するにあたっては、RDBMSの動作パラメータの設定やデータファイルの配置に関する設定、キャッシュやバッファプールといったメモリ割り当ての設定、同時接続数の上限やユーザーに関する設定などがあります。複数台構成の場合には、レプリケーションの設定や、規模拡大時のレプリカ追加などの作業も行います。

適切な設定を行うには、OSに関する知識、RAIDなどを含むストレージに関する知識、ネットワークに関する知識など、単なる「DBMS運用管理エンジニア」だけでなく「インフラエンジニア」としての能力も必要となります。



## RDBMSアクセス可能ユーザーの管理

RDBMSの運用管理では、セキュリティと権限管理も大切な課題です。どのユーザーがどのテーブルにアクセスしてよいのか、書き込み権限やテーブルなどのオブジェクト作成権限はどのユーザーに与えるのかといった権限の設定を適切に行わなければなりません。多くの場合、これらの権限は「データベース」単位で行います[※1]。

RDBMSに接続するユーザーの認証で最も多く使われるのは、ユーザー名とパスワードによる認証です。そのほかLDAPやActive Directoryといった外部の認証技術を使用したり、接続元のIPアドレスなどで制限したり、サーバ証明書によるSSL/TLS認証、OSのユーザー権限と連動させた認証など、さまざまなものがあります。これもRDBMS製品によって異なります。

## データの保全

RDBMSを運用している中で最も恐ろしい出来事の1つが「データの消失[※2]」です。このようなことが起こらないように、データベース運用管理者は気を配ります。レプリケーション構成の検討、プライマリサーバ故障時のレプリカ昇格プラン策定と実施、バックアップ計画の策定、RDBMSに接続できるユーザーと権限の設定[※3]などがあります。どのような事が起こる事を想定するのかに合わせた保全プランを立てる力をつけたいところです。

## パフォーマンスの維持

システムの成長に伴うクエリ速度やサーバ負荷の変化や、正常時と異なる現象が起こっていないかなどに、日々気を配ります。変化に気づけるように、RDBMSサーバの適切な監視を行い、危険の兆候を察知してトラブルに至る前に対策を講じます。

監視項目の例としては、次のようなことが挙げられます。

- **サーバ稼働自体の監視**

  ディスク使用量、一時的なメモリの大量消費、データベースアクセスピーク時の余力

---

※1　RDBMS製品によっては、スキーマ単位、テーブル単位、列単位で設定できるものがあります。
※2　整合性が失われるなど「データが正しい状態でなくなる」ことも広義には含みます。
※3　データに関するトラブルの原因は、システム的なものだけではなく、人為的なものもあります。

- **RDBMS上で実行されるクエリの監視**
  異常に時間のかかるクエリ（スロークエリ）、クエリによるメモリ使用量

また、基本的にはRDBMSを利用する開発者側の責任範囲ではあるのですが、効率の悪いクエリ（例えば、むやみにテーブルの全ての列の値を取得※4しているなど）の場合は、適切な取得を行うように開発者に伝えることで、サーバの負荷を下げられることもあります。

## 障害対応

障害発生時に短時間でサービス再開するためのさまざまな想定をして準備を行い、障害発生時には実際に復旧作業を行います。提供しているサービスの規模や性質にもよりますが、最近ではレプリケーションやクラスタ構成などを活用して、障害時にもほぼ無停止でサービスを継続することを目指すところも多いようです。

RDBMSの各製品はそれぞれ、RDBMSの稼働状況に関するさまざまなログ情報を出力しています。どのようなログがどこに出力されているのか、何が起こったときにどういったログが出力されるのかを把握しておきましょう。学習環境で発生させることが可能なトラブルであれば、一度試してみて、ログ出力内容などを確認するのも大きな体験になるかもしれません。実際に発生した。障害の調査を行う際に、「見たことがある」と「初めて見る」には雲泥の差があると、個人的にも感じています。

## SQLの知識は当然に必要

本章では「データベースのユーザー」と「運用管理者」に分けて説明しましたが、両者は決して排他なものではありません。運用管理者が最低限のSQLによるデータ操作を理解していないと、問題の原因の切り分けすらできません。

このように、RDBMSの運用管理はハードウェア、OS、ネットワーク、SQL、想像力といった幅広いスキルを必要とする分野です。「ローマは一日にして成らず」で、一度に全てを身に付けるのは難しいですが、今は「こういった幅広いスキルが必要なのだ」ということを理解して、1つひとつ、じっくりと経験を重ねていくことをお勧めします。

※4 「SELECT *」を乱発するような場合です。

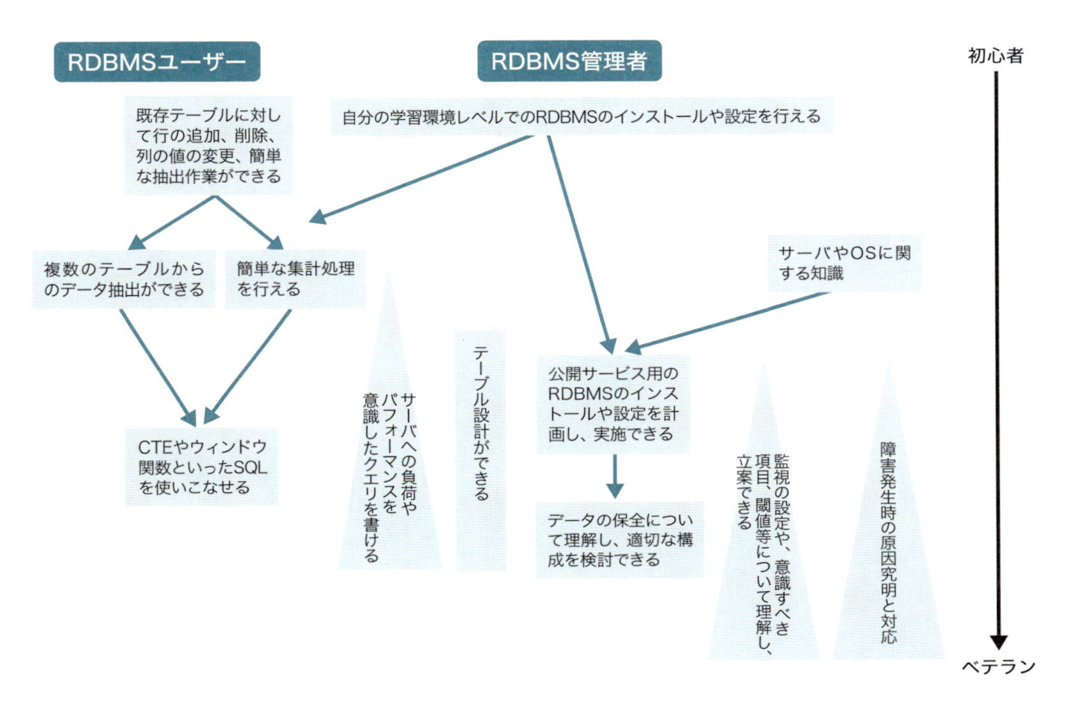


●図3-5-1　RDBMSのユーザーと管理者のスキルの関係

# 第4章 データ操作SQL入門

この章からは、いよいよ「SQL」によるデータ操作の世界に足を踏み入れます。奥深きデータ操作の世界の中で、本章では3種類の更新系のSQL文について学び、さらに参照系SQL文の基本的な構文についても学びます。

4-1 SQLでのデータ操作の基礎を学ぼう
4-2 学習環境の用意：MySQLによる試し方超入門
4-3 INSERT：データの登録（行の追加）
4-4 行の特定について
4-5 UPDATE：既存データの更新
4-6 DELETE：既存データの削除
4-7 SELECT入門
4-8 トランザクションとロックの試し方

# 4-1 SQLでのデータ操作の基礎を学ぼう



ここからの章では、実際にSQLを使ってRDBMSのデータ操作を学んでいきます。こういった学習は、とにかく「触ってナンボ、エラー出してナンボ」です。実際に操作をしてみると、紙の上で読んでわかった気になっているのとは違う体験が得られます。

自分で操作してみると、SQLを書いたのに実行してくれない※1とか、クォーテーションで適切に括っていないためにコマンドが思いどおりに動かずにパニックになったりといった体験をするかもしれません。そういった体験を積み重ねていくうちに「当たり前にできること」が、どんどん増えていきます。安心して壊せる環境があれば、心置きなくいろいろなことを試せます。学習用の環境を作って、どんどん試すようにしてください。

RDBMSには多種多様な製品がありますが、全てのRDBMSでの操作を説明することは不可能なので、本書では代表としてMySQLを使用して、実行例などを解説していきます。とはいえ、ISOで標準化されているSQLという言語なので、各RDBMS間で、ほとんど同様に利用できます。MySQL以外のRDBMSを使いたい人も、ほぼ同じSQLが動作するはずなので、そちらで試してみてください※2。

また、本書は操作手順書ではありません。「順番に誌面の内容を打ちこんでいくと結果がでます」という「体験コーナー」的な内容は目指していないので、考え方や背景などを理解するように心がけていただければと思います。本書では、考え方や仕組みなどの「理解」につながる視点でRDBMSを紹介します。あなた自身でリファレンスマニュアルやほかの書籍などで調べる際に、そういった資料から情報を読み取る力を持てるような「知識の土台」を作ることを目指してください。

## マニュアルと友達になろう

RDBMSに限ったことではありませんが、ソフトウェアの動作を学ぶための一番の教科書はリファレンスマニュアルです。

日本で最もMySQLに詳しいと言われているエンジニアの1人も、最初は時間をかけて、とにかくリファレンスマニュアルを隅々まで、何度も読み返したと語っています※3。そこまでやらないとしても、いわゆる「一次情報」としてのリファレンスマニュアルには最も正確

※1 最後のセミコロンを打ち忘れるのは、最も多くの人が体験するミスの1つです。私も、いまだに打ち忘れることがありますが、すぐに気づいて追加で「;」を打てばよいだけなので、ノープロブレムです。

※2 RDBMSによって大きく違いがある部分は、なるべくその旨を説明するつもりです。

※3 MySQLのマニュアルは、当時でもPDFで1,000ページを超える分量があり、これを何度も読み通すのは並の努力では成し遂げないでしょう。だからこそ、この世界の第一人者になったともいえます。

な情報が書かれていることになっているので※4、自分の知識の裏付けにもなります。また、何か確認したい内容が発生したときにも、普段からマニュアルと親しんでいると、目的の情報に早くたどり着けるようにもなっていきます。

確かにリファンレンスマニュアルは無味乾燥だったり例示が少なかったりして読みにくいと感じる面もあるかもしれません。実行例をたくさん含めてわかりやすく、あるいはその逆にズバリ端的に書いてくれるブログ記事をありがたいと思うこともあるでしょう。情報に触れる入り口は、ブログ記事や書籍でも十分だと思います。しかし、機会あるたびに、「この説明、マニュアルにはどう書いてあるんだろう」と確認する習慣を付けると、ブログや書籍では紹介されていなかった機能や使用時に注意すべき事項に出会えることもあります。思わぬ情報が待っているかもしれないリファレンスマニュアルは、知識への出会いの場といえるかもしれません。

**COLUMN　試せ！試せ！試せ！！**

この数年、とても違和感のある質問を受ける機会が増えた気がします。それは「こんなコマンドを実行したら、どうなりますか」という質問です。「こうやって変更したら」「こんな設定したら」などと多少のバリエーションはありますが、要約すると、つまりは「これを実行したら、どうなりますか」という質問です。

**自分で試せ！**

試す前に「正解」を知りたがっている姿勢のように私には思えます。一発で正解を出さなければいけないという心理があるのかもしれませんし、あるいはエラーになると自分が否定された気分になるという人もいるのかもしれません。しかし、考えてみてください。初めてピアノに触る人がいきなりショパンやベートーヴェンを弾けるわけではありません。何度も失敗し、修正し、ようやく弾けるようになっていくはずです。発表会や、あるいはプロであればリサイタルなどでは豊かな音色で素敵な演奏をしたいので、そのために練習中に何度もトライをしているのです。

RDBMSやSQLも同じように、学習中ならばいくら間違って構わないので、自分の目で1つひとつ体験を積み重ねてください。「こんなことをやったらエラーになるよね」という内容でさえ、「どうせエラーになるだろうから、やらない」という姿勢の人よりも、実際にやってみて「あーやっぱりね」という経験をした人のほうが、時間が経つにつれ、得られるものに大きさ差が開いていきます。

※4　ごく稀に間違いが含まれていることもないわけではありませんが、かなり少ないです。

### 試せ！試せ！試せ!!

SQL文を投入したことで学習環境を壊してしまったら※5、データを作り直せばよいだけです。設定を変更したせいでRDBMSが立ち上がらなくなってしまったら、再インストールすればよいのです。

より経験を積んだ人への質問するのであれば、試せばすぐにわかる「どうなりますか」という質問よりも「こういう動作を期待して実行したが、結果が異なった。どこに考え違いがあるのか」という質問のほうが有意義だと思いませんか。質問を受ける側も、そういった質問を楽しみにしています。

繰り返しますが、学習とは練習の場です。大切な本番の場での失敗を少しでも減らせるように、学習中にいっぱい失敗してください。「手順書」のような学習書で正しい動作を体験するだけではなく、エラーを出した経験こそが現場で活きてくるものです。

※5 SQL文を投入したことでシステムが壊れることは、まずありません。壊れるとしたら、検証用に登録したデータが全部消えてしまったり、内容が書き換わってしまったりといった程度でしょう。

# 4-2 学習環境の用意：MySQLによる試し方超入門



SQLを学ぶにあたって、本書ではRDBMSを代表してMySQLを使用した例を紹介します[※1]。ここでは環境の作成方法と基本操作について説明します。ほかのRDBMSを使っている人も、同じようにSQLを試すことができる環境を構築してみてください。「構築」といっても、基本的にはRDBMSのソフトウェアをインストールするだけです。

## MySQL動作環境の構築

### 動作可能なOS

MySQLは、各種Linux、Windows、macOSなど、さまざまなOSで動作します。

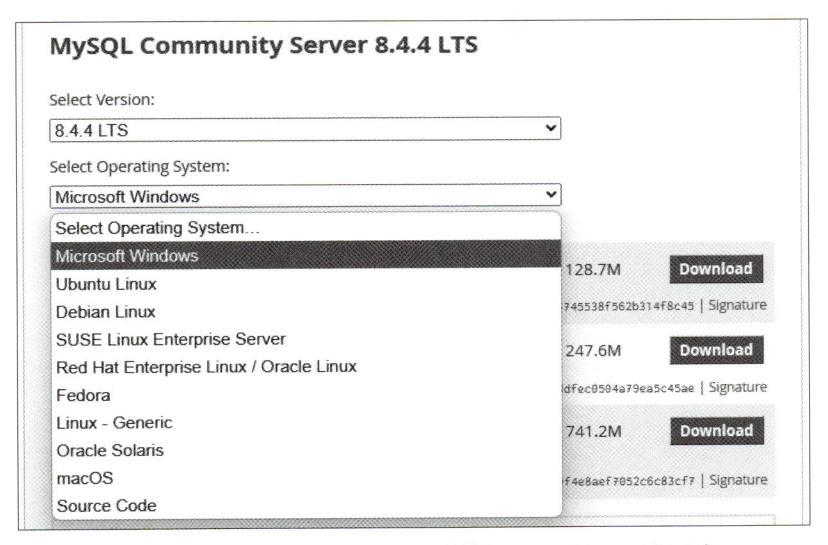


●図4-2-1　MySQLが対応しているOS（ダウンロードページより）
https://dev.mysql.com/downloads/mysql/

※1　本書ではMySQL 8.4.3 LTSを使用しています。

### バージョンの選択

MySQLには複数のバージョンが並行して開発されています。今回の学習用途には、2025年4月時点最新のLTS版である「MySQL 8.4」シリーズを選ぶことをお勧めします※2。MySQL 8.4シリーズには、8.4.4、8.4.5……のようにドットで区切られた3つの数字でバージョン番号が付けられています。バージョン 8.4.Xの中で、インストールする時点でXの部分が一番大きなものを選択してください。



### インストール

WindowsとmacOSではインストーラやdmgファイルによるインストールが可能です。画面の手順に従って進めていけばインストールが完了するので、特に難しいことはないでしょう。

Linuxについては、`apt/yum/suse`のリポジトリが、開発元であるOracleから公開されています。

- **MySQL Community Downloads**
  https://dev.mysql.com/downloads/

ディストリビューションのリポジトリにも含まれているので、そちらからインストールすることもできますが、OSのバージョンによってはリポジトリのMySQLバージョンが古いこともあるので、開発元が公開しているリポジトリを追加してインストールする方法をお勧めします。MySQLのインストール方法はリファレンスマニュアルにも詳しく書かれている※3ので、そちらを参照すれば難しいことはありません。MySQLのインストール方法については、第1章のコラム（008ページ）も参考にしてください。

## コマンドラインクライアント

### 各RDBMSごとにコマンドラインクライアントがある

各RDBMS製品には、データベースサーバに接続して依頼事項を送ったり結果を受け取ったりするためのコマンドラインツールがあります。一般に「コマンドラインクライアント」と呼ばれます。MySQLでは`mysql`という名前の小文字5文字のコマンドです。主なRDBMS製品のコマンドラインクライアントを表4-2-1に示します。

---

※2 2026年4月以降に本書を見た人は、より新しいバージョンをダウンロードページで目にするかもしれません。基本的に「LTS」と付いた最新バージョンを選択するのがよいでしょう。Innovationと付けられたバージョンは、常に改良改善が進められるもので、個人的には注目しているシリーズなのですが、新機能の追加などにより動作が変わることもあり、初心者の学習用途としては、期待の動作と異なったときの切り分けや情報収集の手間を考えると、お勧めしません。

※3 https://dev.mysql.com/doc/refman/8.4/en/linux-installation.html

▼表4-2-1　主なRDBMS製品のコマンドラインクライアント

| RDBMS | コマンドラインクライアント名 |
|---|---|
| MySQL | mysql |
| PostgreSQL | psql |
| Oracle Database | sqlplus |
| Microsoft SQL Server | sqlcmd |
| IBM Db2 | db2 |



▼ mysqlコマンドラインクライアントで操作している画面例

```
mysql> SELECT COLLATION_NAME, CHARACTER_SET_NAME,ID
    ->   FROM COLLATIONS
    ->  WHERE COLLATION_NAME LIKE '%ja%'
    ->  ORDER BY ID desc;
+-----------------------+--------------------+-----+
| COLLATION_NAME        | CHARACTER_SET_NAME | ID  |
+-----------------------+--------------------+-----+
| utf8mb4_ja_0900_as_cs_ks | utf8mb4         | 304 |
| utf8mb4_ja_0900_as_cs | utf8mb4            | 303 |
| eucjpms_japanese_ci   | eucjpms            |  97 |
| cp932_japanese_ci     | cp932              |  95 |
| sjis_japanese_ci      | sjis               |  13 |
| ujis_japanese_ci      | ujis               |  12 |
+-----------------------+--------------------+-----+
6 rows in set (0.00 sec)
```

## コマンドラインクライアントでの基本操作

RDBMSをインストールしたら、まず基本的なコマンドラインクライアントの操作方法を覚えておきましょう。スムーズな作業のために、次のような内容を知っていると便利です。

1. コマンドラインクライアントの起動とデータベースへの接続方法
2. コマンドラインクライアントの終了方法
3. コマンドラインクライアント上でのSQLなど依頼方法
4. データベース、スキーマの選択方法
5. コマンドラインクライアントのプロンプトの見分け方

自分が使っているRDBMSのマニュアルを確認して、これらの基本操作をストレスなく実施できるようになっておきましょう。

以降では、MySQLでのそれぞれの実際の操作方法を紹介します。

### ● 1. コマンドラインクライアントの起動とデータベースへの接続方法

mysqlコマンドラインクライアントを使用してMySQLサーバに接続するには、接続先のデータベースサーバに対してユーザー名とパスワードを送って認証をしてもらいます。mysqlコマンドの場合は、次のようにパラメータで指定します。

```
mysql -hlocalhost -uroot -p mydb

  -h 接続先ホスト：localhostのときには省略可能
  -u 接続ユーザー名
  -p パスワード指定：コマンドを実行するとパスワードの入力を求められる
  mydb：データベース（スキーマ）名。この例ではmydbという名前のスキーマを使用
```

接続に成功すると、RDBMSのクレジットやバージョン情報などの基本情報が表示された後で、SQL命令を受け付けるためのプロンプトになり、依頼を待ち受けます。mysqlコマンドでのデフォルトのプロンプトは「mysql>」です※4。

```
$ mysql -hlocalhost -uroot -p mydb
Enter password:
Reading table information for completion of table and column names
You can turn off this feature to get a quicker startup with -A

Welcome to the MySQL monitor.  Commands end with ; or \g.
Your MySQL connection id is 16
Server version: 8.4.3 MySQL Community Server - GPL

Copyright (c) 2000, 2025, Oracle and/or its affiliates.

Oracle is a registered trademark of Oracle Corporation and/or its
affiliates. Other names may be trademarks of their respective
owners.

Type 'help;' or '\h' for help. Type '\c' to clear the current input statement.

mysql>
```

※4 PostgreSQLのコマンドラインクライアントであるpsqlでは、デフォルトでは「db名=#」というプロンプトになります。例えばmydbという名前のデータベースの場合は「mydb=#」というプロンプトです。

MySQL以外のRDBMSでも、接続先サーバのホスト名、ユーザー名、パスワード、データベース名を指定して接続するものが多いので、調べてみてください。

### ● 2. コマンドラインクライアントの終了方法

mysqlコマンドラインクライアントを終了するには、次のようにします（「mysql>」の部分は表示されているプロンプト）。

```
mysql> exit
```

あるいは、次のようにしても構いません。

```
mysql> \q
```

データベースサーバとの接続が解除されて、元のOSのプロンプトに戻ります。ほかのデータベースでは、これら以外にQUITや、Ctrl＋Dなどが使われるものもあります。

### ● 3. コマンドラインクライアント上でのSQLなど依頼方法

コマンドラインクライアントのプロンプト（mysql>）が表示されている状態から、SQL文を入力してデータベースサーバに処理を依頼します（「mysql>」と「->」の部分は表示されているプロンプト）。

```
mysql> SELECT COLLATION_NAME, CHARACTER_SET_NAME, ID
    ->   FROM COLLATIONS
    ->  WHERE COLLATION_NAME LIKE '%ja%'
    ->  ORDER BY ID desc;
```

このように、プロンプトの後にSQL文を記述します。SQL文の最後に「;」を入力すると依頼がサーバに送信され、実行されます。途中には改行を入れても構いません。2行目以降のプロンプトは「->」になります。同じSQL文を、さまざまな書き方で示します。

```
mysql> SELECT * FROM COLLATIONS WHERE COLLATION_NAME LIKE '%ja%';
```

上のように1行で書いても構いません。逆に、改行や空白を入れまくって次のように書いても同じです。

```
mysql> SELECT *
    ->   FROM
    ->     COLLATIONS
    -> WHERE
    ->     COLLATION_NAME LIKE '%ja%';
```

まとめて1行に書くにしても、見やすく複数行に分けて書くにしても、とにかく「;までが一文」と覚えておきましょう。



### ● 4. データベース、スキーマの選択方法

先に説明したように、「スキーマ」（MySQLでは「データベース」も同義）の中にテーブルがあります。コマンドラインクライアントでの操作を行う際には、操作したいスキーマの中に入ります[※5]。「1. コマンドラインクライアントの起動とデータベースへの接続方法」で紹介したように、接続時にスキーマを指定するほか、接続後にはuse命令[※6]でスキーマを変更することもできます。

▼ mydb21 データベースをカレントスキーマにする場合

```
mysql> use mydb21;
```

### ● 5. コマンドラインクライアントのプロンプトの見分け方

mysqlコマンドラインクライアントのプロンプトとして、「3. コマンドラインクライアント上でのSQLなど依頼方法」で紹介した「mysql>」「->」のほかに、もう1つ覚えてもらいたいものがあります。

SQL文の中では文字列を表すためにシングルクォート「'」で囲みます[※7]。シングルクォートで開始した文字列を終了することを「クォートを閉じる」といいますが、mysqlコマンドラインプロンプトでのSQL文入力中にクォートを閉じないまま改行した場合、プロンプトの形が「'>」に変わります[※8]。特に初心者の頃にはプロンプトが「'>」の状態になったときにコマンドラインクライアントがいうことを聞いてくれなくなってびっくりすることもあるので、覚えておきましょう（何を入力してもクォートが閉じるまでは単なる文字列として扱われるので「;」を入力しても文の終了として扱われないのです）[※9]。MySQL以外のRDBMSでも、何気ないプロンプトの形の違いで現在の状況を伝えているので、調べておいて、プロンプトに注目して作業するとよいでしょう。

---

※5 正確には「カレントスキーマを設定する」というのですが、ほとんどの場合は「中に入る」というイメージで問題ないでしょう。

※6 useは、mysql固有のコマンドです。スキーマを変更するコマンドは、RDBMSのコマンドラインクライアントごとに異なります。例えば、PostgreSQLでは「\c」です。

※7 MySQLでは歴史的経緯からダブルクォートも使用することができますが、SQL標準とは異なる追加仕様なので、MySQLでも特段の事情がない限りは「文字列はシングルクォートで括る」を習慣付けることをお勧めします。

※8 ダブルクォートを使用した場合は「">」になります。

※9 覚えておくというか、これも「体験」の中で染み付いていくものの1つです。

```
mysql> SELECT id,
    ->        'test
    '> ;
    '> ◀────────────────────「;」を入力したのに、実行されない
```

## 基本的な情報を見られるようになろう

各RDBMSでコマンドラインクライアントで最低限の操作をできるようになったら、その次に覚えておくと気持ちのよいコマンドがいくつかあります。

1. **データベース一覧の確認方法**
2. **カレントデータベースの確認方法**
3. **テーブル一覧の確認方法**
4. **テーブル定義の確認方法**
5. **テーブルに登録されているデータの雰囲気を見る方法**

コマンドラインクライアントで操作する際の難点としては、現在の状態が見えにくいという点があります。これらの確認方法を知っておくと、学習初期にありがちな「今、自分がどこにいるのか、わからない」といったストレスが軽減されます。

以降では、MySQLでの例を示します。ほかのRDBMSでも同様の操作をするための命令があるので、自分が使っているRDBMSのマニュアルを確認して最初に把握しておきましょう。

### ● 1. データベース一覧の確認

まず、接続中のサーバ上にどのようなデータベース（スキーマ）があるかを知ることが、迷子にならないための第一歩です。

現在のサーバ上に存在するデータベース一覧をMySQLで得るには、SHOW DATABASES文を使います。

```
mysql> SHOW DATABASES;
+--------------------+
| Database           |
+--------------------+
| information_schema |
| mysql              |
| performance_schema |
| study              |
| sys                |
+--------------------+
5 rows in set (0.00 sec)
```

### ●2. カレントデータベースの確認

自分が今どこのデータベースの中にいるのか（正確にいうと、カレントデータベースは何なのか）を知るには、MySQLではDATABASE()関数を使います※10。

```
mysql> SELECT DATABASE();
+------------+
| DATABASE() |
+------------+
| study      |
+------------+
```

### ●3. テーブル一覧の確認

カレントデータベース内にあるテーブル一覧を得るには、MySQLではSHOW TABLES文を使います。

```
mysql> SHOW TABLES;
+-------------------------------------+
| Tables_in_information_schema        |
+-------------------------------------+
| ADMINISTRABLE_ROLE_AUTHORIZATIONS   |
| APPLICABLE_ROLES                    |
| CHARACTER_SETS                      |
| CHECK_CONSTRAINTS                   |
| COLLATIONS                          |
| COLLATION_CHARACTER_SET_APPLICABILITY |
| COLUMNS                             |
:（略）
```

SHOW TABLESは、データベース名を指定すれば、カレントデータベース以外のデータベース内にあるテーブル一覧を得ることもできます。カレントデータベースをいちいち移動しなくてよいので「あちらのデータベースにはどんなテーブルが入っていたかな」とちょっと確認したいときに便利です。

※10　ほかのRDBMSでは、current databaseなどのキーワードでも検索してみてください。

```
mysql> SHOW TABLES FROM study;
+------------------------+
| Tables_in_study        |
+------------------------+
| CUSTOMER               |
| ITEMS                  |
| PREFECTURE             |
| SALES_MASTER           |
 :（略）
```



### ● 4. テーブル定義の確認

テーブルにどのようなカラムがあるのか、その型や制約はどうなっているのかを確認するには、MySQLではDESC文を使います。テーブル定義の情報はSQL操作をする上で頻繁に必要になる情報なので、使用機会も多いでしょう。

```
mysql> DESC collations;
+--------------------+----------------------------+------+-----+---------+-------+
| Field              | Type                       | Null | Key | Default | Extra |
+--------------------+----------------------------+------+-----+---------+-------+
| COLLATION_NAME     | varchar(64)                | NO   |     | NULL    |       |
| CHARACTER_SET_NAME | varchar(64)                | NO   |     | NULL    |       |
| ID                 | bigint unsigned            | NO   |     | 0       |       |
| IS_DEFAULT         | varchar(3)                 | NO   |     |         |       |
| IS_COMPILED        | varchar(3)                 | NO   |     |         |       |
| SORTLEN            | int unsigned               | NO   |     | NULL    |       |
| PAD_ATTRIBUTE      | enum('PAD SPACE','NO PAD') | NO   |     | NULL    |       |
+--------------------+----------------------------+------+-----+---------+-------+
7 rows in set (0.00 sec)
```

### ● 5. テーブルに登録されているデータの雰囲気を見る

テーブル定義の情報だけではなく、実際にどのようなデータが入っているのかを見たほうがイメージが湧くということも多いでしょう。そのための簡単なSQLをまず覚えておくと便利です。この後でさまざまな検索クエリを学んで行きますが、その第一歩ともいえるSQL文です。MySQLでは、SELECT文にLIMIT句を付けて、表示件数を制限できます[※11]。

※11　このクエリでは出力時の並べ替え順序を指定していないのでRDBMS内部の都合で最初に見つけた5件が出力されます。条件や順序を指定しての出力は第5章以降で紹介します。ここでは「データの雰囲気を見てみる」ことが目的なので、どのデータでもよいので数件が見えればOKという割り切りです。

```
mysql> SELECT * FROM collations LIMIT 5;
+--------------------+--------------------+----+------------+
| COLLATION_NAME     | CHARACTER_SET_NAME | ID | IS_DEFAULT |
+--------------------+--------------------+----+------------+
| armscii8_general_ci | armscii8          | 32 | Yes        |
| armscii8_bin       | armscii8           | 64 |            |
| ascii_general_ci   | ascii              | 11 | Yes        |
| ascii_bin          | ascii              | 65 |            |
| big5_chinese_ci    | big5               |  1 | Yes        |
+--------------------+--------------------+----+------------+
5 rows in set (0.00 sec)
```

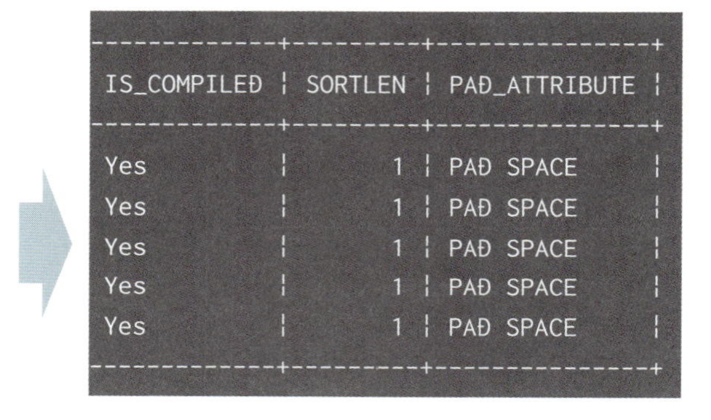

```
-------------+---------+---------------+
 IS_COMPILED | SORTLEN | PAD_ATTRIBUTE |
-------------+---------+---------------+
 Yes         |       1 | PAD SPACE     |
 Yes         |       1 | PAD SPACE     |
 Yes         |       1 | PAD SPACE     |
 Yes         |       1 | PAD SPACE     |
 Yes         |       1 | PAD SPACE     |
-------------+---------+---------------+
```

### COLUMN　本書における実行例の折り返し表示について

この実行結果は、利用しているパソコンの画面サイズが大きい場合は、次のように、折り返しなく表示されます。

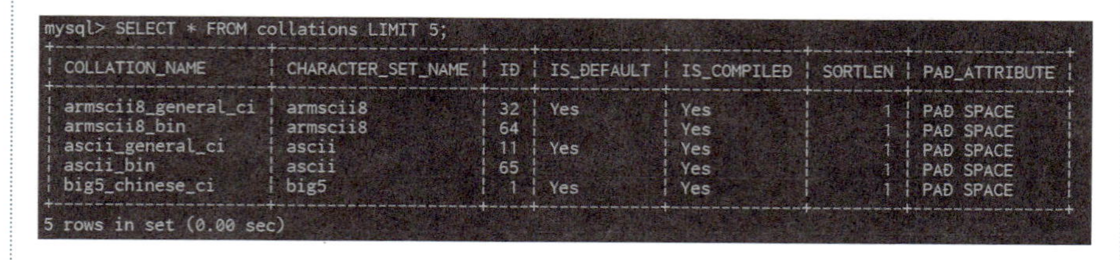

```
mysql> SELECT * FROM collations LIMIT 5;
+---------------------+--------------------+----+------------+-------------+---------+---------------+
| COLLATION_NAME      | CHARACTER_SET_NAME | ID | IS_DEFAULT | IS_COMPILED | SORTLEN | PAD_ATTRIBUTE |
+---------------------+--------------------+----+------------+-------------+---------+---------------+
| armscii8_general_ci | armscii8           | 32 | Yes        | Yes         |       1 | PAD SPACE     |
| armscii8_bin        | armscii8           | 64 |            | Yes         |       1 | PAD SPACE     |
| ascii_general_ci    | ascii              | 11 | Yes        | Yes         |       1 | PAD SPACE     |
| ascii_bin           | ascii              | 65 |            | Yes         |       1 | PAD SPACE     |
| big5_chinese_ci     | big5               |  1 | Yes        | Yes         |       1 | PAD SPACE     |
+---------------------+--------------------+----+------------+-------------+---------+---------------+
5 rows in set (0.00 sec)
```

本書では、紙面の都合上、折り返しての表示になる場合は、このページの本文内に掲載しているように2つに分け、折り返しを示す矢印を付けて示します。

### COLUMN　GUIツールとCUI操作

本書では、コマンドラインクライアントを用いてRDBMSに接続し、操作することを推奨します。いわゆる「黒い画面※12」に対して、命令文たるSQLの文字列をキーボードから入力して操作するというものです。慣れない人には結構大変な作業かもしれません。

一方、データベースのデータを操作する方法には、画面上でマウスをポチポチしていくだけでほしいデータを取り出したり、登録や変更をしたりできるGUIツールもあります。このようなツールを使ったほうが楽に操作ができて、文明の利器バンザイ最先端という感じですが、なぜ筆者は「黒い画面」を使ってSQLを実行することを推奨しているのでしょうか。

それは「RDBMSサーバが受け付ける依頼は全てSQL文」だからです。GUIツールは画面上で指示された操作を最終的にはSQL文にしてRDBMSサーバに依頼します。GUIツールは直感的に使いやすくするために、SQL文を投入するまでに、そしてSQL文を受け取ったあとの表示のために、何枚もの皮が被されている※13ため、ある動作がRDBMSサーバ自体の挙動なのかGUIツールが加工してしまったせいなのかが見分けにくくなってしまいます。このことは、特に初学者にとっては問題切り分けのためのハードルが一段高くなってしまうことを意味します。

これが、コマンドラインクライアントからの操作を推奨する理由です。初学者がRDBMSの操作を学ぶには、なるべく皮の薄い、つまりSQLを投入して直接RDBMSを操作できるコマンドラインクライアントが、実は一番「わかりやすい」のです。学習が進んで、ある程度SQL操作に慣れたあとならば、GUIツールをどんどん活用するのもよいと思います。その頃には、SQL文を実行した際にGUIツール固有の思わぬ動作に遭遇した場合にも、そのSQL文をコマンドラインクライアントでも試して切り分けをしてみるといったことも自然にできるようになっているでしょう。



※12　環境によっては、白かったりほかの色だったりすることもあるかもしれません。
※13　さまざまな加工や変換などの処理が何重にも施されているという意味です。

# 4-3 INSERT：データの登録（行の追加）



ここからはデータ操作の4つのSQLの基本について、順に紹介します。紹介するのはデータ操作のCRUDであるINSERT、UPDATE、DELETE、そしてSELECTの基本です。SELECTについては、本章で基本を学び、次章で詳しく解説します。

##  説明に使うテーブルについて

SQLの基本を学ぶためにはテーブルが必要です。ここでは、練習用として、購入した本を管理する「蔵書テーブル（mybooks）」を使った例を採り上げることにします。

▼表4-3-1　説明に使うmybooksテーブル

| 列説明 | 型概要 | 列名 | 列の型 | 制約 |
|---|---|---|---|---|
| ID | 数値(整数) | mybook_id | INTEGER | PK, NOT NULL |
| 書籍タイトル | 文字列 | book_title | VARCHAR(255) | NOT NULL |
| 作者 | 文字列 | author | VARCHAR(100) | |
| 価格 | 数値(整数) | price | INTEGER | |
| 購入日 | 日付 | bought_date | DATE | |
| 書籍タイプ | 数値(整数) | book_type | INTEGER | |
| 備考 | 長い文字列 | description | TEXT | |

これはSQL操作の基本を体験することを目的としたテーブルで、必ずしもテーブル設計としてよい設計と呼べるものではない点はご了承ください※1。書籍タイプには、表4-3-2のようなタイプのIDを格納するものとします。手元にExcelや紙で管理されている書籍タイプIDと文字列が対応した情報を持っているのだという程度に思っておいてください。

※1　PKには自動採番のほうがよい、authorは重複があり得るので別テーブルに持つほうがよい、priceには消費税有無が曖昧であったり通貨として整数の通貨（主にYEN）だけしか考慮していなかったりなど、改良の余地があります。どうすれば、よりよいテーブルになるか、考えてみてください。

▼表4-3-2　書籍タイプ

| 書籍タイプID | 書籍タイプ |
|---|---|
| 1 | 文庫 |
| 2 | 新書 |
| 11 | 四六判 |
| 12 | A5判 |
| 21 | B5判 |
| 22 | B5変形判 |
| 99 | その他 |



このテーブルをMySQLサーバ上に作成するSQLを次に示します[※2]。CREATE TABLE文は第7章で詳しく説明するので、ここでは内容についてよくわからなくても問題ありません。このSQLは、mybooksというテーブルを作るためのもので、そのテーブルはmybook_idからdescriptionまでのカラム名を持つという雰囲気を感じてください。

▼蔵書テーブル（mybooks）作成のためのSQL

```
CREATE TABLE mybooks (
    mybook_id   INTEGER PRIMARY KEY NOT NULL,
    book_title  VARCHAR(255) NOT NULL,
    author      VARCHAR(100),
    price       INTEGER,
    bought_date DATE,
    book_type   INTEGER,
    description TEXT);
```

##  データの簡易的な確認方法

作成したmybooksテーブルにデータを追加したり更新したりしていきます。検索系クエリについては、この後でじっくりと解説しますが、ここでは依頼結果が正しく反映されたかを確認するためのSQLを1つだけ覚えておきましょう。

```
SELECT * FROM テーブル名;
```

今回の蔵書テーブルでは「SELECT * FROM mybooks;」となります。このSQLは、mybooksテーブルから全件、全てのカラムの情報を取得するという依頼です。データ数が

※2　このテーブル作成用SQLは、PostgreSQLでもこのまま動作します。

数百万件あるようなテーブルで実行すると、いつまでも結果表示のスクロールが終わらないことになります。ある意味で「雑なクエリ」ですが、今回の学習用途程度の件数では十分でしょう。テーブルへのデータ操作を行ったら結果がどうなっているか、こまめにこのクエリを叩いて状態を確認してみてください。

次に実行例を示します。テーブルを作っただけで、まだデータを何も登録していないので、MySQLでは`Empty set`と表示されています。



```
mysql> SELECT * FROM mybooks;
Empty set (0.00 sec)
```

なお、PostgreSQLでは、結果がゼロ件の場合でも、次のようにカラム名だけが表示されるなど、RDBMSによって見せ方は異なります。

```
mydb=# SELECT * FROM mybooks;
 mybook_id  |book_title | author | price | bought_date | book_type | description
-----------+----------+--------+-------+------------+----------+------------
(0 rows)
```

## テーブルへの行データの追加登録

テーブルへのデータの追加は、INSERT文を使います。INSERT文は、基本的には行単位で行うもので、10件のデータを登録したいのであれば10回のINSERT文を実行します。

INSERT文には、「どのテーブルの」「どの列に」「どんな値を」入れるかを指定します。文字列はシングルクォートで囲みます。

```
INSERT INTO テーブル名 (列の羅列) VALUES (値の羅列);
```

具体的には、次のようなINSERT文になります。「値の羅列」の部分には、「列の羅列」の順序で値を記述します。

```
INSERT INTO mybooks (mybook_id, book_title, author, price, bought_date, book_
type, description)
   VALUES (1, 'DBエンジニア養成講座','坂井恵', 2700, '2025-04-04', 22, '近年稀
に見るRDBMSの名著');
```

```
mysql> INSERT INTO mybooks (mybook_id, book_title, author, price, bought_date, book_type, description)
    ->    VALUES (1, 'DBエンジニア養成講座','坂井恵', 2700, '2025-04-04', 22, '近年稀に見るSQLの名著');
Query OK, 1 row affected (0.01 sec)
```

データを変更（今回は行の追加）したら、テーブルデータの状態を確認しましょう。

```
mysql> SELECT * FROM mybooks;
+-----------+--------------------------+----------+-------+
| mybook_id | book_title               | author   | price |
+-----------+--------------------------+----------+-------+
|         1 | DBエンジニア養成講座     | 坂井恵   |  2700 |
+-----------+--------------------------+----------+-------+
1 row in set (0.00 sec)
```

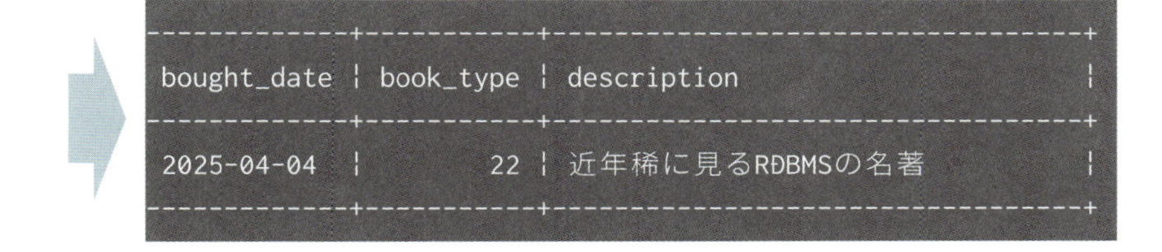

```
-------------+----------+---------------------------------+
 bought_date | book_type | description                     |
-------------+----------+---------------------------------+
 2025-04-04  |        22 | 近年稀に見るRDBMSの名著          |
-------------+----------+---------------------------------+
```

INSERTで追加したデータが登録されていることが確認できます。

### 一部のカラムにのみ値を入れる場合

先ほどの例では、mybooksテーブルの全てのカラムに値をセットしました。一方、一部のカラムのみに値をセットすることもできます。その場合は、「列の羅列」の部分に登録したい列名のみを羅列します。値を指定したカラム以外は空欄またはテーブル定義時に指定したデフォルト値が入ります※3。

例えば、本のタイトルと値段だけを登録するには、INSERT文の「どの列に」の部分にタイトルと値段だけを指定します。「どんな値を」の部分にもそれに対応する値を羅列します。次に示したのは、mybooksテーブルのmybook_id列とbook_title列とprice列の3つの列だけに値をセットする例です。

```
INSERT INTO mybooks (mybook_id, book_title, price) VALUES (2, 'プロのためのSQL第4版', 4800);
```

※3　必須項目ではないカラム（＝NULLが許容されているカラム）の場合のみ、空欄にできます。

## 全てのカラムに値をセットする場合

最初の例では、mybooksテーブルの全てのカラムに値をセットしています。実は、全てのカラムに値を与える場合は、INSERT文の「どの列に」の部分を省略できます。

```
INSERT INTO mybooks
   VALUES (3, 'DBエンジニア養成講座2','坂井恵', 2800, '2026-03-10', 22, '近年稀に見るRDBMSの名著2');
```

ここまでのデータを全て登録したあとでSELECT文を使ってテーブルの内容を確認すると、次のようになっています。一部の列の値のみを登録したmybookid=2の本の列には、空欄を示すNULLが表示されていることが確認できます。

```
mysql> SELECT * FROM mybooks;
+-----------+--------------------------------+-----------+-------+
| mybook_id | book_title                     | author    | price |
+-----------+--------------------------------+-----------+-------+
|         1 | DBエンジニア養成講座           | 坂井恵    |  2700 |
|         2 | プロのためのSQL第4版           | NULL      |  4800 |
|         3 | DBエンジニア養成講座2          | 坂井恵    |  2800 |
+-----------+--------------------------------+-----------+-------+
3 rows in set (0.00 sec)
```

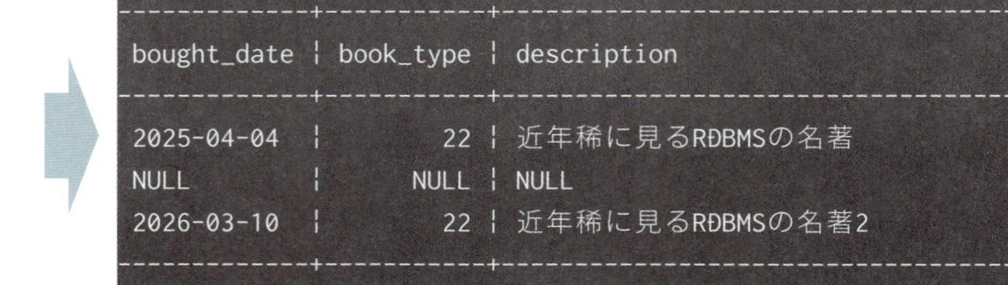

```
-------------+-----------+----------------------------------+
bought_date | book_type | description                      |
-------------+-----------+----------------------------------+
2025-04-04  |        22 | 近年稀に見るRDBMSの名著          |
NULL        |      NULL | NULL                             |
2026-03-10  |        22 | 近年稀に見るRDBMSの名著2         |
-------------+-----------+----------------------------------+
```

## 複数の行をまとめて登録したい

ところで、INSERT文の説明の最初のほうで「INSERT文は『基本的には』行単位で行うもの」と説明したところで、何かひっかかりを感じた人はいるでしょうか。実は、複数行をまとめて指定することもできるのです。複数の行を一度に登録するには、VALUESのあとの「(値の羅列)」部分をコンマで区切って繰り返します。「列の羅列」の部分には必要な列のみを指定したり、そもそも羅列自体を省略したりできるのは、先ほどの説明と同様です。

```
INSERT INTO テーブル名 (列の羅列)
VALUES
(値の羅列),
(値の羅列),
(値の羅列),
(値の羅列);
```



具体例は、次のようになります。データ1件1件の値のセットが「()」で括られていて、それがコンマ区切りで繰り返されているという構造に注目してください。

```
INSERT INTO mybooks (mybook_id, book_title, author, price, bought_date, book_
type, description)
   VALUES
 (1, 'DBエンジニア養成講座','坂井恵', 2700, '2025-04-04', 22, '近年稀に見る
RDBMSの名著'),
 (3, 'DBエンジニア養成講座2','坂井恵', 2800, '2026-03-10', 22, '近年稀に見る
RDBMSの名著2'),
(4, '位置情報エンジニア養成講座','井口奏大', 2970, '2023-03-14', 22, '全GIS界の
住人が待ち望んだ一冊');
```

複数行のINSERT文は、最初は特に使わなくても不便はありませんが、1件1件をINSERT文で登録する場合に比べて、まとめて処理する分だけ高速に動作するので、非常に件数が多いデータ（全部を1件1件のINSERTで登録するのに数分以上かかるようなもの）のときに恩恵を受けられます。ただし、RDBMS製品には1回の実行で指定できるSQL文全体の長さに制限があるので、それを超えるような長大なSQLは実行できません[※4]。

※4　MySQLでは`max_allowed_packet`というシステム変数で制御されており、デフォルトでは16,777,216バイトです。普通は超えることはないと思いますが、大量のデータを1つのINSERT文で登録しようと安易にスクリプトを組んだときなどは、この制限に遭遇するかもしれません。

# 4-4 行の特定について



この先、テーブル上にあるデータの更新（変更）や削除、検索などを学んでいきますが、これらに共通して使用するテクニックが「行の特定」です。第1章でも説明したように、テーブルの格納データには行の位置（何行目）という概念がありません。更新や削除の対象の行をRDBMSに伝えるためには、行のいずれかのカラム値を使って指定します。

この節で説明することは、本当に初めてSQLを学ぶ人には少しイメージが湧きにくいかもしれません。その場合は、軽く目を通したあとで、まずは本章の残りの部分を読み進めながら、適宜、戻ってきてください。この節は、UPDATE、DELETE、SELECTの各文で使うための「部品」を先行して説明するものなので、実際の使われ方を見てからのほうがイメージしやすいかもしれません。

## 行の特定の基本

行の特定をするには、まずは1つのカラム（列）の値に着目します。カラムの値がどういったものであるかの条件を指定することで、対象行を特定するわけです。具体例と併せて見ていきましょう。

### 1. 完全一致

着目した列の内容が与えた値と一致するものにマッチします。演算子「=」を使用します。例えば、先ほどのmybooksテーブルで「mybook_id列の値が3のもの」を表すには「mybook_id = 3」と表現します[※1]。

なお、NULL（値がない状態）との比較は=演算子では行えません。NULLの場合は=演算子の代わりにISを使います[※2]。

▼例：priceが4,800円のもの

```
price = 4800
```

※1　原則として、カラムに定義された型と比較対象の値とは、型が一致している必要があります。たとえば数値型カラムとの比較では「id = '3'」のように数字の部分をクォートしてしまうと、数値と文字列の比較を指示したことになり、PostgreSQLなどではエラーになります。MySQLでは型の自動変換が行われて、上の比較分は「id = 3」と同じように解釈してくれますが、これはRDBMSとしては比較的特殊な動作なので、カラムの型と比較対象の値の型は必ず揃える習慣を付けるようにしてください。

※2　この1点だけを取っても、NULLというのは特別扱いしなければならないものであり、NULLを考慮するだけでややこしさが一段階増すことがわかると思います。RDBMSでデータを扱う際に「なるべくNULLを含ませないようにしたい」と多くの人が口を揃える一端を感じてもらえればと思います。

▼例：bought_dateに値がセットされていないもの（NULL）

```
bought_date IS NULL
```

## 2. 大小関係

着目した列の内容の大小関係で判定します。これには、いくつかの演算子があります。主な演算子としては「大きい／小さい」と、「その値を含む／含まない」の組み合わせとなる4種類があります。



▼表4-4-1　大小関係を判定する演算子

| 使い方 | 説明 |
|---|---|
| col > val | colの値がvalよりも大きい行にマッチ |
| col < val | colの値がvalよりも小さい行にマッチ |
| col >= val | colの値がval以上の行にマッチ（valの値と一致するものを含む） |
| col <= val | colの値がval以下の行にマッチ（valの値と一致するものを含む） |

▼例：priceが3,000円以上のもの

```
price >= 3000
```

▼例：bought_dateが2025年4月1日より前のもの（＝3月31日以前）

```
bought_date < '2025-04-01'
```

## 3. 範囲

着目した列の内容が指定した範囲に含まれている行にマッチします。BETWEENを使用します。

▼表4-4-2　範囲を判定する演算子

| 使い方 | 説明 |
|---|---|
| col BETWEEN val1 AND val2 | colの値がval1からval2の範囲にあるもの |

▼例：priceが2,000円から3,999円の範囲にあるもの（両端含む）

```
price BETWEEN 2000 AND 3999
```

BETWEENは両端の値を含みます。上で説明した大小関係の演算子を使って書くと、「col > val1かつ col < val2」ではなく、「col >= val1かつ col <= cal2」ということです。

## 4. 不一致

ある値に一致しないものという条件は「<>」という演算子で表します。いくつかのプログラム言語にあるような「!=」という演算子を不一致判定に使えるRDBMS製品も多くありますが、標準SQLとしては「<>」なので、こちらを使う習慣を付けておくと、さまざまなRDBMS製品を触ることになったときにも戸惑わずに済むので、お勧めです。

▼ 表4-4-3　不一致を判定する演算子

| 使い方 | 説明 |
|---|---|
| col <> val | colの値がvalに一致しないもの（＝val以外のもの） |

▼例：mybook_idが2以外の全ての行

```
mybook_id <> 2
```

## 5. 文字列の部分一致

前出のとおり、文字列においても、カラムに格納された文字列値に対して完全に一致するものにマッチさせたい場合は、=演算子を使用します。

▼例：文字列の完全一致

```
book_title = 'DBエンジニア養成講座'
```

SQLでは、文字列の完全一致だけではなく、部分的な一致による検索も行えます。それには、LIKE演算子を使用します。部分的な一致とは、「○○という文字列で始まる」とか「○○という文字列で終わる」「○○という文字列を含む」というものです。

SQLでは「任意の文字列」を表すワイルドカード文字として「%」を使用します。また「任意の1文字」を表すには「_」を使用します[※3]。なお、「_」自身や「%」自身にマッチさせたいときには、「\」でエスケープして「_」や「\%」のように指定します[※4]。

※3 「_」が任意の1文字にマッチすることを知らないと、例えば、「CODE_1234_246802」のような文字列にマッチさせる式のつもりで「col LIKE '%_1234_%'」と指定してしまい、「CODE_9876_012345」といった値にもマッチしてしまって頭の上に大きなハテナを浮かばせることになります。

※4 例えば、「CODE_1234_246802」のような文字列にマッチさせるには「LIKE '%_1234_%'」と、「100%」を含む文字列にマッチさせるには「LIKE '%100\%%'」と指定します。

▼表4-4-4　部分一致を判定する演算子

| 使い方 | 説明 |
|---|---|
| col LIKE 'str%' | colの値がstrで始まるもの（strの後に任意の文字列：前方一致） |
| col LIKE '%str' | colの値がstrで終わるもの（strの前に任意の文字列：後方一致） |
| col LIKE '%str%' | colの値がstrを含むもの（strの前後に任意の文字列：部分一致） |



▼例：book_titleが「DB」で始まるもの

```
book_title LIKE 'DB%'
```

▼例：book_titleが「講座」を含むもの

```
book_title LIKE '%講座%'
```

ただし、前方一致以外の場合は、そのカラムにインデックスが作成されていたとしても使用できなくなるので、テーブルの全件をくまなく走査する「フルテーブルスキャン」となります。特に件数が多い場合はSQLの処理に非常に時間がかかりやすくなるので、後方一致や部分一致の安易な使用には気を付けたほうがよいでしょう※5。

## 行の特定の組み合わせ

行を特定する際には、必ずしも1つの条件だけで示す必要はありません。例えば「日付（some_date）が2025年の4月1日以降で、カテゴリID（category_id）が13のもので、値段（price）が5,000円以上のもの」のような組み合わせた条件の指定が可能です。

上の例のように「かつ」の条件は、1つ1つの条件をANDを使って列挙します。

▼例：行を特定する複数の条件

```
    some_date >= '2025-04-01'
AND category_id = 13
AND price > 5000
```

「かつ」ではなく「または」の条件も指定できます。「OR」を使用します。例えば、商品テーブルなどで「価格が10万円以上または商品ランク（item_rank）が『プレミアム』のもの」という場合は、次のようになります。

※5　「気を付けたほうが」と柔らかい書き方をしましたが、データ件数によっては「やってはいけない」というレベルのものです。例えば、ブログサービスで、ブログ記事の中に特定の文字列が含まれているのを検索したいような場合には、LIKEでの部分一致検索は向きません。本書では説明しませんが、そのような場合は「全文検索エンジン」と呼ばれる機能の導入を検討してください。

▼例：価格が10万円以上または商品ランク（item_rank）が『プレミアム』のもの

```
   price >= 100000
OR item_rank = 'プレミアム'
```

ANDとORを組み合わせて使うこともできます。ただし、この場合はORがつなぐ範囲がわかりにくくなり、予期せぬ動作になることがあるので、ORの部分をカッコでくくって明示することをお勧めします。

実際に、演算子が評価される順序（優先順位）としては、ANDのほうがORよりも先に評価されることを考えると、ORを使うたいていのシーンではカッコを付けるものだと考えておいても差し支えないでしょう。

演算子が評価される優先順位は、RDBMS製品ごとに多少の違いがあります※6。MySQLにおける優先順位を次に示します※7。

```
INTERVAL
BINARY, COLLATE
!
^
*, /, DIV, %, MOD
-, +
<<, >>
&
|
= , <=>, >=, >, <=, <, <>, !=, IS, LIKE, REGEXP, IN, MEMBER OF
BETWEEN, CASE, WHEN, THEN, ELSE
NOT
AND, &&
XOR
OR, ||
```

先ほどの「価格が10万円以上または商品ランクが『プレミアム』のもの」という条件に、さらに「かつ、日付が2025年1月1日以降のもの」という条件を加える場合は、次のようになります。

※6　例えば、BETWEEN演算子は、MySQLでは大小比較よりもあとで評価されますが、PostgreSQLでは大小比較よりも高い優先順位です。

※7　MySQL 8.4リファレンスマニュアル（https://dev.mysql.com/doc/refman/8.4/en/operator-precedence.html）より、筆者が一部を加工しています。

▼例：「価格が10万円以上または商品ランクが『プレミアム』」かつ「日付が2025年1月1日以降のもの」[※8]

```
     some_date >= '2025-01-01'
AND ( price >= 100000 OR item_rank = 'プレミアム')
```

BETWEENは、ANDで書き換えることもできます。「price BETWEEN 1000 AND 5000」（priceが1,000円から5,000円の範囲のもの）は、「1000 <= price AND price <= 5000」と同じ意味です[※9]。



##  たくさんの完全一致

id列の値が、「123, 145, 187, 190」のいずれかに該当するような条件文を、ここまでで説明した方法を使って書けるでしょうか。次のようになります。

```
  id = 123
OR id = 145
OR id = 187
OR id = 190
```

このような場合には、「idの値が、リストの中のいずれかにマッチする」を表すIN演算子を使うことができます。つまり、次の表現は、上の表現と等価です。

```
id IN (123, 145, 187, 190)
```

※8　OR部分の改行位置が先ほどと変わっていますが、単に筆者の書き方の好みです。AND条件を羅列する際に、なるべくANDが改行されて並ぶようにしたほうが見やすいという筆者なりの経験による、いわゆる「オレオレルール」です。改行を入れて書いても構いません。

※9　「price >= 1000 AND price <= 5000」と書いても構いません。個人的には、範囲を表す場合には、本文で示したように、それをイメージできる書き方を好んで使っています。「1000 <= price <= 5000」と書きたいくらいですが、このような書き方はできません。

## 否定の表現

ある条件を書いて「それ以外のもの」に該当させたいときには、NOT演算子を使用できます。

先ほどのOR条件の例で出てきた「price >= 100000 OR item_rank = 'プレミアム'」の逆として「価格が10万円以上のものと『プレミアム』の商品を除いた全て」に該当させるには、次のようになります。

```
NOT (price >= 100000 OR item_rank = 'プレミアム')
```

完全一致のところで説明した「col IS NULL」(NULLにマッチ)の否定である「NULL以外」は、「col IS NOT NULL」と書きます(「col <> NULL」は期待通りには評価してくれません)。

よりシンプルな表現方法のほうが正義なので、次のような書き方を勧めるわけではありませんが、NOTの理解のために思考実験的な例として紹介します。理解の確認としてお読みください。

- 「mybook_id <> 2」は「NOT mybook = 2」と同じ
- 「price > 100000」は「NOT price <= 100000」と同じ
- 「NOT (( category = '1024' ) OR ( color = 'blue' ))」は「( category <> '1024' ) ANĐ ( color <> 'blue' )」と同じ[※10]

このように、SQLでは、行を特定するための条件を、カラムの値を使って記述します。これから学習を進めていく中でも、「行を特定する条件」の指定は非常に重要になってきます。「とりあえず特定できる」からスタートして「効率よく特定できる」ようなSQLを書けるようになるまで、長い付き合いになるので、ぜひさまざまな例でスキルを高めていってください。

※10 少々複雑ですが、いわゆる「ド・モルガンの法則」です。前者は、まず「category = '1024'」か「color = 'blue'」のもの(図4-4-1 (a))となり、その否定(NOT)ということで、図4-4-1 (b)の領域に該当します。一方の後者は、「category = '1024'以外の部分」(図4-4-1 (c))と「color = 'blue'以外の部分」(図4-4-1 (d))をそれぞれ求め、その共通部分ANĐ)ということで、(図4-4-1 (e)の領域を指し示しており、前者と同じものを表していることがわかります。

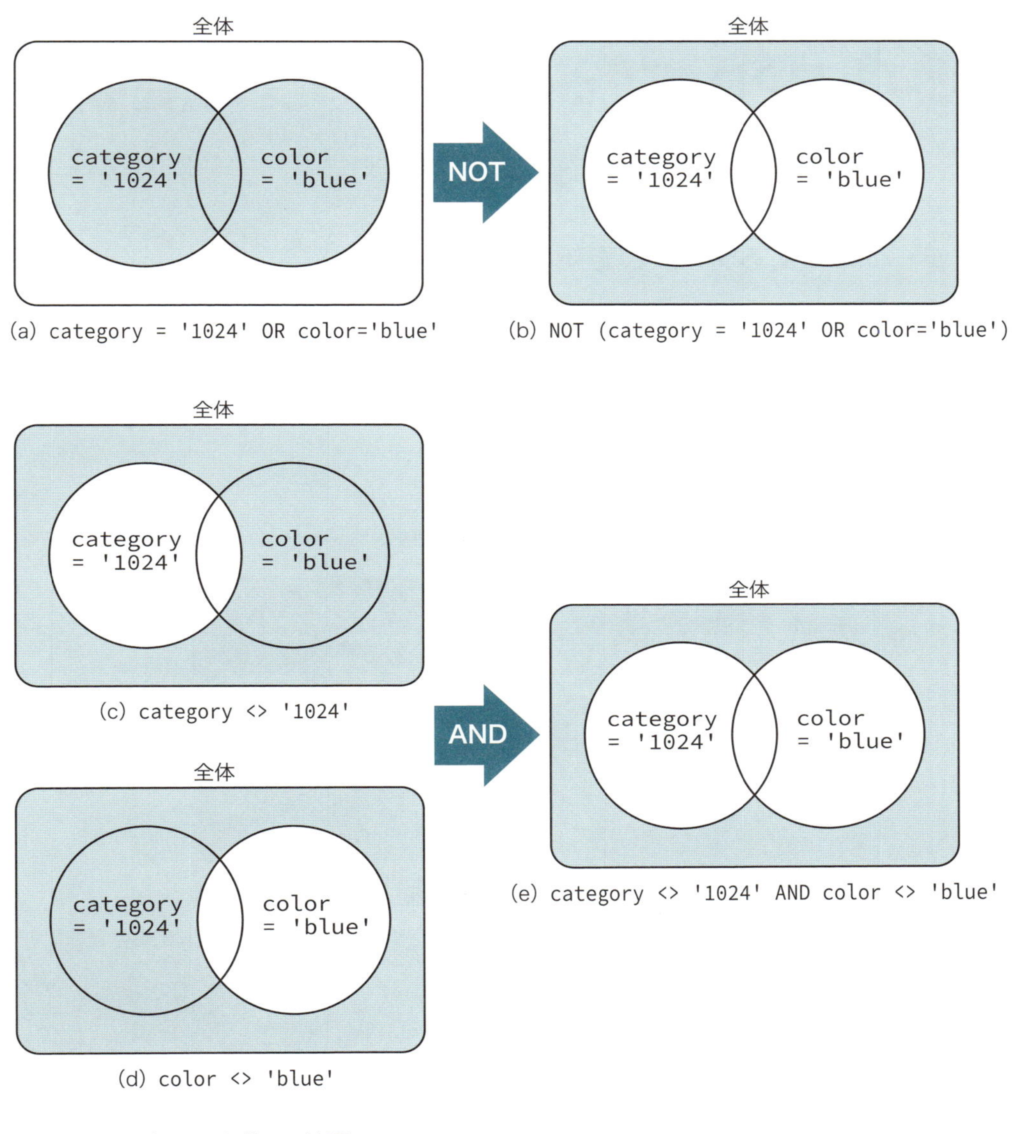


●図4-4-1　ド・モルガンの法則

# 4-5 UPDATE：既存データの更新

## テーブルにあるデータの更新（変更）

テーブルにあるデータを更新（変更）するのが、UPDATE文です。UPDATE文は、「どのテーブルの」「どの行の」「どの列の値を」「どんな値に」変更するかを指定します。

▼UPDATE文の構文

```
UPDATE テーブル名 SET 列名1=値1, 列名2=値2....
 WHERE 行を特定する条件;
```

```
mysql> SELECT * FROM mybooks;
+-----------+----------------------------------+-----------+-------+
| mybook_id | book_title                       | author    | price |
+-----------+----------------------------------+-----------+-------+
|         1 | DBエンジニア養成講座             | 坂井恵    |  2700 |
|         2 | プロのためのSQL第4版             | NULL      |  4800 |
|         3 | DBエンジニア養成講座2            | 坂井恵    |  2800 |
+-----------+----------------------------------+-----------+-------+
3 rows in set (0.00 sec)
```

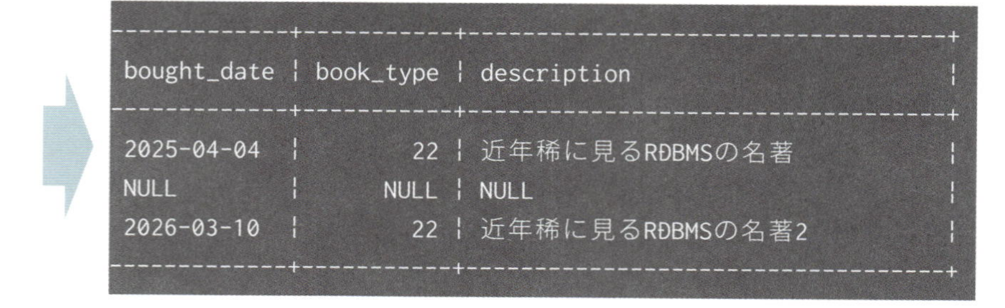

```
-------------+-----------+----------------------------------+
 bought_date | book_type | description                      |
-------------+-----------+----------------------------------+
 2025-04-04  |        22 | 近年稀に見るRDBMSの名著          |
 NULL        |      NULL | NULL                             |
 2026-03-10  |        22 | 近年稀に見るRDBMSの名著2         |
-------------+-----------+----------------------------------+
```

mybooksテーブルの「プロのためのSQL第4版」の行の「著者（author）」の列の値を「J.セノレコ」さんに、「備考（description）の列の値を「トリッキーなSQLを紹介」に更新するUPDATE文は、次のようになります。なお、行の特定方法として書籍タイトルを指定してもよいのですが、mybook_id列の値でも行を特定できるので、ここではそちらを使用することにしました。

```
UPDATE mybooks
   SET author='J.セノレコ', description='トリッキーなSQLを紹介'
 WHERE mybook_id=2;
```

▼実行例

```
mysql> UPDATE mybooks
    ->     SET author='J.セノレコ', description='トリッキーなSQLを紹介'
    ->   WHERE mybook_id=2;
Query OK, 1 row affected (0.01 sec)
Rows matched: 1  Changed: 1  Warnings: 0
```



実行後のテーブルを見ると、確かに値が変更されていることが確認できます。

```
mysql> SELECT * FROM mybooks;
+-----------+-------------------------------+------------+-------+
| mybook_id | book_title                    | author     | price |
+-----------+-------------------------------+------------+-------+
|         1 | DBエンジニア養成講座          | 坂井恵     |  2700 |
|         2 | プロのためのSQL第4版          | J.セノレコ |  4800 |
|         3 | DBエンジニア養成講座2         | 坂井恵     |  2800 |
+-----------+-------------------------------+------------+-------+
3 rows in set (0.00 sec)
```

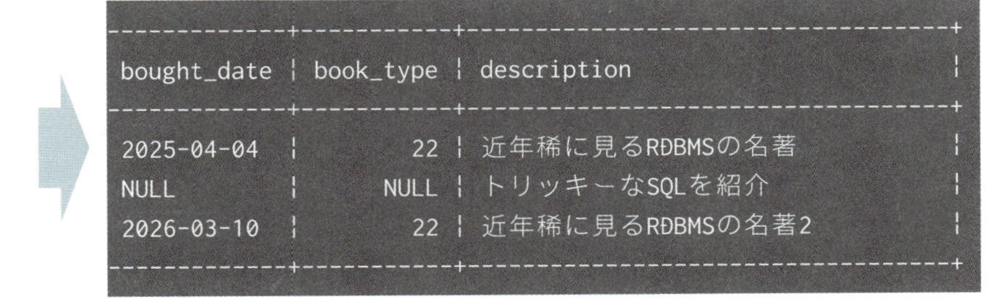

| bought_date | book_type | description |
| --- | --- | --- |
| 2025-04-04 | 22 | 近年稀に見るRDBMSの名著 |
| NULL | NULL | トリッキーなSQLを紹介 |
| 2026-03-10 | 22 | 近年稀に見るRDBMSの名著2 |

## UPDATE文実行時に気を付けること

UPDATE文では、前節で紹介した「対象行を特定する条件」をWHERE句に記述します。1行ずつ登録するINSERT文とは異なり、指定された条件によっては複数の行が対象になります。つまり、一度のUPDATE文で複数の行が書き換わるということです。

よくある事故として、WHERE句での条件の指定忘れ、そして指定条件の誤りがあります。

条件の指定忘れは、例えばmybook_idが1の書籍の値段を2,500円に更新しようとして、「UPDATE mybooks SET price=2500 WHERE mybooks_id=1;」と書くべきところを、「UPDATE mybooks SET price=2500」まで入力したところで、うっかり「;」を入れて実行してしまうようなケースです。「そんなことないないない」と思うかもしれませんが、実は、よくあることです[※1]。条件を指定しない場合は、絞り込みをしない、つまり全ての行が該当します。その結果、実行されるUPDATE文は全ての書籍の値段を2,500円にする依頼をしたことになってしまいます。

▼条件指定を忘れた実行例

```
mysql> UPDATE mybooks SET price=2500;
Query OK, 3 rows affected (0.01 sec)
Rows matched: 3  Changed: 3  Warnings: 0
```

▼実行後のデータ例

```
mysql> SELECT * FROM mybooks;
+-----------+------------------------------+-----------+-------+
| mybook_id | book_title                   | author    | price |
+-----------+------------------------------+-----------+-------+
|         1 | DBエンジニア養成講座         | 坂井恵    |  2500 |
|         2 | プロのためのSQL第4版         | J.セノレコ |  2500 |
|         3 | DBエンジニア養成講座2        | 坂井恵    |  2500 |
+-----------+------------------------------+-----------+-------+
3 rows in set (0.00 sec)
```

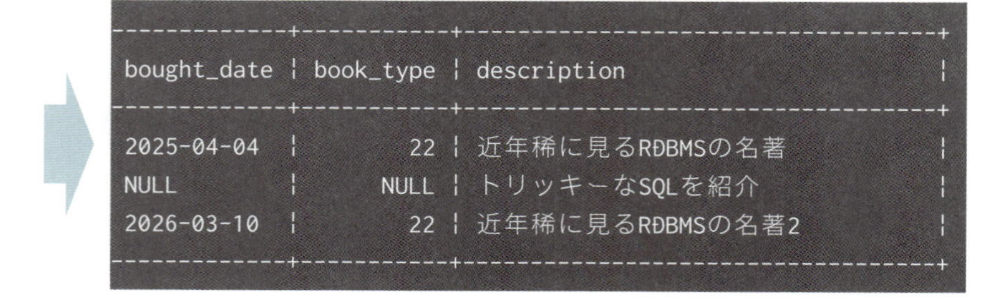

```
------------+-----------+------------------------------+
bought_date | book_type | description                  |
------------+-----------+------------------------------+
2025-04-04  |        22 | 近年稀に見るRDBMSの名著      |
NULL        |      NULL | トリッキーなSQLを紹介        |
2026-03-10  |        22 | 近年稀に見るRDBMSの名著2     |
------------+-----------+------------------------------+
```

指定条件の誤りもUPDATE文での更新時に犯しやすい、怖い事故の1つです。例えば、2026年4月以降の本の値段を1割増しに更新する[※2]場合に、「UPDATE mybooks SET price=price*1.1 WHERE bought_date >= '2026-04-01';」[※3]とすべきところを、年を打ち間違えて、「UPDATE mybooks SET price=price*1.1 WHERE bought_date >= '2025-04-01';」としてしまったとします。

※1　単に、私がオッチョコチョイなだけかもしれません。
※2　こんなことしたいシーンはないかもしれませんが、データ更新の例としての思考実験だと思ってください。
※3　「price=price*1.1」は、「今のpriceの値を1.1倍して、price列の新たな値としてください」という依頼です。

これでは、2026年4月以降ではなく、本来更新を予定していなかった2025年4月からのデータまで値段が変わってしまいます。これはかなりの大惨事です。いわゆる「データが壊れた」という状態になってしまいました。

```
mysql> UPDATE mybooks
    ->     SET price=price*1.1
    ->   WHERE bought_date >= '2025-04-01';
Query OK, 2 rows affected (0.01 sec)

mysql> SELECT * FROM mybooks;
+-----------+----------------------------------+-----------+-------+
| mybook_id | book_title                       | author    | price |
+-----------+----------------------------------+-----------+-------+
|         1 | DBエンジニア養成講座             | 坂井恵    |  2970 |
|         2 | プロのためのSQL第4版             | J.セノレコ |  NULL |
|         3 | DBエンジニア養成講座2            | 坂井恵    |  3080 |
+-----------+----------------------------------+-----------+-------+
3 rows in set (0.00 sec)
```

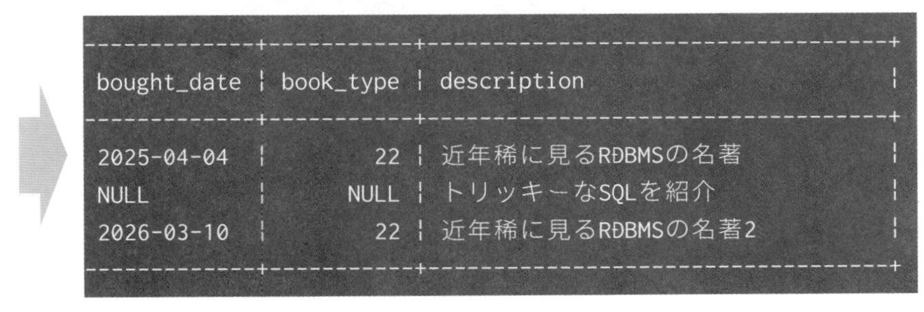

```
-------------+-----------+----------------------------------+
bought_date | book_type | description                      |
-------------+-----------+----------------------------------+
2025-04-04  |        22 | 近年稀に見るRDBMSの名著          |
NULL        |      NULL | トリッキーなSQLを紹介            |
2026-03-10  |        22 | 近年稀に見るRDBMSの名著2         |
-------------+-----------+----------------------------------+
```

SQLでの更新では、実行時に「この行が更新されます。本当に更新していいですか？」などと尋ねてはくれません。依頼したものは、その通りに実行されます。こういった事故に合わないように、UPDATE文では、必ずWHERE句[※4]を正確に記述しましょう[※5]。

※4　SQL文を構成しているパーツを「句」といいます。WHEREで指定する行特定条件をWHERE句、SETで表される更新内容の部分をSET句などと呼びます。耳慣れない言葉で思考が止まってしまう人は「句」という文字を見たら「WHEREパート」や「SETパート」のように「パート」ぐらいの意味として捉えればよいでしょう。

※5　とは書いたものの、学習中は、あらゆる事故に遭遇してもらいたいなとも思っています。大切な場で起こす事故は悲劇ですが、練習の場で起こす事故は自分の大きな経験になります。

# DELETE：既存データの削除

## テーブルにあるデータの削除

テーブル上にあるデータを削除するのが、DELETE文です。DELETE文は、「どのテーブルの」「どの行を」削除するのかを指定します。

▼DELETE文の構文

```
DELETE FROM テーブル名 WHERE 行を特定する条件;
```

▼再掲：mybooksテーブルのデータ

```
mysql> SELECT * FROM mybooks;
+-----------+------------------------------+----------+------+
| mybook_id | book_title                   | author   | price|
+-----------+------------------------------+----------+------+
|         1 | DBエンジニア養成講座          | 坂井恵    | 2700 |
|         2 | プロのためのSQL第4版          | NULL     | 4800 |
|         3 | DBエンジニア養成講座2         | 坂井恵    | 2800 |
+-----------+------------------------------+----------+------+
3 rows in set (0.00 sec)
```

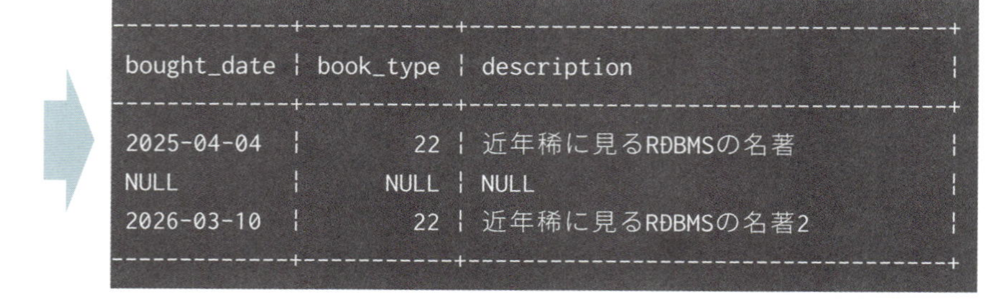

```
------------+-----------+--------------------------------+
bought_date | book_type | description                    |
------------+-----------+--------------------------------+
2025-04-04  |        22 | 近年稀に見るRDBMSの名著          |
NULL        |      NULL | NULL                           |
2026-03-10  |        22 | 近年稀に見るRDBMSの名著2         |
------------+-----------+--------------------------------+
```

mybooksテーブルの「DBエンジニア養成講座2」の行は、まだ買ってなかったのに入力してしまったので、削除することにします。

```
DELETE FROM mybooks WHERE mybook_id=3;
```

▼実行例

```
mysql> DELETE FROM mybooks WHERE mybook_id=3;
Query OK, 1 row affected (0.01 sec)
```

DELETE文実行後のテーブルを確認すると、確かにmybook_id=3のデータが削除されていることがわかります。

```
mysql> SELECT * FROM mybooks;
+-----------+--------------------------------+----------+-------+
| mybook_id | book_title                     | author   | price |
+-----------+--------------------------------+----------+-------+
|         1 | DBエンジニア養成講座            | 坂井恵   |  2700 |
|         2 | プロのためのSQL第4版             | NULL     |  4800 |
+-----------+--------------------------------+----------+-------+
3 rows in set (0.00 sec)
```

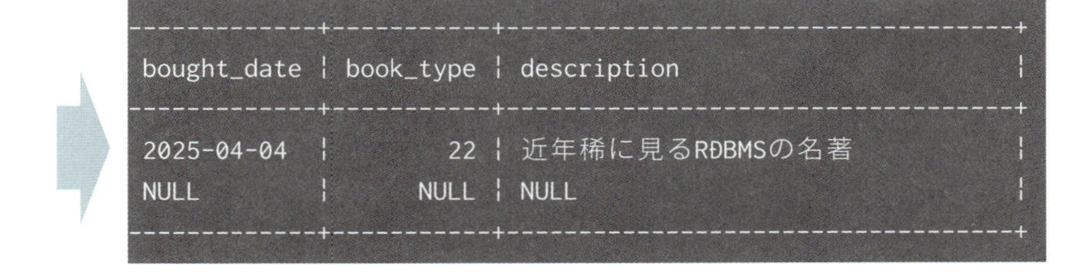

```
------------+-----------+---------------------------------+
bought_date | book_type | description                     |
------------+-----------+---------------------------------+
2025-04-04  |        22 | 近年稀に見るRDBMSの名著          |
NULL        |      NULL | NULL                            |
------------+-----------+---------------------------------+
```

「WHERE mybook_id=3」の部分は、対象行を特定できさえすればよいので、書籍タイトル列を指定して、「WHERE book_title='DBエンジニア養成講座2'と書くこともできますし、値段列を使って「WHERE price=2800」としても、今回の場合は目的を達することはできます。「問題ないなら問題ない理論」で考えれば、目的の行を正しく削除できているのだから、どの方法でもよいように思えます。しかし、間違いの起こりにくい安全なデータ操作を目指す上では「その行を間違いなく特定できるカラム」を使うのがセオリーです。書籍名のカラムでは打ち間違いをする可能性が（数値を指定するよりは）高くなりますし、値段列も、大量のデータ、たとえば1万件くらいのデータがあれば同じ値段の本はありそうなので、「この本」を特定する手段としては、あまり適切でないことは感覚的にわかるでしょう。同じ値段の本が、全て一度に書き換わってしまいます。

## DELETE文の実行時に気を付けること

UPDATE文と同様に、DELETE文でも「対象行を特定する条件」の指定が非常に重要です。前節「UPDATE文実行時に気を付けること」にも記したように、誤った条件を与えると、その誤った条件どおりに削除が実行されるので、思わぬ行のデータが消されてしまうかもしれません。RDBMSは「本当に削除していいですか？」とは尋ねてくれず、削除依頼されたことを実直に遂行します。「目的の行を的確に示すWHERE句を書けるようになること」を常に目標にしましょう。

**COLUMN　誤ったUPDATEやDELETEを避けるには**

本文で説明したように、更新（UPDATE）や削除（DELETE）の処理は、確認なしに依頼後すぐに実行されます。筆者も初心者の頃は、WHERE条件の指定ミスによってデータを期待とは異なる状態へと変更してしまったことが何度もありました[※1]。

こういった事故を防ぐために、RDBMS側で更新前の確認をしてくれないなら、自分で確認しようという習慣が生まれます。UPDATEもDELETEも「行の特定」つまり、WHERE句を正しく記述することがポイントでした。WHERE句は行を特定するための条件を書くことだけが役割なので、特定した行をUPDATEするのかDELETEするのか、このあと紹介するSELECT（検索）するのかは、WHERE自身は感知しません。

そこで、「更新や削除を実施する前に、同じWHERE句の条件でSELECTを実行して、対象となる行を確認すればよいのではないか」というアイデアが生まれます。

擬似コードで説明すると、「UPDATE テーブル名 SET （略） WHERE 行を特定する条件式;」という更新をしたい場合は、その実行前に同じWHERE条件で、「SELECT * FROM テーブル名 WHERE 行を特定する条件式;」を実行すれば、更新対象となる行をあらかじめ確認できるというわけです。思いもよらぬ広範囲が対象になってしまっていたり、逆に目的とする行がマッチしなかったりなどの事故を防ぐ手助けとなります。「確認してくれないなら自分で確認すればいいじゃないか作戦」をぜひ活用してください。

※1　遠回しな言葉で書いていますが、要するにデータを壊してしまったということです。

### COLUMN　オートコミットモード

第2章で「トランザクション」という考え方を説明したにもかかわらず、本章ではデータ更新をしているのに、この点に全く触れていません。

実は、MySQLのコマンドラインクライアントであるmysqlは、デフォルトでは、更新系処理を実施後に即座に自動でCOMMITするモードで動作しています。INSERTを依頼すれば即座に自動でCOMMIT処理が、UPDATEを依頼すればやはり即座にCOMMIT処理が、裏側で実施されています。これを「オートコミットモード」といいます。

mysqlをはじめとして、psqlやsqlcmdなど、多くのRDBMSのコマンドラインクライアントが、デフォルトではオートコミットモードで動作しています※2。この動作は、設定ファイルで変更したり、サーバへの接続時に指定したり、接続後にセッション情報（自分だけ）やグローバル情報（サーバ全体に影響）として設定したりなどの方法で変更することもできます。

オートコミットモードであっても、BEGIN（またはSTART TRANSACTION）によってトランザクションの開始を明示すれば、COMMITまたはROLLBACKされるまでの一連の処理は1つのトランザクションとして扱われます。

また、本書で紹介した作業の流れではMySQLのサーバに対してmysqlクライアントで接続し、その画面上で更新や確認のSQLを実行しています※3。言い換えると、1つのセッション（接続）の中で続けて処理を実施しているということです。更新後すぐに、同じ画面上でのSELECTによって結果を確認できていましたが、これはオートコミットだからというわけではない点には注意してください。トランザクション内では、自分が更新依頼した内容は、未コミットのものであっても見ることができます。

ほかのセッションからはトランザクション実行中、つまり「半端な更新状態」のデータはCOMMITされるまでは見ることができません※4。「ほかのセッション」と「自分のセッション」は違うのだということは、しっかりと認識しておきましょう※5。この動作は本章「トランザクションとロックの試し方」で改めて紹介します。



※2　Oracleのコマンドラインクライアントであるsqlplusは、デフォルトではオートコミットモードはオフです。
※3　SQLを1つ実施するごとに別々のウィンドウを開いている人は、そんなにいないと想像しています。
※4　分離レベルがRead Uncommittedの場合は見ることができますが、普段あまり使う分離レベルではありません。
※5　筆者も初心者の頃に、コマンドラインクライアントでデータ操作した内容がアプリケーション画面から確認しても反映されないことに何度も悩まされました。まさに、トランザクション内の更新はコミットするまではほかのセッションからは見えないということを体感していたのです。

# 4-7 SELECT入門



ここまで紹介してきたINSERT、UPDATE、DELETEといった「更新系クエリ」に対して、SELECTは「参照（系）クエリ」と呼び、検索や集計、加工といった操作を行います。更新系クエリの文が3つもあるのに対して参照（系）クエリの文は1つだけですが、このSELECT文が非常に強力で、さまざまなことが実行できます。できることが多いということは学ぶことも多いということです。SELECT文でのデータ操作を自在に操ることがSQLをマスターしていく要ともいえるでしょう。

学ぶべきことは非常に多いので、本章では、まずSELECT文の基本操作について紹介し、より踏み込んだSELECTの使い方は章を1つ設けて次章で紹介することにします。

## SELECT文の機能

SELECT文では、既存のテーブル上にあるデータから、データの抽出・加工・集約を行います。

データの「抽出」とは、これまで学んできたWHERE句を使って対象行を指定して、行のデータを取得することです。

「加工」とは、どのカラムの値を取得するのか、その取得した値に対してどのような演算を行うのかということです。少し難しい言い方をしてしまいましたが、演算とは、文字列なら先頭5文字だけを切り出したり前後に別の文字列を結合したり、数値ならカラムの値を1,000で割ったり[※1]平方根を取ったり、日付なら2つの日付列の値の差の日数を求めたり1か月後の日付を求めたりといったものをイメージするとよいでしょう。

抽出・加工とは異なり、行の情報をまとめるのが「集約」です。抽出・加工では行を「抜き出してくる（そして値を加工する）」という行単位の発想でしたが、集約は、複数の行をまとめる処理です。「集計」と表現したほうがイメージが湧きやすいかもしれません。「日付ごとの売上高を集計する」「1時間ごとのデータとして格納されている気温データを1日単位でまとめて日ごとの平均気温を求める」といったことができます。

## SELECT文の概要

SELECT文は、基本的な抽出・加工では、「どのテーブルの」「どの行の」「どのカラムの値をどのように加工して」「どういう順序に並べ替えて」取得するのかを指定します。

※1　カラム値を「k（キロ）」の単位に変換することを想定しています。

集約を行う場合は、それに加えて、「どのカラムに注目して」「どのカラムの値をどのように集計（合計／平均など）するのか」を指定します。

## SELECT文の基本構文

SELECT文を学んで行くにあたって、まず最初に次のような基本構造を覚えましょう。

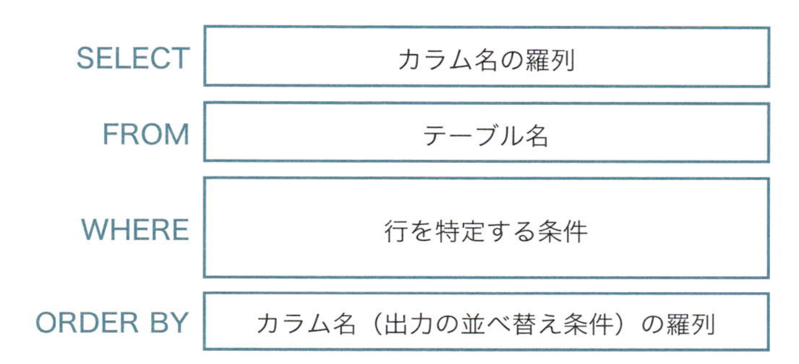


●図4-7-1　SELECT文の基本テンプレート

「どのカラムの値をどのように加工して」がSELECT句に、「どのテーブルの」がFROM句に、「どの行の」がWHERE句に、「どういう順序に並べ替えて」ORDER BY句に相当します。

▼再掲：mybooksテーブルのデータ

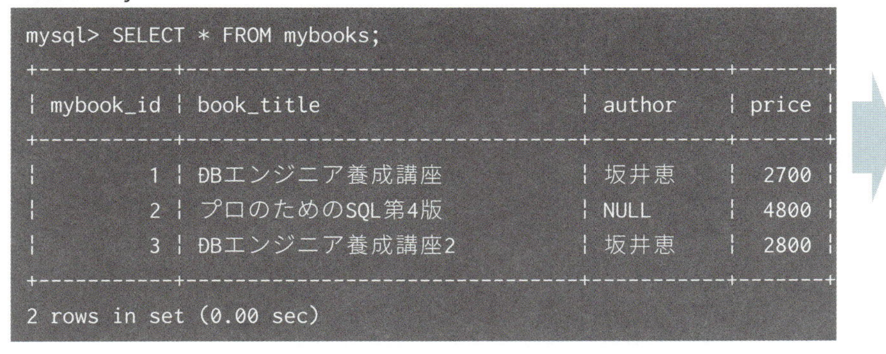

```
mysql> SELECT * FROM mybooks;
+-----------+---------------------------------+-----------+-------+
| mybook_id | book_title                      | author    | price |
+-----------+---------------------------------+-----------+-------+
|         1 | DBエンジニア養成講座            | 坂井恵    |  2700 |
|         2 | プロのためのSQL第4版            | NULL      |  4800 |
|         3 | DBエンジニア養成講座2           | 坂井恵    |  2800 |
+-----------+---------------------------------+-----------+-------+
2 rows in set (0.00 sec)
```

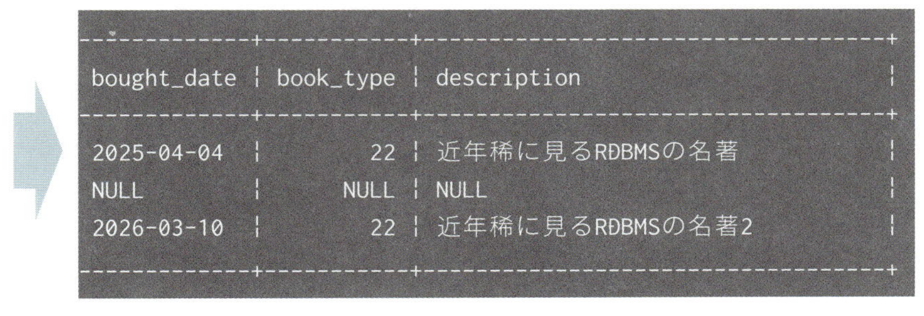

```
-------------+-----------+-------------------------------+
bought_date | book_type | description                   |
-------------+-----------+-------------------------------+
2025-04-04  |        22 | 近年稀に見るRDBMSの名著       |
NULL        |      NULL | NULL                          |
2026-03-10  |        22 | 近年稀に見るRDBMSの名著2      |
-------------+-----------+-------------------------------+
```

具体例を見ていきましょう。次のような取得を行いたいとします。

- **mybooksテーブルから → FROM句**
- **価格が3000未満の行の → WHERE句**
- **idとタイトルと価格を → SELECT句**
- **価格の高い順に並べて → ORDER BY句**

このまま、まずはそれぞれのパーツ（句）を書き表してみると、次のようになります。

- FROM mybooks
- WHERE price < 3000
- SELECT mybook_id, book_title, price
- ORDER BY price DESC;

「SELECT文の基本テンプレート」のとおりに並べ替えると、次のようなSQLとなります。

```
SELECT mybook_id, book_title, price
  FROM mybooks
 WHERE price < 3000
 ORDER BY price DESC;
```

これでSELECT文は完成です。実行してみましょう。

▼実行例

```
mysql> SELECT mybook_id, book_title, price
    ->   FROM mybooks
    ->  WHERE price < 3000
    ->  ORDER BY price DESC;
+-----------+--------------------------------+-------+
| mybook_id | book_title                     | price |
+-----------+--------------------------------+-------+
|         3 | DBエンジニア養成講座2           |  2800 |
|         1 | DBエンジニア養成講座            |  2700 |
+-----------+--------------------------------+-------+
2 rows in set (0.00 sec)
```

想定したデータを取得できました。では、それぞれのパーツ（句）について、もう少し詳しく説明していきます。

## FROM句

「どのテーブルからデータを取得したいのか」を指定します。本章では1つのテーブルだけを指定するケースを紹介しますが、複数のテーブルを指定することも可能です※2。

## WHERE句

取り出したい対象の行を特定するための条件を指定します。UPDATE ／ DELETEで学んできたものと同じです。ただし、UPDATE ／ DELETEでは変更・削除の対象行を間違いなく特定することが目的なので比較的シンプルなものが多いのですが、SELECTではデータを活用する目的で使われるため、さらに幅が広く、より複雑な条件になりがちな傾向があります。

## SELECT句

取り出したい列名を羅列します。カラムに格納されている値をそのまま取り出すだけではなく、取り出した値を加工したり演算したりできます。

## ORDER BY句

RDBMS内に格納されているデータには、順序の概念はありません。そのため、複数のデータを取り出した際に得られる順序は「不定」となります※3。とはいえ、画面表示やデータ分析などに使う際には、少しはきれいに並んでいてくれたほうが使いやすいことが多いでしょう。テーブルから取り出したデータを出力する際の並び替え方法を指定できるのが、ORDER BY句です。

基本的な使用法は、ORDER BYの後に並べ替えしたい列を羅列するというものです。また、その列の値の小さい順（昇順）、または大きい順（降順）に並べるのかを、列名の後にASC ／ DESCで指定できます。

例えば、何らかの日付が入っているカラム（some_date）順で、同じ日付の場合には価格（price）の高い順に並べる場合は、次のようになります。

---

※2 実際のシステムで使われる場合は、複数のテーブルを組み合わせてデータを取得することのほうが多いです。

※3 そうはいっても、検索操作をしていると、登録した順番やIDの順番など、ある程度整然とした結果が得られるように感じることもあるでしょう。これは「たまたま」だと思ってください。順序がないといっても、実際にはデータはファイル内に何らかの構造を持って保管されています。検索処理の際に、その構造のまま読んできたら「たまたま」人間の目から見ても整然として見えたというだけであり、更新や削除や追加が行われてディスク上での配置が変わると、得られる順序も変化します。開発したサービスがリリース後数か月したら、当初は（例えば）時系列に並んでいた画面表示の順序が急にバラバラになって大慌てをしたという話もあります。ORDER BYを指定せずに取得していたもので、初期は「たまたま」順序よく並んで取得されていたのが、データが増えたり更新されたりしたことで、別の順序で得られるようになってしまったのです。

```
ORDER BY some_date, price DESC※4
```

また、ORDER BY句には、SELECT句で演算などによって求めた値や式などを使用することもできます。

## テーブルの別名、カラムの別名

ここで、SELECT文で非常に使う記述である、テーブルとカラムの「別名」についても学んでおきましょう。

### テーブルの別名

先ほど完成させたSELECT文を例にします。

▼実行例

```
mysql> SELECT mybook_id, book_title, price
    ->   FROM mybooks
    ->  WHERE price < 3000
    ->  ORDER BY price DESC;
+-----------+---------------------------------+-------+
| mybook_id | book_title                      | price |
+-----------+---------------------------------+-------+
|         3 | DBエンジニア養成講座2           |  2800 |
|         1 | DBエンジニア養成講座            |  2700 |
+-----------+---------------------------------+-------+
2 rows in set (0.00 sec)
```

今回はFROM句で指定するテーブルが1つだけなので、SELECT句やWHERE句、ORDER BY句で指定されたカラムは全てmybooksテーブルのカラムだと判断できます。ただし、SELECT文は複数のテーブルからのデータを取得することもできます（このあと学習します）。したがって、複数テーブルを指定したときには「どのテーブルのカラムなのか」が判断つかないことが発生し得ます。そのため、列名を指定する際には「どのテーブルの」という情報をドット（.）で区切って付加する（修飾する）ことができます。

先ほどのクエリについて、ていねいに全てのカラムにテーブル名を修飾した場合は、次のようになります。

※4 「some_date, price DESC」の「DESC」はpriceの部分だけにかかります。「somedateとprice両方をDESC」という意味ではありません。ASCは省略可能なので、ここでは明記していませんが、このORDER BY句は「some_date ASC, price DESC」と指定したのと同じ意味になります。

```
mysql> SELECT mybooks.mybook_id, mybooks.book_title, mybooks.price
    ->   FROM mybooks
    ->  WHERE mybooks.price < 3000
    ->  ORDER BY mybooks.price DESC;
+-----------+----------------------------------+-------+
| mybook_id | book_title                       | price |
+-----------+----------------------------------+-------+
|         3 | DBエンジニア養成講座2            |  2800 |
|         1 | DBエンジニア養成講座             |  2700 |
+-----------+----------------------------------+-------+
2 rows in set (0.00 sec)
```



テーブル名の中には長いものもあったり、何度も同じことを書くのも大変なので[※5]、別名を付けることができます。別名は、FROM句のテーブル名の後に記述します。ここに記述した別名で、SELECT句やWHERE句、ORDER BY句などのカラム名を修飾できます。例えばmybooksテーブルのことをクエリ内でmbと呼ぶことにする場合は、次のようになります。

```
mysql> SELECT mb.mybook_id, mb.book_title, mb.price
    ->   FROM mybooks mb
    ->  WHERE mb.price < 3000
    ->  ORDER BY mb.price DESC;
+-----------+----------------------------------+-------+
| mybook_id | book_title                       | price |
+-----------+----------------------------------+-------+
|         3 | DBエンジニア養成講座2            |  2800 |
|         1 | DBエンジニア養成講座             |  2700 |
+-----------+----------------------------------+-------+
2 rows in set (0.00 sec)
```

FROM句でテーブルに対して別名を付与し、それ以外の句の中で登場するカラムが全てにおいて、この別名で修飾されていることが読み取れたでしょうか。今回のSELECT文ではテーブルが1つなのでテーブル名の修飾を使う必要はないのですが、2つ以上のテーブルからのSELECTの際によく使うので、「テーブルの別名」と「カラムの、テーブル別名による修飾」を覚えておいてください。

なお、多くのRDBMSでは、FROM句でテーブル名と別名の間に「AS」を記述する（FROM mybooks AS mbのように）ことができますが、一部のRDBMSではASを使用するとエラーになるので、本書では「RDBMSが変わっても同じ知識が使える範囲を増やす」という観点から、「ASなしで覚える」ことをお勧めます。

※5 そのほか、同じテーブルを別々の用途で2度登場させることもあります。その場合は、別名を付けないとどちらのテーブルとしてのカラムかの判断つかなくなるので、必ずテーブルの別名を使うことになります。

## 列の別名

ここまでは「テーブルの別名」について説明してきました。続いて、「列の別名」について説明します。

priceのほかに、priceの8掛けの金額も必要になったとします。先ほどのクエリに少し追加して、次のように「price * 0.8」という計算をSELECT句に書けば実現できることは、もう理解できているでしょう※6。

```
SELECT mybook_id, book_title, price, price * 0.8
  FROM mybooks
 WHERE price < 3000
 ORDER BY price DESC;
```

このSELECT文の実行結果は、次のようになります。

▼実行例

```
mysql> SELECT mybook_id, book_title, price, price * 0.8
    ->   FROM mybooks
    ->  WHERE price < 3000
    ->  ORDER BY price DESC;
+-----------+--------------------------------+-------+-------------+
| mybook_id | book_title                     | price | price * 0.8 |
+-----------+--------------------------------+-------+-------------+
|         3 | DBエンジニア養成講座2          |  2800 |      2240.0 |
|         1 | DBエンジニア養成講座           |  2700 |      2160.0 |
+-----------+--------------------------------+-------+-------------+
2 rows in set (0.00 sec)
```

実行結果の列名表示部分で、MySQLでは計算で求めた列の列名が「price * 0.8」というものになってしまいました。実行結果を画面で見るだけの目的ならこのままでも理解できるので問題ないかもしれませんが、プログラムから呼び出して使う場合には非常に使いにくいものとなります（一般に、プログラム側では取得したデータをカラム名を使ってアクセスします）。

このとき便利なのが「列の別名」です。SELECT句に書いた計算式での取得列の後ろに空白を開けて別名を記述します。FROM句でのテーブルの別名と同じです。

▼実行例

```
mysql> SELECT mybook_id, book_title, price, price * 0.8 price_8kake
    ->   FROM mybooks
```

※6　このSELECT句では、同じカラムを何回使っても構いません。このクエリでは、そのままの値を返す結果列priceと、priceに0.8を掛けた値を返すところの2回、priceを使用しています。

```
    -> WHERE price < 3000
    -> ORDER BY price DESC;
+-----------+-------------------------------+-------+-------------+
| mybook_id | book_title                    | price | price_8kake |
+-----------+-------------------------------+-------+-------------+
|         3 | DBエンジニア養成講座2          |  2800 |      2240.0 |
|         1 | DBエンジニア養成講座           |  2700 |      2160.0 |
+-----------+-------------------------------+-------+-------------+
2 rows in set (0.00 sec)
```

COLUMN　**PostgreSQLでの別名**

MySQLであれば、まがりなりにも名前らしきものが付いてついていますが、PostgreSQLでカラム値を加工した場合、その新しい列の名前は「?column?」になってしまいます。複数のカラムが導出された場合も全てが「?column?」になってしまうので、「カラムに加工を施したら必ず別名を付ける」と思っておくのがよいでしょう。

▼PostgreSQLでの実行例

```
mydb=# SELECT mybook_id, book_title, price, price * 0.8
mydb-#   FROM mybooks
mydb-#  WHERE price < 3000
mydb-#   ORDER BY price DESC;
 mybook_id |      book_title       | price | ?column?
-----------+-----------------------+-------+----------
         3 | DBエンジニア養成講座2  |  2800 |   2240.0
         1 | DBエンジニア養成講座   |  2700 |   2160.0
(2 rows)
```

列の別名は、計算などの加工をした列だけではなく、列の値そのものを取得しているものにも付けることができます。また、ここで名付けた列の別名は、ORDER BY句でも使用できます。

たとえば、計算で求めたprice_8kake列を作ったので、それに併せて元々のprice列の名前をprice_fullとして取得したいとします。この場合は、次のように書くことができます。列の別名は、カラムそのものであっても加工したものであっても、同じように付けることができるのがわかります。

▼実行例

```
mysql> SELECT mybook_id, book_title, price price_full, price * 0.8 price_8kake
    ->   FROM mybooks
    ->  WHERE price < 3000
    ->  ORDER BY price_8kake DESC;
+-----------+--------------------------------+------------+-------------+
| mybook_id | book_title                     | price_full | price_8kake |
+-----------+--------------------------------+------------+-------------+
|         3 | DBエンジニア養成講座2          |       2800 |      2240.0 |
|         1 | DBエンジニア養成講座           |       2700 |      2160.0 |
+-----------+--------------------------------+------------+-------------+
2 rows in set (0.00 sec)
```

列の別名の前にはASを記述する（例：`price * 0.8 AS price_8kake`）ことができます。こちらはテーブルの別名の場合とは違い、ほぼ全てのRDBMS製品で使用できます※7。必要に応じて使用すると、SELECT文が見やすくなるかもしれません。

### COLUMN　SELECT文とSELECT句

ここまで読んできて、筆者が「SELECT文」と「SELECT句」という言葉を使い分けていることに気づいたでしょうか。

文とは、INSERT文、UPDATE文、DELETE文、SELECT文などでSQLを書き始めてから「;」で終了するまでの1つのまとまりのことです。文は「実行されるかたまり」です。

一方の句は、文の中の部分や部品といったところです。「句とはパーツだ」と本章の最初のほうでも説明し、WHERE句、FROM句などと呼んでました。

つまり、SELECT句というのは、SELECTの後に列名や列を加工したものを羅列した部分のことを指します。

次のように取得の指定方法としてCOLUMNSのような特別なキーワードがあれば「COLUMNS句」と呼んだところでしょう。

```
SELECT
  COLUMNS id, name, ....
  FROM mytable
 WHERE .....
```

※7　筆者自身は「あれ？　列名はAS使えるんだっけ？　それはテーブル名のほうだっけ？」と悩むのを避ける意図で、基本的には「どちらもAS抜き」でSQLを記述することにしています。ただし、取得列の加工が複雑で列数が多い場合に、見やすくするために意図してASを活用することもあります。

しかし、そういったものはなく、SELECTの直後にカラム等を羅列するので、「SELECT句」と呼んでいます。

```
SELECT [SELECT句…]
  FROM [FROM句…]
 WHERE [WHERE句…]
ORDER BY [ORDER BY句…];
```

SELECT文



##  特別なカラム指定「*」

本章の前半で「SELECT * FROM テーブル名;」という文を「とりあえず覚えてください」と紹介しました。SELECT句において、「*」は「全てのカラム」を表す記号です。FROM句で指定したテーブルに含まれる全てのカラムを取得します。

「*」もテーブル名で修飾できます。複数テーブルから取得する場合は、仮にテーブルの別名がaとbだとすると、「a.*, b.name, b.code」のように使用できます。

ただし、アプリケーションプログラムにSQL文を記述する際には、「*」は使用しないほうがよいと個人的には考えています。というのは、テーブル定義の変更や仕様変更の際に、変更したいカラムの情報が見つけにくくなってしまうからです。カラム名を羅列していれば、確実に使用箇所を特定できるものを、「*」での記述では見落とすリスクが高くなってしまうといった点が気になるポイントです。このあたりはさまざまな意見もあるので、開発チームに参加しているのであれば、そのチームなりのポリシーに従えばよいでしょう。

ちなみに、「*」の読み方は「スター」派と「アスタ」派があります[※8]。主に英語圏では「スター」と呼ばれることが多いようです。筆者は、普段は「セレクト・アスタ・フローム」のようにアスタと読んでいますが、疲れてくると一音でもサボりたい気持ちが働くのか「セレクト・スター・フロム」になったりして、あまり一貫していません。どちらも誤りというわけではないので、周りの人とコミュニケーションを取る上で通じやすいほうを使えばよいでしょう。

※8　「アスタ」は、「アスタリスク」を省略して発音しているものです。

### COLUMN　SELECT文は前から書くもの？

四半世紀近くSQLを書いている筆者ですが、未だにSELECT文には違和感を覚えていることがあります。それは、SELECTの記述順序です。SELECT文では、SELECTの後ろにいきなり列名を書きますが、どのテーブルから取得するのかを決めていないのに列名が決まるわけないじゃないかというのが違和感の本体です。特に、複数のテーブルから、しかも別名を付けて取得しようとする場合など、別名が決まっていないのにテーブル列名で修飾したカラム名など書けるわけがないのです。

この違和感を覚えるのは筆者だけではないようで、SQLの入門講座を実施すると同様の質問を受けることが時々あります。中にはSELECTと打ったところで手が固まってしまい、先に進めなくなる人もいて、おそらく同様の戸惑いがあったのではないかと推察しています。

思考回路は人それぞれなので、現在のSELECT文の記述順序で違和感を感じない人はそのままでよいと思いますが、SELECTと書いたところで手が止まってしまうあなたに伝えたい。

**SQLは前から順に書かなくてもいいんですよ！**

FROM句を完成させて（次章で紹介しますが、FROMに書くのは必ずしも1つのテーブルではありません）どんな列が取得可能な候補になったのかがハッキリしてから、SELECT句を書けばよいのです。

コマンドラインクライアント上でFROM句やSELECT句を行ったり来たりするのが大変であれば、テキストエディタなどでSQLを完成させてからコピー&ペーストして実行する方法もあります（テキストエディタ感覚でカーソル移動しながらSQLを編集できるGUIツールは、こういうときにはとても便利です）。

▼サンプル：筆者がSELECT文を書いている途中の状態

```
SELECT（ここはまだ空欄）
  FROM table1 t1
         LEFT OUTER JOIN table2 t2 ON（……）
```

# 4-8 トランザクションとロックの試し方



SQL入門としての本章を締めくくるにあたって、トランザクションやロックを体験してみる方法を紹介しておきましょう。

このパートの目的は、書かれている内容そのものを読んで理解することではなく（内容自体は既出のものです）、実際に自分で手を動かして動作を試せるようになるための方法を理解することです。今後もSQLの学習を進めていく中で「これ、どうなるんだろう」と思ったときに、まず自分で試して自分の目で確かめるという武器を持っている人は、成長も早いものです。最初は原理や理由はわからなくても、まず自分で試したということが大きな財産なのです。何が起こるかを知った後で、「なぜ、そうなるんだろう」を調べてみてください。とにかく試してみるという習慣は、結果として、たくさんのことを調べるきっかけにもなるものです。

## トランザクション体験の準備

### テーブルの作成

実験用に、次のようなテーブルを作成します。

```
CREATE TABLE sample (id INTEGER PRIMARY KEY, name VARCHAR(20));
```

### 2つの接続

MySQLサーバに接続するコマンドラインクライアントを立ち上げる画面を2つ開いて、それぞれ接続します。それぞれの画面にmysql>プロンプトが出ている状態になればOKです。

RDBMSでは、このように同じユーザー名でいくつも接続をするのが普通の使い方です（アプリケーションからは同じプログラムが並列でいくつも動作し、それぞれのプログラムからは同じデータベースユーザー名でいくつもの接続が同時に行われます）。

画面を2つ開いたら、準備は完了です。左右に並べておくと見やすいかもしれません。

● 接続1

```
mysql>
```

● 接続2

```
mysql>
```

●図4-8-1　2つのコマンドラインクライアントを起動する

## トランザクションと分離レベルの確認

手始めにトランザクション分離レベルの動作を確認してみましょう。接続1でデータを1件登録するINSERT文をトランザクション内で実行し、別のセッションからどう見えるかの実験です。

接続1では、BEGINでトランザクションを開始し[※1]、1件のデータを登録します（①）。まだコミットされていませんが、自分のセッション（接続）内では登録内容を見ることができます（②）。

この状態で、接続2でもsampleテーブルの内容を見てみます。まだコミットされていないのでデータは見えません（③）。

ここで接続2の分離レベルをREAD UNCOMMITTEDに変更してみます。ここではセッションレベルで設定したので、こちらの窓でのmysql接続を切断するまで、この分離レベルの状態が継続します（④）。

この分離レベルの状態でsampleテーブルを見ると、未コミットのデータが見えます（⑤）。ここでは試しませんが、接続1でROLLBACKを行い、接続2からもこのデータが見えなくなることを確認するのもおもしろいかもしれません。

接続1でCOMMITします（⑥）。

このようにして2つの接続での分離レベルの影響を実験してみることができました。

※1　デフォルトではオートコミットモードで動作しているため、トランザクションの開始を明示する必要があります。

●接続1

```
mysql> BEGIN;
Query OK, 0 rows affected (0.00 sec)

mysql> INSERT INTO sample
    ->  VALUES (1, 'testdata');◀──❶
Query OK, 1 row affected (0.00 sec)

mysql> SELECT * FROM sample;◀──❷
+------+----------+
| id   | name     |
+------+----------+
|    1 | testdata |
+------+----------+
1 row in set (0.00 sec)
```

●接続2

```
mysql> SELECT * FROM sample;◀──❸
Empty set (0.00 sec)
```

```
mysql> SET SESSION TRANSACTION
ISOLATION LEVEL READ UNCOMMITTED;◀──❹
Query OK, 0 rows affected (0.01 sec)

mysql> SELECT * FROM sample;◀──❺
+----+----------+
| id | name     |
+----+----------+
|  1 | testdata |
+----+----------+
1 row in set (0.00 sec)
```

```
mysql> COMMIT;◀──❻
Query OK, 0 rows affected (0.00 sec)
```

●図4-8-2　2つのセッションでのデータの見え方の例

## ロック待ちの挙動の確認

次に、ロック待ちの挙動の確認も試してみましょう。ただし、実験に進む前に、接続2の分離レベルを元に戻しておきます。改めてREPEATABLE READに設定しなおしてもよいのですが、ここは、いったん接続2をexitして再度接続するのが手軽です。先ほどの設定はセッションレベルだったので、接続しなおせば別セッションとして、デフォルトの分離レベルとなります。

MySQLの場合、接続中のセッションでの現在の分離レベルを確認するのは、次の方法でできます。

```
mysql> SELECT @@SESSION.transaction_isolation;
+---------------------------------+
| @@SESSION.transaction_isolation |
+---------------------------------+
| REPEATABLE-READ                 |
+---------------------------------+
1 row in set (0.00 sec)
```

ロックによる待ちの挙動を確認するために、接続1と接続2の両方から先ほど登録したid=1のデータの更新（UPDATE）を試みます。

まず接続1でトランザクションを開始し、id=1のnameを変更するUPDATE文を実行します（①）。この時点ではコミットしていないので、接続2からは更新前の状態が見えます（②）。

次に、接続2でもトランザクションを開始して、同じくid=1の行を更新してみます（③）。MySQLサーバへのこの更新依頼は、接続1がロックしている行への更新なので、接続2では接続1のトランザクションがCOMMITかROLLBACKで終了されるまで待ちます（実際はデフォルトで設定されている50秒でタイムアウトします）。

● 接続1

```
mysql> BEGIN;
Query OK, 0 rows affected (0.00 sec)

mysql> UPDATE sample SET name='from
Session 1' WHERE id=1; ← ❶
Query OK, 1 row affected (0.00 sec)
Rows matched: 1  Changed: 1
Warnings: 0
```

● 接続2

```
mysql> SELECT * FROM sample; ← ❷
+----+----------+
| id | name     |
+----+----------+
|  1 | testdata |
+----+----------+
1 row in set (0.00 sec)
```

```
mysql> BEGIN;
Query OK, 0 rows affected (0.00 sec)

mysql> UPDATE sample SET name='from
session 2' WHERE id=1; ← ❸
```

●図4-8-3　2つのセッションでのロック待ちの確認例

このようにして、更新系や参照系のクエリを単に1つのセッションで試すだけではなく、複数セッションでの挙動を確認したい場合でも、自分の手元で実行可能なのです。試したいことが発生したときにすぐに試せるフットワークを大事にして、たくさんの経験を積んでいきたいところです。

# 第5章 データ抽出、集計のSQL

データベース上に自分が管理したいデータ格納のためのテーブルを作るのは、うれしいことでもあり、楽しいことでもあります。テーブルを作るときには、どのようなことに気を配ったらよいのか、概要を学んでいきましょう。


5-1 イントロダクション

5-2 関数

5-3 集計（集約）

5-4 サブクエリ

5-5 複数のテーブルからのデータ取得（JOIN）

5-6 CASE式

5-7 CTE

5-8 ウィンドウ関数

5-9 SELECTで使うその他の機能

# 5-1 イントロダクション

前章では、INSERT、UPDATE、DELETE、SELECTの各SQL文の概要を説明しました。本章では、その中で奥深きSELECT文の世界にもっと触れていきましょう。

本章を始めるにあたって、前の章で紹介したSELECTの基本構文をもう一度思い出してください。

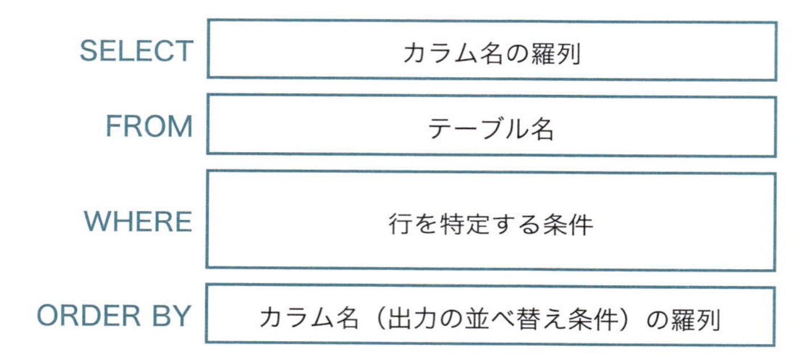


●図5-1-1　SELECT文の基本テンプレート

本章では、SELECT文を詳しく知るために、次の項目について順に解説していきます。少し分量が多いので、最初に脳内の目次とするために概要を紹介しておきます。

- **関数**
  値を加工したり演算したり評価したりするために使います。主にSELECT句に登場しますが、WHERE句やORDER BY句で使用することもあります。
- **集計（集約）**
  別名「グルーピング」です。特定のカラムの値をキーとして、ほかのカラムの数値の合計や平均などの集計を行えます。
- **サブクエリ**
  1つのSELECT文の中には、ほかのSELECT文を書くことができます。SELECT文の結果を別のSELECTで使える手法です。
- **JOIN**
  複数のテーブルを接続してデータを取得する方法です。「結合」ともいいます。SELECT文を習得する上での1つの山場となる人も多いようです。

- **CASE式**
  条件に応じて値を変化させることができるIF-THEN-ELSEのような機能です。
- **CTE**
  WITH句を使って一時的なテーブルを一文の中で定義して使用できる構文です。
- **ウィンドウ関数**
  集約が「与えられたルールに従った行をグループ化して1つの行にする」のに対して、ウィンドウ関数は「グループ化を含むほかの行との関係における演算を行いながらも元の行単位を保持する」という性質を持った機能です。この機能の導入によってSQLの表現力が格段に上がりました。



それでは、楽しくも奥深いSELECT文の世界へと足を踏み入れていきましょう。なお、SELECT文を記述するにあたっては、テーブル定義の把握は必須です。これからSELECT文を発行しようとしている対象のテーブルのテーブル名と、そのテーブルにどんな名前のカラムがあるのか、そしてデータはどんな感じの値が入っているのかを、まず最初に確認してからクエリの記述に取り組むようにしましょう。

**COLUMN テーブル定義の把握はクエリのスタート地点**

SELECT文によるデータ処理は、「どのテーブルの」「どのカラムを」といった情報を使用します。つまり、テーブル名やそのテーブルに含まれるカラムの情報を知っていることが、スタート地点になります。

きちんとした開発プロジェクトのチームであれば、「テーブル定義書」と呼ばれる文書が整備されていて、それを参照すれば事足りるということも多いかもしれません。筆者は、そういったものがしっかり整備されていない環境で「どうにかしてほしい」という調査を依頼されることも多く、その場合はどんなテーブルがあり、どんなカラムがあるのかをまず調査して整理するところから着手することになります[※1]。テーブル一覧やテーブル定義（カラム一覧）を出力させるのは、このように非常によく使うので、第4章を確認して、手に馴染ませておいてほしいと思います。

※1 文書がないのはまだマシなほうで、メンテナンスされていない文書が中途半端に残されている場合が一番困ります。文書を元に議論や検討をしたのに、実際にサーバを見てみたらカラムが増えていたりテーブル名が変更されていたりということもあります。そういった経験を積むと、文書があってもいったんは無視してサーバにあるデータの状態から把握するという習慣が付くようになります。いいことか悪いことかわかりませんが。

# 5-2 関数

## 関数を学ぶ前に知っておきたいこと

ここまでSELECT文は、「『テーブルから』、行を特定する条件と欲しいカラムを指定してデータを取得してくるもの」と学んできました。これは少々限定した言い方になっていて、実はSELECT文は必ずしも実際の「テーブル」だけから値を取得するわけではないのです。SELECT句（ここは「句」です。注意深く読んでください）に指定できるのはカラム名だけでなく、テーブルのデータとは関係ない値そのものも書けるのです。

```
mysql> SELECT 'My string', 35;
+-----------+----+
| My string | 35 |
+-----------+----+
| My string | 35 |
+-----------+----+
1 row in set (0.00 sec)
```

当然ですが、すでに学んだSELECT句でのカラムの別名や計算なども、使用することができます。

```
mysql> SELECT 'My string' message, 35 years, 12*5 kanreki;
+-----------+-------+---------+
| message   | years | kanreki |
+-----------+-------+---------+
| My string |    35 |      60 |
+-----------+-------+---------+
1 row in set (0.00 sec)
```

この例だけでは、これに何の意味があるのかと思うかもしれません※1。しかし、この書き方を知っていることで「さまざまな機能をとにかく気軽に自分で試してみる」ことの基礎となるので、理解しておいてください。

※1　この例で役に立ちそうなのは、せいぜい電卓代わりに使える程度でしょうか。

## 関数とは

関数とは、値を与えると、何らかの処理を行って別の値を返してくれるものです。各RDBMSにはさまざまな関数があり、例えば「何らかの文字列, 3」というように2つの値を与えるとその文字列の先頭3文字を返してくれたり、「49」と与えると平方根である7を返してくれたり、「何らかの日付, 30 DAYS」を与えると30日前の日付を返してくれたりといった機能を提供します※2。

関数は、特にSELECT句に記述する値を加工するために便利に使われますが、WHERE句での条件指定をする際にも使用できます。また、UPDATE文でのSET句の中で、更新する値を決めるのに使うこともできます※3。

## 関数はRDBMSによって異なる

国際規格で標準化されているためRDBMS製品ごとの差は少ないと紹介したSQLですが、「関数」については、特に製品ごとの違いが大きい部分です。本書ではMySQLの関数を例として紹介しますが、ほかのRDBMSでは別の名前だったり、同じ名前であっても少し使い方が異なったりするかもしれません。利用している製品のマニュアルを手元に置いて眺めながら、本書を読み進めていくとよいでしょう。

## リファレンスマニュアルの「関数」の部分を眺めてみよう

どのRDBMS製品のリファレンスマニュアルにも、「関数（Functions）」というパートがあるはずです。まずはマニュアルを開いて「関数（Functions）」のページを探してみましょう。MySQL 8.4では「Chapter 14: Functions and Operators」という章になります※4。

※2 何の値も与えずに「現在時刻をちょうだい」というと返してくれる関数もあります。

※3 SQL文の中で「結果として『値』を記述すべき場所」ならば、どこでも使用できます。平方根を得るSQRTという関数があって、SQRT(49)と書けば7という値を得ますが、この例では数値の「7」を記述したい場所には代わりにSQRT(49)のような数値を返す関数を書くことができると言い換えてもよいでしょう。今回の関数に限らず、「これ、できるのかな？」と思ったら、ぜひ自分の手元で試してみる習慣を付けてください。

※4 https://dev.mysql.com/doc/refman/8.4/en/functions.html。関数名などの一覧は一番最初の「Built-In Function and Operator Reference」リンクから参照可能です。なお、MySQLのリファレンスマニュアルは、更新によって章番号が変わることがあるので、閲覧したタイミングで章番号が異なっていても気にする必要はありません。

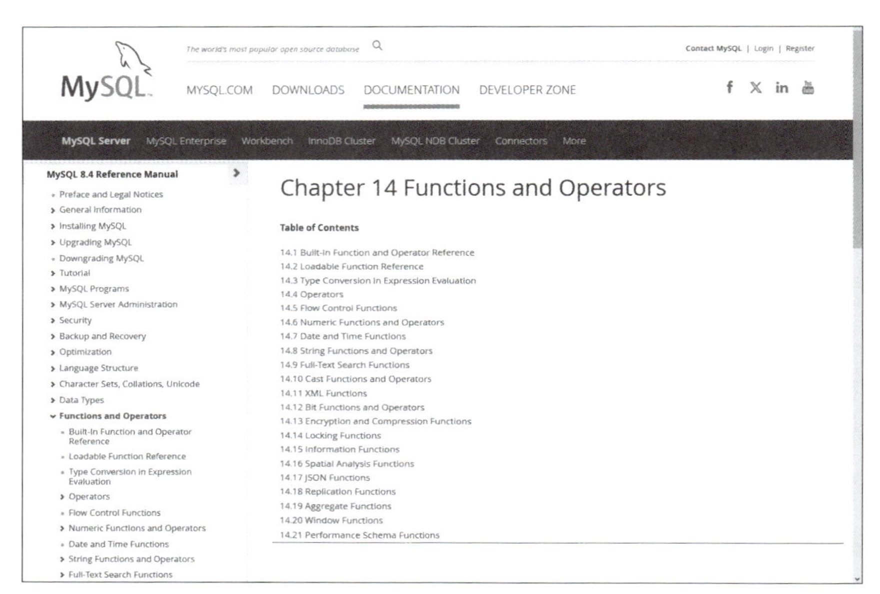


●図5-2-1　MySQLの関数のリファレンスマニュアル

「マニュアルのこの章の全てに目を通しましょう」といいたいところですが、膨大な量なので、入門者が最初に押さえておくとよいパートを紹介します。RDBMS製品によって表現が異なりますが、概ね次のような項目があるはずです（カッコ内はMySQLリファレンスマニュアルでのタイトル）。パラパラめくって（スクロールして）、どのようなものがあるのか確認しておきましょう。非常によく使う関数が多くあるので、まずはこれらのパートの関数をいくつか習得し、その後で、やりたいことに応じて見る範囲を拡げていくとよいでしょう。

- **数値関数（Numeric Functions and Operators）**
- **文字列関数（String Functions and Operators）**
- **日付時刻関数（Date and Time Functions）**

##  関数を試そう

では、実際に関数の動きを体験してみましょう。試しにリファレンスマニュアルの「数値関数（Numeric Functions and Operators）」のページを開いてみてください。多くの関数が一覧になっています。

# 14.6 Numeric Functions and Operators

14.6.1 Arithmetic Operators
14.6.2 Mathematical Functions

**Table 14.8 Numeric Functions and Operators**

| Name | Description |
|---|---|
| %, MOD | Modulo operator |
| * | Multiplication operator |
| + | Addition operator |
| - | Minus operator |
| - | Change the sign of the argument |
| / | Division operator |
| ABS() | Return the absolute value |
| ACOS() | Return the arc cosine |
| ASIN() | Return the arc sine |
| ATAN() | Return the arc tangent |
| ATAN2(), ATAN() | Return the arc tangent of the two arguments |
| CEIL() | Return the smallest integer value not less than the argument |
| CEILING() | Return the smallest integer value not less than the argument |
| CONV() | Convert numbers between different number bases |
| COS() | Return the cosine |
| COT() | Return the cotangent |

●図5-2-2 MySQLのリファレンスマニュアルの「数値関数（Numeric Functions and Operators)」

この中で、今回はROUND関数を見てみましょう。

- ROUND(*X*), ROUND(*X*,*D*)

Rounds the argument *X* to *D* decimal places. The rounding algorithm depends on the data type of *X*. *D* defaults to 0 if not specified. *D* can be negative to cause *D* digits left of the decimal point of the value *X* to become zero. The maximum absolute value for *D* is 30; any digits in excess of 30 (or -30) are truncated. If *X* or *D* is NULL, the function returns NULL.

```
mysql> SELECT ROUND(-1.23);
        -> -1
mysql> SELECT ROUND(-1.58);
        -> -2
mysql> SELECT ROUND(1.58);
        -> 2
mysql> SELECT ROUND(1.298, 1);
        -> 1.3
mysql> SELECT ROUND(1.298, 0);
        -> 1
mysql> SELECT ROUND(23.298, -1);
        -> 20
mysql> SELECT ROUND(.12345678901234567890123456789012345, 35);
        -> 0.123456789012345678901234567890
```

The return value has the same type as the first argument (assuming that it is integer, double, or decimal). This means that for an integer argument, the result is an integer (no decimal places):

```
mysql> SELECT ROUND(150.000,2), ROUND(150,2);
+------------------+--------------+
| ROUND(150.000,2) | ROUND(150,2) |
```

●図5-2-3 MySQLのリファレンスマニュアルの「ROUND関数」

「ROUND(X), ROUND(X,D) 」と書かれているので、引数がXだけ、またはXとDの2つを与えることができるということです。読んでみると、「Xの値を小数点D桁に丸めます」と書かれていることがわかります。

とりあえずマニュアルから雰囲気はわかったので、実際に試してみましょう。まず、引数を1つだけ与える例です。適当な数字ですが、1234.5432を与えてみました。

```
mysql> SELECT ROUND(1234.5432);
+------------------+
| ROUND(1234.5432) |
+------------------+
|             1235 |
+------------------+
1 row in set (0.00 sec)
```

整数に丸められるようです。四捨五入かな？と思ったら、気になる桁位置の値（ここでは小数第一位）を変更して試してみればよいのです。先ほどの演算と一緒に確認してみたいならカラムを複数書いてみましょう。

```
mysql> SELECT ROUND(1234.5432), ROUND(1234.4532);
+------------------+------------------+
| ROUND(1234.5432) | ROUND(1234.4532) |
+------------------+------------------+
|             1235 |             1234 |
+------------------+------------------+
1 row in set (0.00 sec)
```

どうやら四捨五入のような動作をしているらしいことが確認できました。ちょっと見てみたかった程度なら、ここで止めて次の作業にかかるのもよいかもしれません。しかし、プロとして使える知識にしたいのであれば、この結果を説明している一次情報（リファレンスマニュアル）をきちんと読んで裏取りをしておくと、しっかりとした知識として身に付きます。

マニュアルによると、丸める桁位置を2番目の引数（カッコ内のコンマで区切られた2つ目）に与えることができるようなので、こちらも試してみましょう。

```
mysql> SELECT ROUND(1234.5432, 2);
+---------------------+
| ROUND(1234.5432, 2) |
+---------------------+
|             1234.54 |
```

```
+--------------------+
1 row in set (0.00 sec)
```

小数点2桁で丸められることが確認できました。2番目の引数には負の値も与えられると書いてあるので、こちらも試してみましょう。ここではいくつかの引数での結果を一度に確認する方法を示します。

```
mysql> SELECT ROUND(1234.5432), ROUND(1234.5432, 2), ROUND(1234.5432, -2);
+------------------+---------------------+----------------------+
| ROUND(1234.5432) | ROUND(1234.5432, 2) | ROUND(1234.5432, -2) |
+------------------+---------------------+----------------------+
|             1235 |             1234.54 |                 1200 |
+------------------+---------------------+----------------------+
1 row in set (0.00 sec)
```

このように、関数の挙動を知りたいときに、SELECT句に直接記述して動作を確認できます。この「やってみる」という作業への自分のハードルをいかに下げるか、すぐに試せる環境を持っているかが、成長の成否を分けます。知らないことをGoogleで検索するような気軽さで、コマンドラインクライアントで試せるようになってもらいたいところです。

## 主な関数

リファレンスマニュアルの見方、関数の試し方を紹介したので、あとはマニュアルを見て気になる関数があれば、どんどん試してください。といって終わりにしてもよいのですが、それでも関数は非常に数多くあり、とっかかりがあったほうがよいでしょうから、いくつかピックアップして紹介します。「関数って、こんな感じで使うんだ！」ということをイメージしてもらえればと思います。

### 数値関数

MySQLリファレンスマニュアルの「数値関数（Numeric Functions and Operators）」のページを眺めると、たくさんの関数が目に入ります。表5-2-1に、主な関数を分類してみました。こうして整理して眺めてみると、数学の授業で見たことがあるようなものばかりと感じたのではないでしょうか。

▼表5-2-1　主な数値関数

| 丸め関数 | |
|---|---|
| CEILING() | 数値の切り捨て |
| FLOOR() | 数値の切り上げ |
| ROUND() | 数値の丸め |
| 指数対数関数 | |
| LOG() | 自然対数 |
| LOG10() | 10を底とする対数 |
| LOG2() | 2を底とする対数 |
| EXP() | 累乗 |
| 三角関数 | |
| SIN() | 三角関数のサイン関数 |
| COS() | 三角関数のコサイン関数 |
| TAN() | 三角関数のタンジェント関数 |
| COT() | 三角関数のコタンジェント関数 |
| PI() | 円周率 |
| DEGREES() | ラジアンを度に変換 |
| RADIANS() | 度をラジアンに変換 |
| その他 | |
| SQRT() | 平方根 |
| SIGN() | 符号 |
| RAND() | ランダムな値 |
| POW() | 冪乗 |

関数は入れ子にして使うことができます。詳しくいうと、関数というのは何らかの値を返すものなので、その値を別の関数の引数として使うことができるという意味です。例えば、円周率を返すPI()という関数があります。

```
mysql> SELECT PI();
+----------+
| PI()     |
+----------+
| 3.141593 |
+----------+
1 row in set (0.00 sec)
```

これを小数点第2位までで丸めてみましょう。先ほど紹介したROUND()関数を使用できます。

```
mysql> SELECT ROUND(PI(), 2);
+----------------+
| ROUND(PI(), 2) |
+----------------+
|           3.14 |
+----------------+
1 row in set (0.00 sec)
```



### COLUMN　MySQLの円周率は小数点以下6桁？

本文の例で、MySQLでのPI()関数の結果は「3.141593」でした（3.1415926...が四捨五入されています）。これは数値計算をしたいときには、いささか心許ない有効桁数ですが、MySQLでは円周率としてこの精度しか持っていないのでしょうか。

実は、これは単に表示上の問題です。mysqlコマンドラインクライアントがデフォルトの表示精度を小数点以下6桁にしているため、このように見えているだけなのです。MySQLはPI()の精度として小数点15桁まで持っています。PI()の値を使って計算を行う場合は15桁の精度で実施されるので心配はいりません。演算の相手側の精度に合わせて（小数点以下15桁までは）使用されているので、多少トリッキーな方法ではありますが、次のようにして、実際にPI()が持っている精度を確認できます。円周率で表示されている最後の3の次の桁は「2」なので、丸められて正しい結果を得られていることがわかります。

```
mysql> SELECT PI()*1.000000000000000000;
+---------------------------+
| PI()*1.000000000000000000 |
+---------------------------+
|      3.141592653589793000 |
+---------------------------+
1 row in set (0.00 sec)

mysql> SELECT PI()+0.000000000000000000000;
+------------------------------+
| PI()+0.000000000000000000000 |
+------------------------------+
|      3.141592653589793000000 |
+------------------------------+
1 row in set (0.00 sec)
```

## 文字列関数

次に、MySQLリファレンスマニュアルの「文字列関数（String Functions and Operators）」のページを眺めてみましょう。文字列関数にも、非常にたくさんの関数があることが見て取れると思います。全ては紹介できないので、よく使いそうなものをいくつか紹介しましょう。

最初は、部分文字列を取得するSUBSTR()関数です。マニュアルにはさまざまな引数の与え方が書かれていますが、「文字列、何文字目から、何文字を取得」の3つの情報を与える使い方はよく使いそうです。

```
mysql> SELECT SUBSTR('Database', 3,4);
+-------------------------+
| SUBSTR('Database', 3,4) |
+-------------------------+
| taba                    |
+-------------------------+
1 row in set (0.00 sec)
```

「左から何文字」「右から何文字」といった形で取得したいときは、SUBSTR()関数よりも、シンプルなRIGHT()関数や LEFT()関数のほうが便利かもしれません。

```
mysql> SELECT RIGHT('MySQL',3), LEFT('MySQL',2);
+------------------+-----------------+
| RIGHT('MySQL',3) | LEFT('MySQL',2) |
+------------------+-----------------+
| SQL              | My              |
+------------------+-----------------+
1 row in set (0.01 sec)
```

左右にある空白を除去するTRIM()系関数（TRIM()、LTRIM()、RTRIM()）も、使いたいシーンが思い浮かぶ人もいるでしょう。この例では、左側にあった空白がTRIM()関数によって除去されます。

```
mysql> SELECT '   <-Space' a, TRIM('   <-Space') b;
+------------+---------+
| a          | b       |
+------------+---------+
|    <-Space | <-Space |
+------------+---------+
1 row in set (0.00 sec)
```

中には、いまいち使いどころがよくわからない関数もあります。REVERSE()関数は、与えられた文字列を反転して返す関数です※5。

```
mysql> SELECT REVERSE('でーたべーす');
+------------------------------+
| REVERSE('でーたべーす')        |
+------------------------------+
| すーべたーで                    |
+------------------------------+
```

文字列関数の話の締めとして、関数を組み合わせた使用例を紹介します。今までは直値※6で試していましたが、ここでは簡単なテーブルを作成して、そのテーブルの値を使う例です。実際にSQLの中で関数を使用する際には、このようにカラムを指定することのほうが多いでしょう。

テーブルの中に「12:千葉県」のように都道府県コードと都道府県名が「:」で区切られて入っているという不埒なデータ※7があったときに、そこから都道府県名だけを得ることを試みてみましょう。

まずはテーブルを作成して、2件のデータを登録します。

```
mysql> CREATE TABLE t1 (s varchar(10));
mysql> INSERT INTO t1 VALUES ('12:千葉県');
mysql> INSERT INTO t1 VALUES ('30:和歌山県');
```

登録された状態のテーブルt1はこのようになっています。

```
mysql> SELECT * FROM t1;
+-----------------+
| s               |
+-----------------+
| 12:千葉県        |
| 30:和歌山県      |
+-----------------+
2 rows in set (0.00 sec)
```

※5 筆者はそのようなシステムを設計したことはありませんが、後方一致を多用するカラムで使い道があるかもしれません。後方一致用のインデックスというのは、通常は存在しないので、敢えてREVERSE()したインデックスを活用するというアイデアです。
※6 クエリ内などで、直接指定された値のことです。定数として扱われ、変更されず、特定の条件や計算で使用されます。
※7 都道府県コードは、コード専用の列、名前は名前専用の列を作ってそれぞれ格納してほしいところです。古いシステムで動いてたデータをそのまま取り込んできた場合など、歴史的経緯で、このような格納方式になってしまったデータには稀に遭遇します。

格納されているsカラムの内容とともに、LOCATE()関数、およびLENGTH()関数を使って、その文字列の長さと「:」が登場する位置を確認します。

```
mysql> SELECT s, LOCATE(':', s) loc,CHAR_LENGTH(s) len FROM t1;
+----------------+------+------+
¦ s              ¦ loc  ¦ len  ¦
+----------------+------+------+
¦ 12:千葉県       ¦    3 ¦    6 ¦
¦ 30:和歌山県     ¦    3 ¦    7 ¦
+----------------+------+------+
2 rows in set (0.00 sec)
```

これらの位置と長さの情報を使えば、RIGHT()関数で都道府県名の部分のみを取得できます。RIGHT関数の使い方は、マニュアルによると「RIGHT(str, len)」で、元にする文字列と長さを与えるとのことです。今回は、文字列全体の長さから「:」の登場位置を引いただけの文字列を取得したいのだから、次のようになります。切り抜いた文字列にはprefという別名を付けました。

```
mysql> SELECT s, RIGHT(s, CHAR_LENGTH(s)-LOCATE(':',s)) pref  FROM t1;
+----------------+--------------+
¦ s              ¦ pref         ¦
+----------------+--------------+
¦ 12:千葉県       ¦ 千葉県        ¦
¦ 30:和歌山県     ¦ 和歌山県      ¦
+----------------+--------------+
2 rows in set (0.01 sec)
```

今回は右側を取得したいのでRIGHT()関数を使いましたが、SUBSTR()関数で、文字列を抜き出す位置を指定するなど、さまざまな解法があります。柔軟な発想で、関数を使い倒してください。

### COLUMN REVERSE関数の活用例？

本文で「使いどころがよくわからない」と書いたREVERSE()関数ですが、1つだけおもしろい使い方を思いつきました。回文判定です。次のように元の文字列と反転した文字列が一致すれば1（True）となり、一致しなければFalse（0）となるような使い方です。この例では動作の確認目的で即値で書いていますが、実際のクエリ中では列名を使ってWHERE句の中で判定に使用するといった使い方が考えられます。

とはいえ、データベースに格納されている値が回文かどうかを判定したくなったことは、私の人生では今まで一度もありませんでしたが。

```
mysql> SELECT 'たけやぶやけた'=REVERSE('たけやぶやけた');
+------------------------------------------------------+
| 'たけやぶやけた'=REVERSE('たけやぶやけた')             |
+------------------------------------------------------+
|                                                    1 |
+------------------------------------------------------+
1 row in set (0.00 sec)

mysql> SELECT 'たけやぶやけぬ'=REVERSE('たけやぶやけぬ');
+------------------------------------------------------+
| 'たけやぶやけぬ'=REVERSE('たけやぶやけぬ')             |
+------------------------------------------------------+
|                                                    0 |
+------------------------------------------------------+
1 row in set (0.00 sec)
```

## 日付関数

「日付時刻関数（Date and Time Functions）」についても、同様にリファレンスマニュアルを見てみましょう。日時または日付や時刻などに対して、特定の要素（年だけなど）を抜き出したり、日付や時刻を足したり引いたりするものが主なものです。

どのRDBMSにも、現在日時を取得する関数は必ずあります。MySQLではNOW()関数を使用します※8。

※8 NOW()関数がないRDBMSでは、SYSDATEやGETDATETIMEなどのキーワードで調べてみてください。

```
mysql> SELECT NOW();
+---------------------+
| NOW()               |
+---------------------+
| 2025-03-10 16:38:41 |
+---------------------+
1 row in set (0.00 sec)
```

YEAR関数は、日時または日付から「年」の部分を得る関数です。

```
mysql> SELECT YEAR('2025-03-10 16:38:41');
+-----------------------------+
| YEAR('2025-03-10 16:16:42') |
+-----------------------------+
|                        2025 |
+-----------------------------+
1 row in set (0.00 sec)
```

YEAR以外に、MONTH()、DAY()、HOUR()などの関数で、それぞれ月、日、時の情報を得ることもできます。NOW()の結果と組み合わせて使った例です。このあとで説明する集約機能で、例えば日時が入っている列の値を年と月だけにする際などに活躍します。

```
mysql> SELECT YEAR(NOW()), MONTH(NOW()), DAY(NOW());
+-------------+--------------+------------+
| YEAR(NOW()) | MONTH(NOW()) | DAY(NOW()) |
+-------------+--------------+------------+
|        2025 |            3 |         10 |
+-------------+--------------+------------+
1 row in set (0.00 sec)
```

月末日を求めるLAST_DAY()関数や、日付に一定の日数や時間を加えるDATE_ADD()関数などもあります。次のようにして試せます。DATE_ADD()は、今日以前の過去30日間の範囲のデータを対象とした分析を行いたい場合や、有効期限を決めるために14日後の日付を求めたい場合などに活躍します。

```
mysql> SELECT LAST_DAY('2024-02-05') lst_day,
    -> DATE_ADD('2025-03-10', INTERVAL 30 DAY) next_month;
+------------+-------------+
| lst_day    | next_month  |
+------------+-------------+
| 2024-02-29 | 2025-04-09  |
+------------+-------------+
1 row in set (0.00 sec)
```

「有効期限まであと何日」や「開始してから何日目」といった値を求めたいときには、2つの日付の差を求めて返すDATEDIFF()関数が便利でしょう。

```
mysql> SELECT DATEDIFF('2025-03-10','2024-12-28');
+-------------------------------------+
| DATEDIFF('2025-03-10','2024-12-28') |
+-------------------------------------+
|                                  72 |
+-------------------------------------+
1 row in set (0.00 sec)
```

このように、たくさんの「値を変換する機能」である関数がRDBMSには用意されています。全ての関数を覚えておくのは難しいので、「やりたいことが発生した」→「マニュアルを見て使えそうなものを見つける」→「ちょっと試してみる」のサイクルで「調べて試す」を当たり前にできるようになりましょう。このサイクルを上手に回すには「細かいことは覚えていないけど、確かこんなことをできる関数があった気がする」というくらいの緩やかな記憶を多く持つことが重要です。そのために、時間が取れるときにはリファレンスマニュアルの関数のパートを眺めながら、気になった関数を学ぶ……というよりも関数で「遊ぶ」機会をたくさん持つことが大切です。遊んだことのある関数は、次に使うときに意外と多くのことを覚えているものです。

# 5-3 集計（集約）

データの集計機能は、RDBMSでデータを与えた基準に従ってグループ化して計算を行う非常に便利な機能です。売上データを視点ごとや日ごとに集計したり、プロ野球選手の成績なら選手ごと月ごとに集計したりといった操作を手軽に行うことができます。近年、さまざまなところで重要視されている「データ分析」の中核を担う機能の1つでもあるので、SQLを学ぶならばマスターしておきたいところです。

## 主な集計機能

集計機能としてよく使われるのは「合計」「最大」「最小」「平均」「件数」です。MySQLでは、リファレンスマニュアルの「14.19.1 Aggregate Function Descriptions」※1に詳細が記されています。

▼表5-3-1　主な集計機能

| 機能 | 関数名 |
| --- | --- |
| 合計 | SUM() |
| 最大 | MAX() |
| 最小 | MIN() |
| 平均 | AVG() |
| 件数 | COUNT() |

## 集計処理の説明のための準備

集計処理を具体例とともに解説していきます。

salesテーブルに、表5-3-2のサンプルテーブルのデータが入っているとします。とある文房具を販売する会員制サイトの売上データをイメージしています※2。

※1　https://dev.mysql.com/doc/refman/8.4/en/aggregate-functions.html
※2　テーブル設計としては課題が多いテーブルですが、グルーピングを解説するためのテーブルということで理解ください。

▼表5-3-2　サンプルテーブル

| ID | 販売日時 | 商品名 | 購入者 | 値段 | メーカーID | メーカー |
|---|---|---|---|---|---|---|
| id | dt | item | customer | price | maker_id | maker |
| 1 | 2025/4/1 11:10:00 | Note | John | 210 | 1 | Asha |
| 2 | 2025/4/1 12:20:00 | Pen | Alice | 800 | 2 | Bsha |
| 3 | 2025/4/1 15:30:00 | Pen | Bob | 200 | 1 | Asha |
| 4 | 2025/4/2 12:40:00 | Tape | Robert | 190 | 2 | Bsha |
| 5 | 2025/4/2 13:40:00 | Pen | Emily | 250 | 3 | Csha |
| 6 | 2025/4/3 13:50:00 | Pen | Robert | 340 | 1 | Asha |
| 7 | 2025/4/3 15:10:00 | Tape | Robert | 250 | 1 | Asha |
| 8 | 2025/4/3 15:20:00 | Note | Emily | 150 | 2 | Bsha |
| 9 | 2025/4/3 15:20:00 | Pen | Emily | 330 | 2 | Bsha |
| 10 | 2025/4/3 16:10:00 | Pen | Robert | 480 | 1 | Asha |
| 11 | 2025/4/4 12:40:00 | Note | Bob | 180 | 2 | Bsha |
| 12 | 2025/4/4 13:40:00 | Note | John | 230 | 3 | Csha |
| 13 | 2025/4/5 15:40:00 | Pen | Thomas | 150 | 1 | Asha |
| 14 | 2025/4/5 15:40:00 | Pen | Thomas | 700 | 1 | Asha |
| 15 | 2025/4/6 13:10:00 | Note | John | 210 | 3 | Csha |

このテーブルとデータを作成するためのSQLは次のようになります。

▼データ作成用のSQL

```
CREATE TABLE sales (
    id          INT         PRIMARY KEY,
    dt          DATETIME NOT NULL,
    item        VARCHAR(100) NOT NULL,
    customer    VARCHAR(100) NOT NULL,
    price       INTEGER      NOT NULL,
    maker_id    INTEGER      NOT NULL,
    maker       VARCHAR(100) NOT NULL
);

INSERT INTO sales (id, dt, item, customer, price, maker_id, maker)
VALUES
    (1,  '2025-04-01 11:10:00', 'Note', 'John',   210, 1, 'Asha'),
    (2,  '2025-04-01 12:20:00', 'Pen',  'Alice',  800, 2, 'Bsha'),
```

```
    (3,  '2025-04-01 15:30:00', 'Pen',  'Bob',    200, 1, 'Asha'),
    (4,  '2025-04-02 12:40:00', 'Tape', 'Robert', 190, 2, 'Bsha'),
    (5,  '2025-04-02 13:40:00', 'Pen',  'Emily',  250, 3, 'Csha'),
    (6,  '2025-04-03 13:50:00', 'Pen',  'Robert', 340, 1, 'Asha'),
    (7,  '2025-04-03 15:10:00', 'Tape', 'Robert', 250, 1, 'Asha'),
    (8,  '2025-04-03 15:20:00', 'Note', 'Emily',  150, 2, 'Bsha'),
    (9,  '2025-04-03 15:20:00', 'Pen',  'Emily',  330, 2, 'Bsha'),
    (10, '2025-04-03 16:10:00', 'Pen',  'Robert', 480, 1, 'Asha'),
    (11, '2025-04-04 12:40:00', 'Note', 'Bob',    180, 2, 'Bsha'),
    (12, '2025-04-04 13:40:00', 'Note', 'John',   230, 3, 'Csha'),
    (13, '2025-04-05 15:40:00', 'Pen',  'Thomas', 150, 1, 'Asha'),
    (14, '2025-04-05 15:40:00', 'Pen',  'Thomas', 700, 1, 'Asha'),
    (15, '2025-04-06 13:10:00', 'Note', 'John',   210, 3, 'Csha');
```

## 集計処理の基本

データ(表5-3-2)をよく眺めてみてください。いろいろな集計の切り口が見えてきますが、まず「PenとNoteとTapeは、いくつずつ売れているのだろう」という点が気になります(気になることにしてください)。これは、「item列に着目して件数を集計したい」と言い換えることができます。

集計にはGROUP BY句に集計の着目となる列を指定します。SELECT句には集計の着目となる列と集約関数を使用します。

```
mysql> SELECT item, COUNT(*)
    ->   FROM sales
    ->  GROUP BY item;
+------+----------+
| item | COUNT(*) |
+------+----------+
| Note |        5 |
| Pen  |        8 |
| Tape |        2 |
+------+----------+
3 rows in set (0.00 sec)
```

Penが、ほかの商品と比べて多く売れていることがわかりました。

SELECT句に書けるのは、集計の着目列としてGROUP BY句に指定した列(集計列)と集約関数だけです。次の例では、itemごとに集計したいとGROUP BYで述べているにもかかわらず、SELECT句に（GROUP BY句で指定していない）customer列を指定しています。少し考えてみるとわかりますが、NoteはJohnもEmilyも買っているので、customerを出力するといってもどのお客さんを結果として出力したらよいのか判断が付かないためエラーになるのです。テーブルの基本的な考え方として、1つのセル（に相当する枠）の中には1つの値のみを格納するものだということを思い出してください。

```
mysql> SELECT item, customer, COUNT(*)
    ->   FROM sales
    ->  GROUP BY item;
ERROR 1055 (42000): Expression #2 of SELECT list is not in GROUP BY clause and
contains nonaggregated column 'study.sales.customer' which is not functionally
dependent on columns in GROUP BY clause
```

全員を含めたいという場合は、MySQLの集約関数であるGROUP_CONCAT()関数を使うこともできます※3。

```
mysql> SELECT item, GROUP_CONCAT(customer), COUNT(*)
    ->   FROM sales
    ->  GROUP BY item;
+------+---------------------------------------------------+----------+
| item | GROUP_CONCAT(customer)                            | COUNT(*) |
+------+---------------------------------------------------+----------+
| Note | John,Emily,Bob,John,John                          |        5 |
| Pen  | Alice,Bob,Emily,Robert,Emily,Robert,Thomas,Thomas |        8 |
| Tape | Robert,Robert                                     |        2 |
+------+---------------------------------------------------+----------+
3 rows in set (0.00 sec)
```

なお、ここでは購入者が愚直に重複ありで羅列されています。重複なしにしたい場合は、DISTINCTを指定します（例：GROUP_CONCAT(DISTINCT customer)）。

```
mysql> SELECT item, GROUP_CONCAT(DISTINCT customer), COUNT(*)
    ->   FROM sales
    ->  GROUP BY item;
+------+---------------------------------+----------+
| item | GROUP_CONCAT(DISTINCT customer) | COUNT(*) |
+------+---------------------------------+----------+
```

※3 ただし、集約関数による文字列の結合は、どこまで長くなるかが予測しにくいケースが多く、また、GROUP_CONCAT()の最大文字長の制限にひっかかってエラーになってしまうケースも発生しやすいので、安易な使用はお勧めしません。

```
| Note | Bob,John                          |        4 |
| Pen  | Alice,Bob,Emily,Robert,Thomas     |        8 |
| Tape | Robert                            |        2 |
+------+-----------------------------------+----------+
3 rows in set (0.00 sec)
```

合計や平均についても例を見ていきましょう。

まずは合計です。今度はメーカー（maker）列に注目することにしましょう。メーカーごとの売上金額を求めてみます。GROUP BYにはmaker列を指定し、SELECT句にはprice列の合計（SUM）を得たいので、SQLとその実行結果は次のようになります。

```
mysql> SELECT maker, SUM(price)
    ->  FROM sales
    -> GROUP BY maker;
+-------+------------+
| maker | SUM(price) |
+-------+------------+
| Asha  |       2330 |
| Bsha  |       1650 |
| Csha  |        690 |
+-------+------------+
3 rows in set (0.00 sec)
```

A社が、売上に最も貢献していることがわかります。

同じ切り口で集計している場合（ここではメーカーごとにグルーピング）に、いろいろな集約関数を同時に指定することもできます。合計のほかに、平均と件数も結果に含めることにしましょう。

```
mysql> SELECT maker, SUM(price), AVG(price), COUNT(*)
    ->   FROM sales
    ->  GROUP BY maker;
+-------+------------+------------+----------+
| maker | SUM(price) | AVG(price) | COUNT(*) |
+-------+------------+------------+----------+
| Asha  |       2330 |   332.8571 |        7 |
| Bsha  |       1650 |   330.0000 |        5 |
| Csha  |        690 |   230.0000 |        3 |
+-------+------------+------------+----------+
3 rows in set (0.01 sec)
```

ここまでで、ほかの集約関数が引数に列名を与えているのに対して、COUNT()だけは「*」を与えていることに気づいたかもしれません。これは、ほかの集約関数が具体的な列の指定抜きには算出しようがないのに対して、件数というのはどの列であるかに依らないため「具体的に指定する必要がない」からです※4。

##  MAXがほしいわけじゃないけどMAX

ところで、このテーブルは、メーカー名とは別にメーカーIDを持っています。一般的にいって、あまりよいテーブル設計ではありませんが、事情があるのでしょう。

さて、メーカーごとの集計に、このメーカーIDも含めたくなったとします。グルーピング列の指定としては、このメーカーIDを使うことにしましょう。次のSQLは正しく動作するでしょうか。

```
SELECT maker_id, maker, SUM(price)
  FROM sales
 GROUP BY maker_id;
```

すぐに実行して試してみた人は行動力に拍手、頭で考えて気づいた人はセンスに拍手です。このSQL文は、エラーになります。

```
mysql>  SELECT maker_id, maker, SUM(price)
    ->    FROM sales
    ->   GROUP BY maker_id;
ERROR 1055 (42000): Expression #2 of SELECT list is not in GROUP BY clause and
contains nonaggregated column 'study.sales.maker' which is not functionally
dependent on columns in GROUP BY clause
```

見覚えのあるエラーですね。GROUP BY句に指定しているのはmaker_id列だけなのに、GROUP BYで指定されていないmakerという列がSELECT句にあるからです。我々人間は、「1はAshaだし、2は必ずBsha」と思い込んでいますが、テーブル的にはそんなルールはどこにもありません。maker_idが1なのに「Dsha」という行が含まれている可能性だってあります。

こんなときに、解決法は2つあります。

※4　COUNT()に具体的な列名を与えることもできます。指定列にNULLを含む場合に結果に影響がありますが、本書では「NULLの闇」には深く立ち入らない方針なので、ここでは割愛します。単にNULLを含まない件数を知りたいだけなら、WHERE句での指定によって除外できるケースが多いです。

### 1. makerに対して集約関数をかける方法

集約関数をかけていないことでエラーになっているのなら、集約関数をかければいいじゃないかと考えるのが素直な考え方です。でも、この場合、maker列に対して何をしたらよいのでしょうか。合計するわけにはいかないし、平均を取ってもしかたありません（そもそも文字列の合計とか平均というのは、どう計算するのでしょう？）。こんなときに多く使われる集約関数が「MAX()」です。文字列にも大小はある（だから並べ替えができる）ので、便宜上「一番大きいもの」を指定しておけばよいだろうという発想です。私たちは「同じmaker_idのものは必ず同じmaker名を持っている」ことを知っているので、今回のケースではMAX()を使おうがMIN()を使おうが同じ結果になるのですが、筆者の経験上はほぼ全ての人が慣例的にMAX()を使用しています。

```
mysql> SELECT maker_id, MAX(maker), SUM(price)
    ->    FROM sales
    ->   GROUP BY maker_id;
+----------+------------+------------+
| maker_id | MAX(maker) | SUM(price) |
+----------+------------+------------+
|        1 | Asha       |       2330 |
|        2 | Bsha       |       1650 |
|        3 | Csha       |        690 |
+----------+------------+------------+
3 rows in set (0.00 sec)
```

### 2. makerも着目列として扱う方法

もう1つの解決法が、集約列に入っていなくてエラーになっているのだから、集約着目列に加えてしまうという発想です。つまり、maker_idもmakerもGROUP BY句で指定するというものです。GROUP BYで指定した列であれば、SELECT句にもそのまま書くことができます。

```
mysql> SELECT maker_id, maker, SUM(price)
    ->    FROM sales
    ->   GROUP BY maker_id,maker;
+----------+-------+------------+
| maker_id | maker | SUM(price) |
+----------+-------+------------+
|        1 | Asha  |       2330 |
|        2 | Bsha  |       1650 |
|        3 | Csha  |        690 |
```

```
+----------+-------+------------+
3 rows in set (0.00 sec)
```

どちらの解決方法でも誤りではありませんが、個人的には1.のほうが好みです。というのは、GROUP BY句は集約の着目カラムを指定するために使いたいからです。今回のmaker_idは、まさに着目カラムですが、makerはmaker_idにくっついてきたオマケ（従属といいます）であり、集約着目としては本質ではありません。つまり、何に着目してグルーピングしたのかを明確に表現するには、GROUP BYにオマケ項目を書きたくない、書かないほうがよいという考え方です。書いてしまうと、「maker_idとmakerの2つの列を使ってグルーピング」と読み取る必要があり、シンプルだったはずのグルーピングが複雑に見えてしまうというデメリットが起こってしまうのです。

少々熱く語ってしまいましたが、どちらも誤りというわけではありません。このように複数の手法があるときには、その方法を選択した理由を自分なりに説明できるようになっていれば構わないでしょう。そこには「正解」はないかもしれません。あなたなりの「理由」があれば十分なのです。

なお、この2つの対応方法は、データの状況によっては異なる結果を返すことがあります。それは「1はAshaだし、2は必ずBsha」という対応が崩れているときです。「maker_idが2なのにmakerがAsha」という行が（誤って）存在してしまったとしましょう[※5]。この場合、1.の方法ではあくまでもmaker_idに注目してグルーピングしているので、結果行数は変わりません。ただし、maker_idが2のものに対して「Asha」「Bsha」の2つが含まれている中からMAX()を取ることになるので「2　Asha　1650」という結果行になります。2.の方法では、maker_idとmakerの2つの列に着目してグルーピングするので、次のような行が、結果として返されることになります。

| maker_id | maker |
|---|---|
| 1 | Asha |
| 2 | Bsha |
| 2 | Asha |
| 3 | Csha |

maker_id=2として集計したかった行が、泣き別れになってしまうのです。これにはメリットとデメリットが双方にあり、何があってもmaker_idでグルーピングされる1.と、maker_idとmakerの整合が崩れたデータを登録してしまった場合に結果が変化して気づきやすい2.という違いがあります。データをどのように運用したいのかは、運用者側の判断にかかっています。

※5　本来ならば、こういう不整合データが登録されてしまわないようなテーブル設計を行うことが求められます。

## 日ごとの売上金額

日付ごとに件数や売上金額を集計するというのは、集計機能の活用として最も要求されることの1つかもしれません。salesテーブルには各行に「日時」の情報が含まれているので、ここから「日付」の部分だけを活用すれば実現できそうです。

前項で学習した「関数」を使いましょう。リファレンスマニュアルの日付時刻関数のページを見ていると、DATE()関数が「日時から日付部分だけを取りだして返す」という目的に合致していそうなので、これを使います[※6]。

```
mysql> SELECT DATE(dt) dt_date, COUNT(*), SUM(price)
    ->   FROM sales
    ->  GROUP BY dt_date
    ->  ORDER BY dt_date;
+------------+----------+------------+
| dt_date    | COUNT(*) | SUM(price) |
+------------+----------+------------+
| 2025-04-01 |        3 |       1210 |
| 2025-04-02 |        2 |        440 |
| 2025-04-03 |        5 |       1550 |
| 2025-04-04 |        2 |        410 |
| 2025-04-05 |        2 |        850 |
| 2025-04-06 |        1 |        210 |
+------------+----------+------------+
6 rows in set (0.00 sec)
```

「ORDER BY dt_date」という記述がありますが、MySQLではSELECT句で付けた別名をGROUP BY句でも使用可能であるため、このように記述しています。SQLの処理順序から考えると、まずGROUP BY句 でグルーピングをしてからSELECT句で出力する値を決定するので、GROUP BY句の処理時には別名を使えない（まだ別名のことを知らない）はずなのですが、そこはMySQL側の工夫で便利に使えるようにしてくれています。GROUP BY句でのカラム別名は、OSS系のRDBMSでは使用可能、それ以外では使用不可という傾向があるようです。Oracle Databaseでは、バージョン23aiからこの記述方法が可能になりました。

GROUP BY句で別名を使えないRDBMSでは、「GROUP BY dt_date」の代わりに、「GROUP BY DATE(dt)」のように、GROUP BY句でもSELECT句に書いたのと同じ関数を記述します。

年ごと、週ごと、曜日ごとなどのさまざまな切り方で集計したいこともあると思いますが、同様にして適切な関数を使用して日時を加工した値でグルーピングすれば実現できます。カラム値そのままをグルーピング条件にする場合はシンプルですが、それ以外の場合は「いかにして、集約対象として着目する値を作れるか」が鍵だといえます。

※6 日時から日付部分を取り出す関数は、RDBMS製品によって、かなり異なります。DATE()関数がないRDBMSでは、TRUNC()やCONVERT()、CAST()などを使用してください。

## 月ごとの売上金額

もう少し長い期間で売上の推移を検討したい場合には、月ごとの集計もよく行われます。これまでで覚えた関数を使用して集約着目列を作れば実現できます。言葉では「月ごとの集計」といいますが、実際には、通常は「年月単位での集計」の事を指します。日付列（dt）の値から年月部分を取り出して集計着目列とします。

さまざまな方法がありますが、ここでは2種類を紹介します。

### 1. 年と月をそれぞれ取得して文字列結合する

dtから、年と月をそれぞれ取得して文字列結合します。この方法は、年と月のカラムを分けたいときには特に便利です。

```
mysql> SELECT CONCAT(YEAR(dt),MONTH(dt)) ym, COUNT(*), SUM(price)
    ->   FROM sales
    ->  GROUP BY ym
    ->  ORDER BY ym;
+-------+----------+------------+
| ym    | COUNT(*) | SUM(price) |
+-------+----------+------------+
| 20254 |       14 |       4520 |
+-------+----------+------------+
1 row in set (0.00 sec)
```

### 2. 使いたい要素部分だけを文字列に整形する

もう1つが、日時のデータを加工して、使いたい要素部分だけを文字列に整形する関数を使用する方法です。MySQLではDATE_FORMAT()という関数があります。フォーマットを指定しやすいので、年と月の間に「/」や「-」を入れたいなど、細かい出力文字列の制御を行いたいときに便利です。

```
mysql> SELECT DATE_FORMAT(dt,'%Y%m') ym, COUNT(*), SUM(price)
    ->   FROM sales
    ->  GROUP BY ym
    ->  ORDER BY ym;
+--------+----------+------------+
| ym     | COUNT(*) | SUM(price) |
+--------+----------+------------+
| 202504 |       14 |       4520 |
```

```
+--------+---------+-----------+
1 row in set (0.00 sec)
```

ここではサンプルデータが4月分しかないので結果が1つしか戻されませんが、ほかの月のデータがあれば、よりわかりやすい結果を得られるでしょう。自分で3月や5月のデータを追加して、ぜひ試してみてください。

## WHEREでもORDER BYでも



ここまで、GROUP BYを説明するために、ほかの要素をなるべく排除して単純化していました。SELECT文のほかの要素について全く記述しませんでしたが、テーブルの全件を対象にした集計を行うことは（特に大規模なデータベースでは）非常に稀です。

多くの場合は、テーブルデータの一部を指定して集計を行います。その際には、前節までに学習したWHERE句もORDER BY句も普通に使用します。

今回掲載したサンプルデータでは4月分のみが存在している状態ですが、これが何年分もデータが蓄積されているテーブルだとして、その中から4月分だけを対象にして集計したいときには、そのようにWHERE句で指定します。また、結果を金額順で並べたいときにはORDER BYで、その旨を指定します。

```
mysql> SELECT item, SUM(price) total_price, COUNT(*)
    ->   FROM sales
    ->  WHERE '2025-04-01' <= dt AND dt < '2025-05-01'
    ->  GROUP BY item
    ->  ORDER BY total_price DESC;
+------+-------------+----------+
| item | total_price | COUNT(*) |
+------+-------------+----------+
| Pen  |        3250 |        8 |
| Note |         980 |        5 |
| Tape |         440 |        2 |
+------+-------------+----------+
3 rows in set (0.01 sec)
```

## 集計して、さらに絞る

ふたたびメーカーごとの集計の例に戻ります。

▼再掲

```
mysql> SELECT maker, SUM(price), AVG(price), COUNT(*)
    ->   FROM sales
    ->  GROUP BY maker;
+-------+------------+------------+----------+
| maker | SUM(price) | AVG(price) | COUNT(*) |
+-------+------------+------------+----------+
| Asha  |       2330 |   332.8571 |        7 |
| Bsha  |       1650 |   330.0000 |        5 |
| Csha  |        690 |   230.0000 |        3 |
+-------+------------+------------+----------+
3 rows in set (0.00 sec)
```



サンプルデータなのでメーカー数が少ないのですが、これが何百社や何千社あったと仮定します。着目したいのは「売れているメーカー」なので、ここでは「売上合計が1,000円以上」をピックアップすることにしましょう。

WHERE句に、条件「SUM(price) >= 1000」を記述したくなりますが、これは実行できません。理由を知るには、SELECT文の処理順序を理解しておく必要があります。ここまで学んできた内容にGROUP BYの情報を加えると、SELECT文は次の順番で処理されます。

対象テーブルの決定（FROM）
↓
対象行の決定（WHERE）
↓
グルーピングの決定（GROUP BY）
↓
出力列の決定（SELECT）
↓
並べ替え（ORDER BY）

合計金額はグルーピング後のSELECT句で集約関数が評価されるタイミングになって初めてわかります。したがって、WHERE句で件数による絞り込みはできないということになるのです。

そこで登場するのがHAVING句です。HAVINGは行を取り出して集約した結果に対して、さらに行を絞り込む機能を持った句です。少し乱暴な言い方をしてしまえば、集約結果に対して、さらにもう一度WHEREを実行できる「第二WHERE」と捉えてもよいかもしれません。

並べ替え（ORDER BY）はSQL文の最後に記述するものなので、HAVING句はその直前に記述します。

```
mysql> SELECT maker, SUM(price) price_sum, AVG(price) price_avg, COUNT(*) cnt
    ->  FROM sales
    -> GROUP BY maker
    -> HAVING price_sum >= 1000
    -> ORDER BY cnt;
+-------+-----------+-----------+-----+
| maker | price_sum | price_avg | cnt |
+-------+-----------+-----------+-----+
| Bsha  |      1650 |  330.0000 |   5 |
| Asha  |      2330 |  332.8571 |   7 |
+-------+-----------+-----------+-----+
2 rows in set (0.00 sec)
```

なお、HAVING句もGROUP BY句の場合と同様に、SELECT句での別名を使えるRDBMS製品と使えないDBMS製品があります。使えない場合は、別名を使うのではなく、「HAVING SUM(price) >= 1000」のように集約関数を直接ここでも記述してください。HAVINGはGROUP BYの直後に評価されるので、まだSELECT句での別名が与えられないためです。

## SELECTのテンプレート（拡張版）

SELECTを学んだ際、一番最初にSELECT文のテンプレートを紹介しました。その後、GROUP BYやHAVINGを学んだので、それらを加えたテンプレートとして改めて掲載しておきます。SELECT文で使用できるさまざまな句と、それらの内部での評価順序をしっかりと頭にたたき込んでおきましょう。

| | |
|---|---|
| SELECT | カラム名の羅列 |
| FROM | テーブル名 |
| WHERE | 行を特定する条件 |
| GROUP BY | 集計対象カラム名の羅列 |
| HAVING | さらなる絞り込み条件 |
| ORDER BY | カラム名（出力の並べ替え条件）の羅列 |

●図5-3-1　拡張版テンプレート

# 5-4 サブクエリ

クエリの結果をさらに別のクエリに使用できる、いわば「クエリ in クエリ」な機能が「サブクエリ」です。



##  クエリの結果の種類

これまであまり意識してきませんでしたが、ここでSELECT文の結果がどのような形になっているかを考えてみましょう。実行例などを見ているうちに気づいた人もいるかもしれません。実は、「SELECT文でのデータ操作の結果は常にテーブル」なのです。

テーブルからのSELECT文の処理を細かく見ていくと、

- **WHERE句**
  行を絞り込む＝元のテーブルから行が少なくなっただけなので、その結果はテーブルの形を保っている。
- **SELECT句**
  列を決定する ＝ 元のテーブルから列を絞り込んだり、加工して新たな列を作ったりしているだけなので、その結果はやはりテーブルの形を保っている。

集約処理も同様で、結果は行と列を持った「テーブル」の構造です。

さらにいえば、テーブルから取得したものではない、次のような即値でのSELECT文（関数をいろいろ試してみようというところで紹介しました）でさえ、1行3列のテーブルの形をしています。

```
mysql> SELECT 'This pen is', 300, 'yen.';
+-------------+-----+------+
| This pen is | 300 | yen. |
+-------------+-----+------+
| This pen is | 300 | yen. |
+-------------+-----+------+
1 row in set (0.00 sec)
```

「SELECTの結果は常にテーブル」ということを理解したところで、もう少しだけ細かく結果のパターンを分類してみましょう。いろいろな分け方が考えられるのですが、この後の説明に役に立つという視点で、ここでは次の3つに分類してみることにします。

### 1. 複数の行と複数の列を持った「典型点なテーブル」の形をしたテーブル

例えば、次のSELECTの結果です。

```
SELECT id, name, val, category
  FROM mytable
 WHERE ～
 ORDER BY ～;
```

このクエリの結果は、テーブルの形式で表すと次のようなイメージになります。SELECT句には4つのカラムが指定されており、行数は不明（ゼロ件から複数件までの範囲）の形式で結果を得られます。いわゆる「テーブル的なテーブル」です。

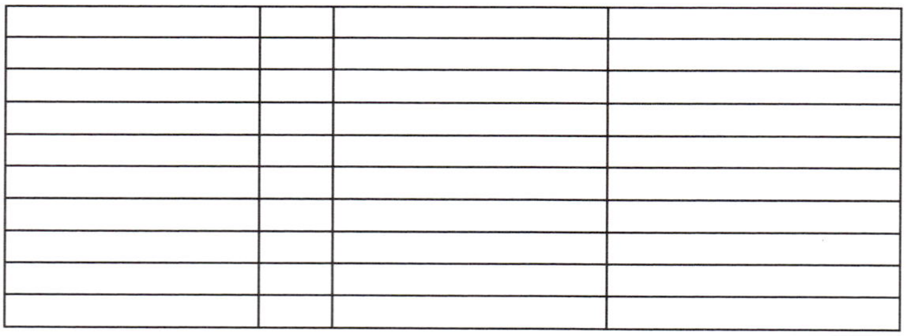

●図5-4-1　1.のクエリ結果のイメージ

### 2. 複数の行とただ1つの列を持った「値リスト的な」テーブル

例えば、次のSELECTの結果です。

```
SELECT val
  FROM mytable
 WHERE ～
 ORDER BY ～;
```

このクエリの結果は、テーブルの形式で表すと、縦並びのリストのようなイメージになります。SELECT句に書かれている列が1つだけなので、1列だけを結果として返すことになります。行数については条件にマッチしたものがゼロ件から複数件まであり得ます。

●図5-4-2　2.のクエリ結果のイメージ

### 3. ただ1つの行とただ1つの列を持った「値のような」テーブル

例えば、次のSELECTの結果です（値が1つに絞り込める検索条件）[※1]。

```
SELECT val
  FROM mytable
 WHERE id=xxx;
```

このクエリの結果は、テーブルの形式で表すと、セルが1つだけの単なる値のようなイメージになります。

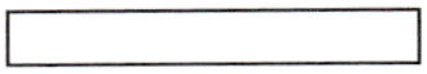

●図5-4-3　3.のクエリ結果のイメージ

## SQLの要素の再確認

ここで改めて、SQL文を構成するそれぞれの要素が「テーブル」「リスト」「値」のどれに該当するのかという点に着目して、再度確認してみましょう。

UPDATE文は、次のような構文でした。

```
UPDATE テーブル名 SET カラム名=値 WHERE ～;
```

※1　プロジェクトごとのネーミングルール次第ですが、多くの場合、カラム名としてのidは、この値で行が唯一に絞り込めるものに使います。

SELECT文は、次のような構文です。

```
SELECT 値, 値, 値, ...
  FROM テーブル
 WHERE ～
```

そして、さまざまなSQL文の中で使用されるWHERE句は、次のような構文です。

```
WHERE
      カラム名=値
  AND カラム名 IN リスト
  AND カラム名 > 値
```

このように、クエリのさまざまな場所で、**値**、**テーブル**、**リスト**が登場します。SQL文の中で「値」を記述すべきところは、結果が「値のようなテーブル」になるものに置き換えることができそうです。**テーブル**のところには「テーブル的なテーブル」の形式で結果を返すものに、**リスト**のところには**値リスト的なテーブル**の形式で結果を返すものに置き換えることができそうです。置き換え対象としてSELECT文を記述するものが、サブクエリと呼ばれるものです。

前節で使ったsalesテーブルを再度サンプルとして使って見ましょう。全体の「Note」の値段の平均を求めるには、次のようにすればよいことは、すでに理解しているでしょう。

```
mysql> SELECT AVG(price) FROM sales
    ->  WHERE item='Note'
    ->  GROUP BY item;
+------------+
¦ AVG(price) ¦
+------------+
¦   196.0000 ¦
+------------+
1 row in set (0.01 sec)
```

このクエリの結果は、必ず1つのカラム（SELECT句で、そのように指定）であり、1行だけ（itemが「Note」のものだけを取得して1つになるようにGROUP BYでグルーピング）の「値のようなテーブル」となります。つまり、このクエリの結果をほかのクエリの「値」として記述するところであれば、どこにでも使えることになります。そこには「196.0000」という値が入っているのと同じことになるのです。

「ノートの平均金額よりも高い行を取得したい」という場合、サブクエリを使わずに手作業でクエリを実行するならば、まず上のクエリを実行して「196.0000」という値をメモしておいてから、クエリを実行すれば、ほしい結果は得られます。

```
SELECT id ,item, price
  FROM sales
 WHERE price > 196.0000
```

でも、1回実行して数字をメモ（またはコピペ）して使うのは面倒です。この「196.0000」と書いた部分に、先ほどのクエリをカチリとはめ込めるのがサブクエリの威力です。

```
mysql> SELECT id ,item, price
    ->   FROM sales
    ->  WHERE price > (
    ->     SELECT AVG(price) FROM sales
    ->      WHERE item='Note'
    ->      GROUP BY item
    ->     );
+----+------+-------+
| id | item | price |
+----+------+-------+
|  1 | Note |   210 |
|  2 | Pen  |   800 |
|  3 | Pen  |   200 |
|  5 | Pen  |   250 |
|  6 | Pen  |   340 |
|  7 | Tape |   250 |
|  9 | Pen  |   330 |
| 10 | Pen  |   480 |
| 12 | Note |   230 |
| 14 | Pen  |   700 |
| 15 | Note |   210 |
+----+------+-------+
11 rows in set (0.00 sec)
```

結果が「リスト的なテーブル」になるものと「テーブル的なテーブル」になるもののサブクエリでの使用例についても、考え方は同じです。ここで紹介するクエリ自体には、サブクエリを使わなくても書けるものもあるのですが、サブクエリの記述の形式のサンプルとして確認してください。

### 「リスト的なテーブル」のサブクエリでの使用例

WHERE句のINの中で使用できます。

▼4月1日に売れた商品と同じ商品だけ、商品ごとの合計を集計する例

```
SELECT item, SUM(price)
  FROM sales
 WHERE item IN (
    SELECT item
      FROM sales
     WHERE DATE(dt) = '2025-04-01'
    )
 GROUP BY item;
```

▼実行結果

```
+------+------------+
| item | SUM(price) |
+------+------------+
| Note |        830 |
| Pen  |       3250 |
+------+------------+
2 rows in set (0.00 sec)
```

### 「テーブル的なテーブル」のサブクエリでの使用例

グルーピングしたテーブルを作成するクエリの結果を、テーブルそのものと見なしてFROM句に与えています。FROM句でサブクエリを実行する場合は、テーブルに別名を与える必要があるRDBMSがほとんどです。

```
SELECT maker, total_price
  FROM (
    SELECT maker, SUM(price) AS total_price
      FROM sales
     GROUP BY maker
    ) sales_grp
ORDER BY total_price DESC;
```

▼実行結果

```
+-------+-------------+
| maker | total_price |
+-------+-------------+
| Asha  |        2330 |
| Bsha  |        1500 |
| Csha  |         690 |
+-------+-------------+
3 rows in set (0.00 sec)
```



## サブクエリ使用時の注意点

このように、クエリの結果を別のクエリの中で直接使用できるサブクエリは非常に便利なのですが、使用する際にはいくつかの観点から注意が必要です※2。

### 1. パフォーマンスへの影響

全体としては1つのSELECT文であっても、サブクエリを使用する場合はその中でいくつものSELECTが実行されることになります。サブクエリは人間の思考の順序で組み立てやすいので濫用してしまいがちで、そうすると、あっという間にサブクエリだらけに膨れ上がってしまいます※3。

### 2. 可読性の低下

何度も入れ子になっていると、後にクエリの処理内容を理解しようとする人が非常に読みにくいものになってしまいます。「このクエリがこんな値を返して、それを受けてこっちのクエリが……」というのは、SQL的な観点からは読み解きにくくなることが多いのです。ウィンドウ関数の登場によって、特に最近は出番が減ってきましたが、「相関サブクエリ」と呼ばれるサブクエリ※4は読み解くにも一苦労です。

特に最近のSQL文ではサブクエリを使わずに同様のことを行える機能が充実してきているので、この後で説明するJOINやCTEなどを使用して書けるものはサブクエリを使わずに、より見やすくパフォーマンスのよいクエリを書いていきたいものです。

---

※2 サブクエリがもたらす影響を見積もる技術力がないチームや、見積りを検討するコストを払わないことを決めているチームなどでは「サブクエリ禁止」としているところもあると聞きます。かくいう私も、どうしてもサブクエリでしか書けないという場合以外は、なるべくサブクエリの使用は避けるよう提案することが多いです。それくらいサブクエリは「ちょっとこわい」ものだという印象です。

※3 私は、取得する10個くらいのカラム、つまりSELECT句に書かれた値が全てサブクエリであるものを見たことがあります（つまり、そこだけ見ても11個のSQLが実行される）。もちろん、ほかの方法で書き換え可能なもので、まさに「安易なサブクエリの使用の見本」のようなクエリでした。

※4 サブクエリがそのサブクエリ内だけに閉じずに、外側のクエリと相互に関係しあうようなサブクエリのことです。本書では解説しません。

サブクエリに対してネガティブな感じで書いてきましたが、筆者自身は便利に活用することもあります。データの分析や分析の前段階としてさまざまな視点で抽出し、集計などを試みている際に、いったん集計した結果から、さらに絞り込みや加工などをしたいことがよくあります。このとき、1つのクエリの結果をテーブルと見なしてFROM句に記述し、新たな集計や抽出の処理に使用できるのが、非常に楽なのです。具体的な書き方としては、最初に実行したクエリを、「SELECT * FROM（今書いたクエリ）t WHERE ～」のように囲む感じです※5。この作業フェーズでは、同じクエリを何度も実行することもなく「使い捨て」となることが多いので、思考を止めずにさまざまな視点でデータを見ることができるのは非常にありがたいと感じています※6。



※5 本書では、サブクエリを「ほかのクエリの『中』で」使用できるものとして紹介しましたが、ここでの発想はクエリの「外側に」別のクエリを書いてサブクエリ化するという向きの違いがあるのがおもしろいです。
※6 このようにカジュアルにサブクエリを使ってもパフォーマンス上は大きな問題がないシーンで使用しています。

# 5-5 複数のテーブルからのデータ取得（JOIN）

SELECTによるデータ取得は、1つのテーブルからだけに限られるわけではありません。特にデータ分析の分野では、むしろ複数のテーブルのデータを組み合わせて取得することのほうが多いぐらいです。少しSQLを勉強したことのある人の中には、もしかしたら「複数テーブルからの取得」で挫折して、再入門のリベンジをはかっている人もいるかもしれません。確かに、複数テーブルからのデータ取得は、少しややこしく感じる部分があるでしょう。でも、複数テーブルからの取得というのは、少しだけ考えることが多くなって複雑になるだけであって、決して難しいものではありません。一歩一歩紐解いていきましょう。

本節では、「複数のテーブルからのデータ取得＝JOIN」の本質を理解するために、少し回り道をしながら解説していきます。しっかり学んでいきましょう。



##  回り道：2つのテーブルから単にデータを取得する

RDBMSで複数のテーブルからデータを取得する第一歩は非常に簡単な話からです。FROM句に複数のテーブルを書くだけです。例えば、表5-5-1のような2つのテーブルがあったとします。

▼表5-5-1　fluitsテーブルとmenuテーブル

fluitテーブル

| id | fluit_name |
|---|---|
| 1 | いちご |
| 2 | メロン |
| 3 | オレンジ |

menuテーブル

| id | menu_name |
|---|---|
| 101 | ジュース |
| 102 | 大福 |

▼データ作成用のSQL

```
CREATE TABLE fluits (id INTEGER, fluit_name VARCHAR(10));
INSERT INTO fluits VALUES (1, 'いちご');
INSERT INTO fluits VALUES (2, 'メロン');
INSERT INTO fluits VALUES (3, 'オレンジ');

CREATE TABLE menu (id INTEGER, menu_name VARCHAR(20));
INSERT INTO menu VALUES (101, 'ジュース');
INSERT INTO menu VALUES (102, '大福');
```

これらの2つのテーブルをくっつけてデータを取得するには、次のように記述します。FROM句に2つのテーブルをコンマで区切って書いているだけです。

```
SELECT * FROM fluits, menu;
```

```
mysql> SELECT * FROM fluits, menu;
+------+------------+-----+-------------+
| id   | fluit_name | id  | menu_name   |
+------+------------+-----+-------------+
|    1 | いちご     | 102 | 大福        |
|    1 | いちご     | 101 | ジュース    |
|    2 | メロン     | 102 | 大福        |
|    2 | メロン     | 101 | ジュース    |
|    3 | オレンジ   | 102 | 大福        |
|    3 | オレンジ   | 101 | ジュース    |
+------+------------+-----+-------------+
6 rows in set (0.00 sec)
```

「*」を使わずに、ていねいにカラム名を記述する場合は、次のようになります。どちらのテーブルのカラムなのかを明記（修飾）しています。

```
SELECT fluits.id, fluits.fluit_name, menu.id, menu.menu_name
  FROM fluits, menu;
```

あるいは、テーブルの別名を使って、次のように書くこともできます※1。

```
SELECT fl.id, fl.fluit_name, m.id, m.menu_name
  FROM fluits fl, menu m;
```

fluitsテーブルとmenuテーブルそれぞれからデータを取得し、その全部の組み合わせが結果として返されています。

複数のテーブルからデータを取得するといっても、全組み合わせを得られるだけでは、あまり意味のある処理だとは思えません。しかし、これが複数テーブルからデータを取得する際の最も根本的な動作であることを、まず念頭に置いてください。

※1　このようにテーブルの別名を使う書き方が一般的です。テーブル別名は識別さえできればよいので、なるべく短くということで1文字のものを使うことも多いですが、必ずしも1文字である必要はありません。わかりやすい名前を付ける宗派や、アンダースコア（_）で区切られた部分の頭文字を使う宗派などもあります。

### COLUMN　複数テーブルからの全組み合わせで数値を生成

全組み合わせを作ってくれることを利用したおもしろい使い方を紹介しましょう。numテーブルに0～9の9個の数字が入っているとします（10行のデータがあります）。

```
CREATE TABLE num (n INTEGER);
INSERT INTO num VALUES (0),(1),(2),(3),(4),(5),(6),(7),(8),(9);
```

```
mysql> SELECT * FROM num;
+------+
| n    |
+------+
|    0 |
|    1 |
|    2 |
|    3 |
|    4 |
|    5 |
|    6 |
|    7 |
|    8 |
|    9 |
+------+
10 rows in set (0.01 sec)
```

このテーブル名を2回、FROM句に書きます。同じテーブルなので、テーブル別名を付ける必要があります。1つめのテーブルを10の位の数字と見なし、2つめのテーブルの値を1の位の値を見なすような式をSELECT句に書くと、0～99までの100件の数字を生成できます。

```
mysql> SELECT n1.n*10+n2.n suuji
    ->   FROM num n1, num n2
    ->  ORDER BY suuji;
+-------+
| suuji |
+-------+
|     0 |
|     1 |
```

```
¦      2 ¦
:
¦     98 ¦
¦     99 ¦
+-------+
100 rows in set (0.00 sec)
```

0から99ではなく、1から100にしたければ「n1.n*10+n2.n」の部分を「n1.n*10+n2.n+1」にするだけです。発展形として、3桁以上の数字の生成にも、ぜひ挑戦してみてください。あるいは「500以下の数字を生成」する例などもおもしろいテーマかもしれません（WHERE句を使います）。ぜひ考えてみてください。

また、このあと紹介するCTEを利用すれば、実際にnumテーブルを用意しなくても、このような数値生成を行うこともできます。こちらを使った方法を考えてみるのも、おもしろいでしょう。

## 複数のテーブルからデータを取得するとは、新しいテーブルを作るということ

FROM句に「FROM fluits, menu」のように複数のテーブルを記述することで、全組み合わせのデータが「得られました」と説明しました。今後の理解のために少し表現を変更しておきましょう。そのために、まず「SELECT句に書くカラム名とは、FROMで指定されたテーブルに存在するカラム（および、それを利用した加工など）である」ということを思い出してください。つまり、**「複数のテーブルをFROMに書くということは、FROM内で新たなテーブルを作るということ」**です。今回の例では、「fluitsとmenuの全組み合わせのテーブルを（仮想的に）FROM句で作っている」ということです。データを取得しているという見方ではSELECT句に目が行きがちですが、FROM句ですでに新たなテーブルが完成しているということがポイントなのです。

このように、複数のテーブルから新たな1つのテーブルを作り出すプロセスを「結合（JOIN）」といいます。

## 回り道：2つのテーブルから意味のあるデータを取得する

先ほどの例は単に2つのテーブルから取得することだけを目的としたので、特に意味があるデータとは思えませんでした。「うちはメロン大福は扱っていないんだけどな」といっても、どれの取り扱いがあってどれの取り扱いがないのかを区別する情報がテーブル上に1つもないので仕方ありません。

したがって、もう少し意味のあるデータで見ていくことにしましょう。なお、この節の見出しが「回り道」となっていることからもわかるように、ここでの説明はまだ一生懸命覚えなくても構いません。考え方のステップの1つを説明するためのものなので、「なるほど」と雰囲気を楽しんでください。

都道府県とその地域区分を例に見ていきましょう。都道府県テーブルに5件、地域区分テーブルには3件が登録されているとします（表5-5-2）。

▼表5-2-2　都道府県（pref）テーブルと地域区分（area）テーブル

prefテーブル

| pref_code | pref_name | area_id |
|---|---|---|
| 6 | 山形県 | 2 |
| 12 | 千葉県 | 3 |
| 13 | 東京都 | 3 |
| 27 | 大阪府 | 5 |
| 30 | 和歌山県 | 5 |

areaテーブル

| id | menu_name |
|---|---|
| 2 | 東北地方 |
| 3 | 関東地方 |
| 5 | 近畿地方 |

▼データ作成用のSQL

```
CREATE TABLE pref (pref_code char(2), pref_name varchar(10), area_id integer);
CREATE TABLE area (id integer, area_name varchar(10));
INSERT INTO pref VALUES ('06', '山形県',2);
INSERT INTO pref VALUES ('12', '千葉県',3);
INSERT INTO pref VALUES ('13', '東京都',3);
INSERT INTO pref VALUES ('27', '大阪府',5);
INSERT INTO pref VALUES ('30', '和歌山県',5);

INSERT INTO area VALUES (2, '東北地方');
INSERT INTO area VALUES (3, '関東地方');
INSERT INTO area VALUES (5, '近畿地方');
```

それぞれのテーブルの内容は、次の通りです。prefテーブルのarea_idカラムがareaテーブルのidカラムの値を示していて、各都道府県の地域区分がわかるという仕組みになっています。

```
mysql> SELECT * FROM pref;
+-----------+-------------+---------+
| pref_code | pref_name   | area_id |
+-----------+-------------+---------+
| 06        | 山形県      |       2 |
| 12        | 千葉県      |       3 |
| 13        | 東京都      |       3 |
| 27        | 大阪府      |       5 |
| 30        | 和歌山県    |       5 |
+-----------+-------------+---------+

mysql> SELECT * FROM area;
+------+--------------+
| id   | area_name    |
+------+--------------+
|    2 | 東北地方     |
|    3 | 関東地方     |
|    5 | 近畿地方     |
+------+--------------+
3 rows in set (0.01 sec)
```

まず先ほどのいちごジュースと同様に、これら2つのテーブルから単純にデータを取得してみましょう。FROM句に2つのテーブルをコンマで区切って書いてみます。結果は、次のようになりました。

```
mysql> SELECT * FROM pref, area;
+-----------+-------------+---------+------+--------------+
| pref_code | pref_name   | area_id | id   | area_name    |
+-----------+-------------+---------+------+--------------+
| 06        | 山形県      |       2 |    5 | 近畿地方     |
| 06        | 山形県      |       2 |    3 | 関東地方     |
| 06        | 山形県      |       2 |    2 | 東北地方     |
| 12        | 千葉県      |       3 |    5 | 近畿地方     |
| 12        | 千葉県      |       3 |    3 | 関東地方     |
| 12        | 千葉県      |       3 |    2 | 東北地方     |
| 13        | 東京都      |       3 |    5 | 近畿地方     |
| 13        | 東京都      |       3 |    3 | 関東地方     |
| 13        | 東京都      |       3 |    2 | 東北地方     |
| 27        | 大阪府      |       5 |    5 | 近畿地方     |
| 27        | 大阪府      |       5 |    3 | 関東地方     |
```

```
| 27        | 大阪府      |        5 |    2 | 東北地方     |
| 30        | 和歌山県    |        5 |    5 | 近畿地方     |
| 30        | 和歌山県    |        5 |    3 | 関東地方     |
| 30        | 和歌山県    |        5 |    2 | 東北地方     |
+-----------+-------------+----------+------+--------------+
15 rows in set (0.00 sec)
```

千葉県が近畿地方だったり東北地方だったり、いろいろと問題があります。あり得ないものも含めて、とにかく全組み合わせが出力されるのは、まるで先ほどの「メロン大福」のようですね。しかし、今回はpref.area_idがarea.idを指し示しているという、強力な情報がありました。つまり、pref.area_idとarea.idの値が一致するものを採用すればよさそうです。そして、それは、すでにFROM句で組み立てられた仮想的なテーブルに存在しているものです。

```
mysql> SELECT * FROM pref, area;
+-----------+-------------+----------+------+--------------+
| pref_code | pref_name   | area_id  | id   | area_name    |
+-----------+-------------+----------+------+--------------+
| 06        | 山形県      | 2        | 5    | 近畿地方     |
| 06        | 山形県      | 2        | 3    | 関東地方     |
| 06        | 山形県      | 2        | 2    | 東北地方     |
| 12        | 千葉県      | 3        | 5    | 近畿地方     |
| 12        | 千葉県      | 3        | 3    | 関東地方     |
| 12        | 千葉県      | 3        | 2    | 東北地方     |
| 13        | 東京都      | 3        | 5    | 近畿地方     |
| 13        | 東京都      | 3        | 3    | 関東地方     |
| 13        | 東京都      | 3        | 2    | 東北地方     |
| 27        | 大阪府      | 5        | 5    | 近畿地方     |
| 27        | 大阪府      | 5        | 3    | 関東地方     |
| 27        | 大阪府      | 5        | 2    | 東北地方     |
| 30        | 和歌山県    | 5        | 5    | 近畿地方     |
| 30        | 和歌山県    | 5        | 3    | 関東地方     |
| 30        | 和歌山県    | 5        | 2    | 東北地方     |
+-----------+-------------+----------+------+--------------+
```

この一見めちゃめちゃな組み合わせに思えるテーブルから、ほしい行だけを取得するには、area_idとidに着目してWHERE句で絞り込めばよさそうです。

```
mysql> SELECT * FROM pref, area
    ->  WHERE pref.area_id=area.id;
+-----------+------------+---------+----+-------------+
| pref_code | pref_name  | area_id | id | area_name   |
+-----------+------------+---------+----+-------------+
| 06        | 山形県     |       2 |  2 | 東北地方    |
| 12        | 千葉県     |       3 |  3 | 関東地方    |
| 13        | 東京都     |       3 |  3 | 関東地方    |
| 27        | 大阪府     |       5 |  5 | 近畿地方    |
| 30        | 和歌山県   |       5 |  5 | 近畿地方    |
+-----------+------------+---------+----+-------------+
5 rows in set (0.01 sec)
```



複数のテーブルからデータ取得をするとは、このようなことを行うのだという雰囲気を理解できたでしょうか。しかし、実は、このやり方には（目的によっては）実現できないことがあるなど課題も多く、お勧めする書き方ではありません。

そこで、次のセクションでテーブル同士の結合であるJOIN句を説明します。ここまで理解のために「回り道」をしてきましたが、いよいよ本流に戻ります。

### COLUMN　取得する内容を厳選しよう

本文で得た結果は、area_idとidの列が冗長に感じます。これらの値は両者をつなげるための記号であって、特段表示したいわけではないことも多いでしょう。本文のクエリではSELECT句に「*」を使用していましたが、列を指定することもできます。次のように3カラムを選んだだけで、結果が随分とスッキリとしました。

```
mysql> SELECT p.pref_code, p.pref_name, a.area_name
    ->   FROM pref p, area a
    ->  WHERE p.area_id=a.id;
+-----------+------------+-------------+
| pref_code | pref_name  | area_name   |
+-----------+------------+-------------+
| 06        | 山形県     | 東北地方    |
| 12        | 千葉県     | 関東地方    |
| 13        | 東京都     | 関東地方    |
| 27        | 大阪府     | 近畿地方    |
| 30        | 和歌山県   | 近畿地方    |
+-----------+------------+-------------+
5 rows in set (0.00 sec)
```

## テーブルの結合（JOIN）

データを複数のテーブルから取得するということは、FROM句で新たなテーブルを作ることだと説明しました。ここまでの方法では、FROMで作成されるテーブルは「2つのテーブルの全ての組み合わせ」という、一見そのままでは意味を見いだせない無駄の多いものでしたが、JOIN句を使うと、この「テーブル」をFROM句で効率的に作ることができます。

やりたいことを、まず言葉で書き表してみます。「prefテーブルからデータを取ってきたい。その際にarea_id列が同じ値であるareaテーブルの行を右側にくっつけて」といったところでしょうか。JOINを使うと、このとおりの要求をSQL文に書けます。JOINにはさまざまな書き方がありますが、まずは「LEFT OUTER JOIN」という結合方法をしっかりと理解しましょう[※2]。

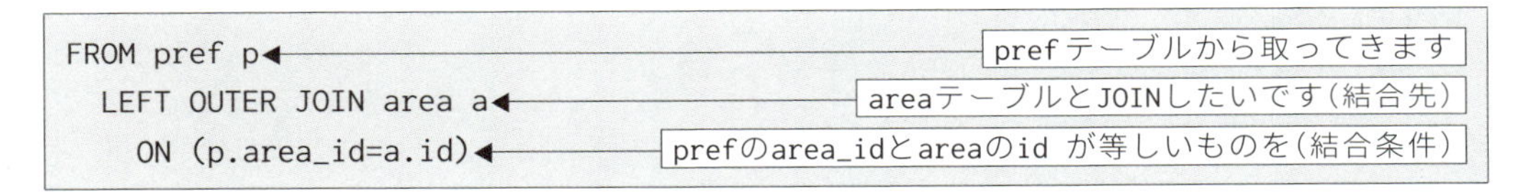


これで、FROM句に次のような仮想的なテーブルができあがったと見なせます。あとは、WHERE句やGROUP BY句、SELECT句などを、今まで単一のテーブルでやってきたのと同じような感覚で記述していくことができます。SELECT文全体および実行結果は次のようになります。

```
SELECT *
  FROM pref p
      LEFT OUTER JOIN area a ON (p.area_id=a.id);
```

```
<---- prefテーブルから ----><---- areaテーブルから ---->
+-----------+-------------+---------+------+--------------+
| pref_code | pref_name   | area_id | id   | area_name    |
+-----------+-------------+---------+------+--------------+
| 06        | 山形県      |       2 |    2 | 東北地方     |
| 12        | 千葉県      |       3 |    3 | 関東地方     |
| 13        | 東京都      |       3 |    3 | 関東地方     |
| 27        | 大阪府      |       5 |    5 | 近畿地方     |
```

※2　解説の都合で3行に分けて書きましたが、筆者は次のように、結合先のテーブルと結合条件を1つの行にまとめて書くスタイルを好んで使っています。SQLでは、改行位置は処理に影響しないので、自分やチームメンバーなど、そのクエリを見る人たちがわかりやすいスタイルにすればよいでしょう。

```
FROM pref p
  LEFT OUTER JOIN area a ON (p.area_id=a.id)
```

```
| 30        | 和歌山県    |       5 |    5 | 近畿地方     |
+-----------+-------------+---------+------+--------------+
```

##  LEFT OUTER JOINでしか表現できないもの

ここでprefテーブルとareaテーブルに1つずつ行を追加してみましょう。これまでのデータは、prefテーブルにあるarea_idは全てareaテーブルに存在していましたが、そのバランスが壊れているものとして「area_id=7の福岡県」をprefテーブルに追加するとともに、「id=1の北海道」をareaテーブルに追加登録してみます。登録後の各テーブルの内容は、次のようになります。

```
INSERT INTO pref VALUES ('40', '福岡県', 7);
INSERT INTO area VALUES (1, '北海道地方');
```

```
mysql> SELECT * FROM pref;
+-----------+-------------+---------+
| pref_code | pref_name   | area_id |
+-----------+-------------+---------+
| 06        | 山形県      |       2 |
| 12        | 千葉県      |       3 |
| 13        | 東京都      |       3 |
| 27        | 大阪府      |       5 |
| 30        | 和歌山県    |       5 |
| 40        | 福岡県      |       7 |
+-----------+-------------+---------+
6 rows in set (0.00 sec)
```

```
mysql> SELECT * FROM area;
+------+-----------------+
| id   | area_name       |
+------+-----------------+
|    2 | 東北地方        |
|    3 | 関東地方        |
|    5 | 近畿地方        |
|    1 | 北海道地方      |
+------+-----------------+
4 rows in set (0.00 sec)
```

これらのテーブルに対して、先ほどと同じくLEFT OUTER JOINしたSQLを実行してみましょう。

```
mysql> SELECT *
    ->   FROM pref p
    ->        LEFT OUTER JOIN area a ON (p.area_id=a.id);
+-----------+-------------+---------+------+--------------+
| pref_code | pref_name   | area_id | id   | area_name    |
+-----------+-------------+---------+------+--------------+
| 06        | 山形県      |       2 |    2 | 東北地方     |
| 12        | 千葉県      |       3 |    3 | 関東地方     |
| 13        | 東京都      |       3 |    3 | 関東地方     |
| 27        | 大阪府      |       5 |    5 | 近畿地方     |
| 30        | 和歌山県    |       5 |    5 | 近畿地方     |
| 40        | 福岡県      |       7 | NULL | NULL         |
+-----------+-------------+---------+------+--------------+
6 rows in set (0.00 sec)
```

追加した福岡県にはarea_id=7に相当するareaテーブル上のデータが存在しませんが、きちんと（？）相手方(area情報)はカラですよということを表すNULLとして結果行に含まれています。これが「LEFT OUTER JOIN」の挙動です。左側のテーブル（pref）の全件を含みつつ、「OUTER JOIN（外部結合）」を行います。「外部結合」については、このあとすぐ説明します。

##  OUTER JOINとINNER JOIN

「OUTER JOIN」（外部結合）とは別の挙動をする結合として、「INNER JOIN」（内部結合）というものがあります。先ほどのLEFT OUTER JOINの結果を例にすると、相手方のいない「40:福岡県」を結果に含めないというものです。

```
mysql> SELECT * FROM pref p INNER JOIN area a ON (p.area_id=a.id);
+-----------+-------------+---------+------+--------------+
| pref_code | pref_name   | area_id | id   | area_name    |
+-----------+-------------+---------+------+--------------+
| 06        | 山形県      |       2 |    2 | 東北地方     |
| 12        | 千葉県      |       3 |    3 | 関東地方     |
| 13        | 東京都      |       3 |    3 | 関東地方     |
| 27        | 大阪府      |       5 |    5 | 近畿地方     |
| 30        | 和歌山県    |       5 |    5 | 近畿地方     |
```

```
+-----------+-------------+--------+-----+-------------+
5 rows in set (0.01 sec)
```

この違いを図で説明します。2つのテーブルの結合条件であるエリアID（`pref.area_id`と`area.id`）に着目したベン図が図5-5-1です。エリアIDが7のものは`pref`テーブルだけに存在、エリアIDが1のものは`area`テーブルだけに存在し、2、3、5のものは両方に存在するということを表しています。

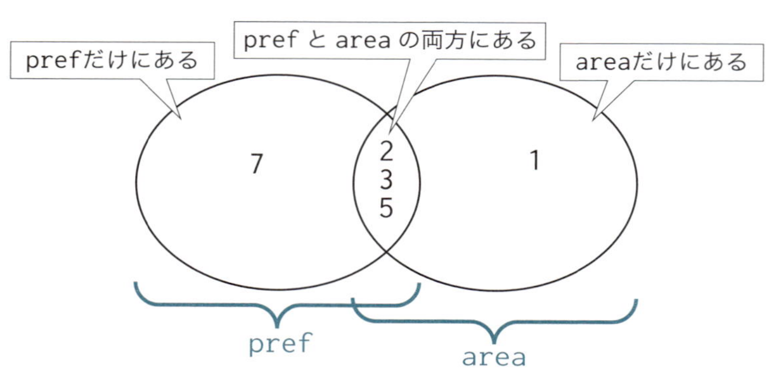


●図5-5-1　pref.area_idとarea.idに着目したベン図

`INNER JOIN`とは、この共通部分だけを対象とするという結合の指示です。

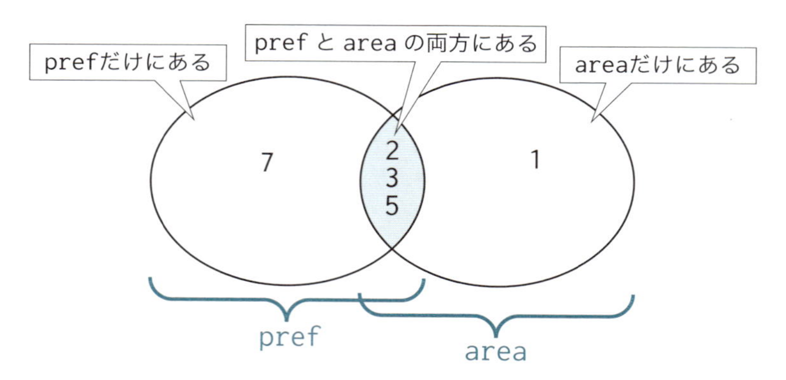


●図5-5-2　INNER（内側）だけが選択されているイメージ

`INNER`（内側）だけが選択されているようなイメージです。

一方のLEFT OUTER JOINは、図5-5-3です。INNERと比べて、外側に対象が広がっています。広がっている向きは左側、つまり実際にFROMを書いたときにJOINの左側にあるprefテーブルです。これがLEFT OUTER JOINの正体です[※3]。

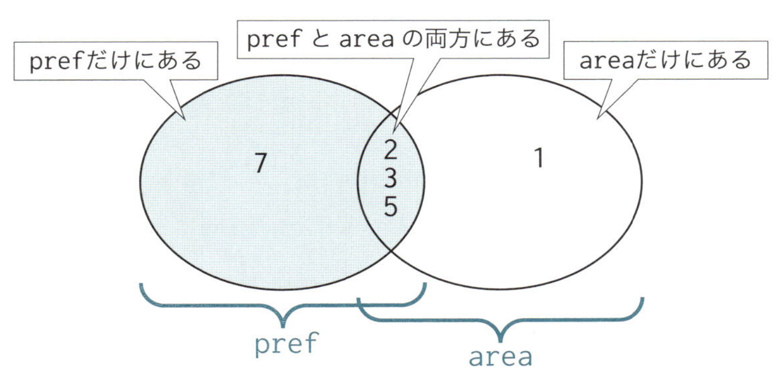


●図5-5-3　左側もあるイメージ

「まわり道」として紹介した、複数テーブルの全組み合わせからデータ行を絞り込む方法は、INNER JOINの挙動に相当します。これは、両方に存在する全組み合わせを作ってから絞り込むものなので、相手がいない組み合わせというのは存在しないので、OUTER JOINのような結果を得ることは不可能なのです。

### COLUMN　はみだした北海道地方も結果に含めたい（FULL OUTER JOIN）

LEFT OUTER JOINを覚えたので、今度はprefではなくareaテーブルを軸としたOUTER JOINによって、エリアIDが1（北海道）に対応するデータがpref側に存在しないことが確認できるでしょう。

```
SELECT * FROM area a LEFT OUTER JOIN pref p ON (a.id=p.area_id)
```

```
+------+----------------+----------+------------+---------+
| id   | area_name      | pref_code | pref_name  | area_id |
+------+----------------+----------+------------+---------+
|    2 | 東北地方       | 06       | 山形県     |       2 |
|    3 | 関東地方       | 13       | 東京都     |       3 |
|    3 | 関東地方       | 12       | 千葉県     |       3 |
|    5 | 近畿地方       | 30       | 和歌山県   |       5 |
|    5 | 近畿地方       | 27       | 大阪府     |       5 |
```

※3　つまり、逆に右側に広げるものは「RIGHT OUTER JOIN」です。RIGHT指定できたからといって実際のSQLの表現力が高まるものでもないので、本書では、基準とするテーブルを左側に書くことで「LEFT OUTER JOIN」だけを使用する（「RIGHT OUTER JOIN」は、余程でなければ使わない）ことを勧めています。

```
|     1 | 北海道地方        | NULL       | NULL           |     NULL |
+------+----------------+----------+-------------+---------+
6 rows in set (0.01 sec)
```

では、pref側、area側のどちらの「お相手がいないデータ」も含めた結果を一度のクエリで得ることはできるのでしょうか。それを実現するための「FULL OUTER JOIN」という構文があります。

MySQLはFULL OUTER JOINに対応していないため、PostgreSQLでの実行結果を紹介します[※4]。FULL OUTER JOINはFULL JOINと書くこともできます。

```
db=# SELECT * FROM pref p FULL JOIN area a on (p.area_id=a.id);
 pref_code | pref_name | area_id | id | area_name
-----------+-----------+---------+----+------------
           |           |         |  1 | 北海道地方
 06        | 山形県    |       2 |  2 | 東北地方
 12        | 千葉県    |       3 |  3 | 関東地方
 13        | 東京都    |       3 |  3 | 関東地方
 27        | 大阪府    |       5 |  5 | 近畿地方
 30        | 和歌山県  |       5 |  5 | 近畿地方
 40        | 福岡県    |       7 |    |
(7 rows)
```

本文で紹介したように、JOINは、結合するカラムの値に着目してベン図で考えると整理できることがあります。

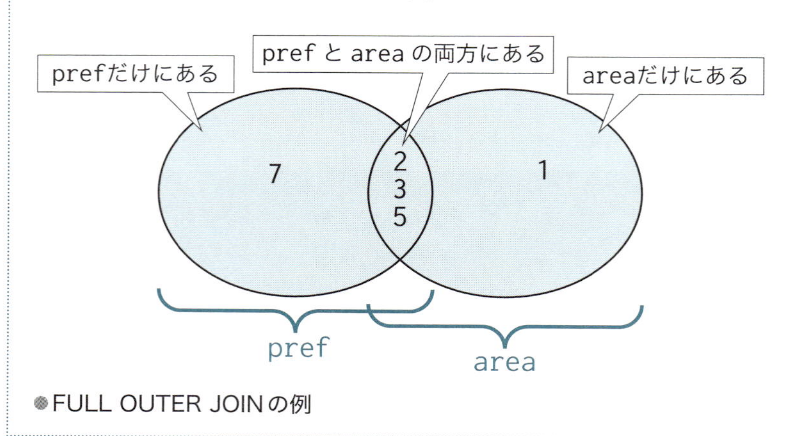


●FULL OUTER JOINの例

※4 MySQLで同様の結果を一度のクエリで得たい場合は、prefを基準としたLEFT OUTER JOINとareaを基準としたLEFT OUTER JOINをUNION（後述）する方法があります。RIGHT OUTER JOINは余程でなければ使わないと紹介しましたが、このときにはRIGHT OUTER JOINを使うと便利です。JOINを完全に理解できたと思ったら、ベン図を念頭に置いて、LEFT OUTER JOIN／RIGHT OUTER JOINとUNIONを使ったクエリ記述に挑戦してみてください。

# 5-6 CASE式

CASE式は、SQLの中で「条件によって異なる値を返す」ための機能です。プログラミング言語などで普通にある「IF-THEN-ELSE文」に似た役割を果たします。これは、対象データを順番ではなく集合としてごそっと処理する方針であるRDBMSの中では比較的珍しい発想の機能ですが、テーブルから取得した値を元にした柔軟な結果を作成できる非常に強力な機能です。

## CASE式の基本構文

CASE式は、列の値などに基づく条件式を与えて、その結果に応じて異なる値を返す構文（式）です。値を返すものなので、SQL文の「値」を記述するところであれば、基本的にどこでも使用できます（サブクエリの話を思い出してください）。

CASE式には2つの構文があります。

● CASE式の構文1

```
CASE 判断に使う値
  WHEN 判定値1 THEN 返す値1
  WHEN 判定値2 THEN 返す値2
  WHEN 判定値3 THEN 返す値3
    :
  ELSE 返す値4
END カラム別名
```

● CASE式の構文2

```
CASE
  WHEN 判定式1 THEN 返す値1
  WHEN 判定式2 THEN 返す値2
  WHEN 判定式3 THEN 返す値3
    :
  ELSE 返す値4
END カラム別名
```

両者は似たような構文ですが、よく見ると、特定の値を固定して、それがどの値にマッチするかを判断していく（構文1）のか、都度判断するのか（構文2）の違いがあります。読みやすさの観点からも、構文1で書けるものはなるべく構文1で書き、複数のカラム値が関与する複合条件などの構文1で表現できない場合のみ、構文2を使用することをお勧めします。

具体的な使用例を見てみましょう。今回も`sales`テーブルを使用します。`sales`テーブルの`maker_id`が1の場合は「A社」、2の場合は「B社」、それ以外の場合は「その他」を返すことにします[※1]。

```
mysql> SELECT id, maker_id, maker,
    ->        CASE maker_id
    ->            WHEN '1' THEN 'A社'
    ->            WHEN '2' THEN 'B社'
    ->            ELSE 'その他' END new_maker
    ->   FROM sales;
+----+----------+-------+-----------+
| id | maker_id | maker | new_maker |
+----+----------+-------+-----------+
|  1 |        1 | Asha  | A社       |
|  2 |        2 | Bsha  | B社       |
|  3 |        1 | Asha  | A社       |
|  4 |        2 | Bsha  | B社       |
|  5 |        3 | Csha  | その他    |
|  6 |        1 | Asha  | A社       |
|  7 |        1 | Asha  | A社       |
|  8 |        2 | Bsha  | B社       |
|  9 |        2 | Bsha  | B社       |
| 10 |        1 | Asha  | A社       |
| 11 |        2 | Bsha  | B社       |
| 12 |        3 | Csha  | その他    |
| 13 |        1 | Asha  | A社       |
| 14 |        1 | Asha  | A社       |
| 15 |        3 | Csha  | その他    |
+----+----------+-------+-----------+
15 rows in set (0.00 sec)
```

CASE式は条件と値をいくつも羅列するので、1つの式が長くなりがちです。上の例ではCASEから始まって`END new_maker`と別名を付けるところまで4行の記述がありますが、これで1カラム分です。

---

※1 これだけでは何のためにメーカー名を置き換えているのか意味がわからないと思いますが、例えば、この結果をGROUP BYで集約することで、大メーカーであるA社、B社以外のものを「その他」としてまとめるといった活用が考えられます。

A社B社の2つとELSEだけなら、そのまま記述してもたかが知れていますが、対象としたいメーカーがもう少し多くて羅列が大変だったり、柔軟に対象メーカーを入れ替えたいという場合は、すでに学習した結合（JOIN）と組み合わせる活用法もあります。

まず、集計で「その他にしないメーカー」のIDを格納するテーブルを作成します。ここではIDが1および2の会社だけを登録してみましょう。

```
mysql> CREATE TABLE big_makers (maker_id integer);
mysql> INSERT INTO big_makers VALUES (1),(2);
```

big_makersテーブルの内容は、次のようになります。

```
mysql> SELECT * FROM big_makers;
+----------+
| maker_id |
+----------+
|        1 |
|        2 |
+----------+
2 rows in set (0.00 sec)
```

方針としては、salesテーブルを、このbig_makersとmaker_idでJOINして、相手方（big_makers側）がいないものは「その他」に、それ以外はmakerの名前（A社とB社）を返すようにします[※2]。

```
mysql> SELECT s.id, s.maker_id, s.maker,
    ->        CASE
    ->           WHEN m.maker_id IS NULL THEN 'その他'
    ->           ELSE maker END new_maker
    ->    FROM sales s LEFT OUTER JOIN big_makers m ON (s.maker_id=m.maker_id);
+----+----------+-------+-----------+
| id | maker_id | maker | new_maker |
+----+----------+-------+-----------+
|  1 |        1 | Asha  | Asha      |
|  2 |        2 | Bsha  | Bsha      |
|  3 |        1 | Asha  | Asha      |
|  4 |        2 | Bsha  | Bsha      |
```

※2 今回はA社とB社について、salesテーブルの持つmaker列を採用しましたが、ここも最初の例のように日本語名にしたい場合は、big_makersテーブルに日本語名を持つようにして（例えばmaker_ja列）、このクエリのELSEの部分でmaker列の代わりにbig_makers.maker_ja列を採用することで実現可能です。ぜひトライしてみてください。

```
¦  5 ¦         3 ¦ Csha  ¦ その他    ¦
¦  6 ¦         1 ¦ Asha  ¦ Asha      ¦
¦  7 ¦         1 ¦ Asha  ¦ Asha      ¦
¦  8 ¦         2 ¦ Bsha  ¦ Bsha      ¦
¦  9 ¦         2 ¦ Bsha  ¦ Bsha      ¦
¦ 10 ¦         1 ¦ Asha  ¦ Asha      ¦
¦ 11 ¦         2 ¦ Bsha  ¦ Bsha      ¦
¦ 12 ¦         3 ¦ Csha  ¦ その他    ¦
¦ 13 ¦         1 ¦ Asha  ¦ Asha      ¦
¦ 14 ¦         1 ¦ Asha  ¦ Asha      ¦
¦ 15 ¦         3 ¦ Csha  ¦ その他    ¦
+----+-----------+-------+-----------+
15 rows in set (0.00 sec)
```

ここで使用したCASE式は、先ほどと少し異なり、構文2の書き方を使っています。これは、m.maker_idがない場合（＝結合先がbig_makersテーブルに存在しない場合）を示しているのですが、構文1の書き方をするとm.maker_id = NULLという評価を行うことになって、期待通りの結果を返しません（NULLはイコールではなく、必ずIS NULLで判定します）。そのため、構文2の書き方になったというわけです。

##  CASE式のポイント

強力な機能である割りに、比較的理解しやすいCASE式ですが、使用にあたっては、いくつかのポイントがあります。

### 前から順番に判断される

CASE式は、WHENで記された条件判断を上から順に評価していき、マッチしたところで値を確定します。この性質を利用して、価格ごとにランク付けするようなクエリを書くことができます。次の例では、id = 2の800円の商品は、price > 650にもprice > 400にもprice > 200にもマッチしますが、最初にマッチしたprice > 650で「Very High」を確定して判定処理を抜けていることがわかります。

```
mysql> SELECT id, item, price,
    ->        CASE
    ->          WHEN price > 650 THEN 'Very High'
    ->          WHEN price > 400 THEN 'High'
    ->          WHEN price > 200 THEN 'Middle'
    ->          ELSE 'Cheep' END price_rank
```

```
    ->  FROM sales;
+----+------+-------+------------+
| id | item | price | price_rank |
+----+------+-------+------------+
|  1 | Note |   210 | Middle     |
|  2 | Pen  |   800 | Very High  |
|  3 | Pen  |   200 | Cheep      |
|  4 | Tape |   190 | Cheep      |
|  5 | Pen  |   250 | Middle     |
|  6 | Pen  |   340 | Middle     |
|  7 | Tape |   250 | Middle     |
|  8 | Note |   150 | Cheep      |
|  9 | Pen  |   330 | Middle     |
| 10 | Pen  |   480 | High       |
| 11 | Note |   180 | Cheep      |
| 12 | Note |   230 | Middle     |
| 13 | Pen  |   150 | Cheep      |
| 14 | Pen  |   700 | Very High  |
| 15 | Note |   210 | Middle     |
+----+------+-------+------------+
15 rows in set (0.00 sec)
```



### ELSEは必ず書こう

実は、ELSEは省略可能です。記述しない場合は、どの条件にもマッチしなかった場合にNULLを返します。動作としては特に問題ないのですが、RDBMSにおいてNULLというのは非常に扱いがやっかいなものであるということは、繰り返し述べてきました。特に気づかぬうちに発生するNULL（JOINなどで起こりがち）というのは、クエリの問題が発生したときの原因究明の大きな壁となることも少なくありません。CASE式においても、なるべくNULLを発生させないに越したことはありませんが、WHENで示される条件に該当がなかった場合でも自動で（記述なしで）NULLにするのではなくELSE NULLと記述すれば、「ここではNULLが発生しうるのだ」ということを明示できます。ELSEは必ず記述しましょう。

### ENDを忘れずに

CASE式を使い始めの頃は特に、条件分けとそれに紐付く値を記述するのに頭がいっぱいで、ELSEまで書き終えたときにほっとするのか、ENDを書き忘れる人が少なくありません。エラーになるだけなのですぐに気づきそうなものですが、条件記述に自信がないから、WHENのところを一生懸命見直したりしてしまう人もたくさんいます。エラーになったら「CASE-WHEN-ELSE-ENDをちゃんと書いたかな」と、まず見直しましょう。

## 返す値の型は揃える

THENおよびELSEの後に記述する値は、全て同じ型にする必要があります。最初のTHENでは数値、次のTHENでは文字列、ELSEでは日付型というのはいけません。これは「SELECT文の結果は全てテーブルである」の原則を思い出してみると理由がわかるでしょう。CASE式は、いわば「新しい列を作る」行為であり、列というのは同じ型の集合であるからです※3。

## 別名を付けよう

これはCASE式に限ったことではなく、関数や計算式などで列値を加工した場合には常にいえることなのですが、特にCASE式の場合は式全体が長くなるので、画面上で確認するだけのときであっても非常に見にくくなります※4。CASE式でENDを書いたら、その後ろに列の別名を付けることを習慣としておくと、見やすくなります。

いまやCASE式は、SQLを使いこなすために不可欠なツールと言える存在です。最も初期の頃の標準SQLに含まれていなかったことから、CASE式がないぐらいの古くからRDBMSに触れている人ほど活用できていない印象がありますが、まさに「これを使わないなんてとんでもない！」というような有用な機能です。ぜひ活用してください。



※3 MySQLでは「型の自動変換」という（おせっかいな）機能が働いてエラーにならずに動作することもあります。この場合も、最終的には文字列型にまとめられるだけであり、列の中で型が混在するわけではありません。
※4 MySQLのように、列の式がそのまま列名として採用される場合の話です。

# 5-7 CTE

CTE（Common Table Expression：共通表式）は、1つのSQL文の結果セットを一時的に名前を付けて定義し、その後に続くSELECT文などで再利用できる機能です。CTEを使用したクエリは、全体で一文のSQLになります。集計や分析を行う際にクエリ全体が見やすくなったり、クエリの中で何度も再利用したいクエリを効率よく実行できたりなどの利点があります。SQLの比較的新しい機能で※1、これも古くからRDBMSに触れていた人の中には使い込めていない人も多い機能の1つといえます。シンプルなCTEから再帰CTEまで幅広い能力を持っていますが、まずは自分自身が便利だと感じる機能から利用を始めてみて、徐々に活用範囲を広げていくとよいでしょう。

## CTEを使おう

CTEを使う大きなメリットの1つが可読性の向上です。もっとも効果がわかりやすいのが「FROM句に記述していたSELECT文の切り出し」です。

▼サブクエリを使用したクエリの再掲

```
mysql> SELECT maker, total_price
    ->   FROM (
    ->     SELECT maker, SUM(price) AS total_price
    ->       FROM sales
    ->      GROUP BY maker
    ->     ) sales_grp
    -> ORDER BY total_price DESC;
+-------+-------------+
| maker | total_price |
+-------+-------------+
| Asha  |        2330 |
| Bsha  |        1650 |
| Csha  |         690 |
+-------+-------------+
3 rows in set (0.00 sec)
```

※1　特に筆者はMySQLを中心にRDBMSに触れてきたこともあり、なかなかMySQLには導入されなかったCTEが2018年にバージョン8で実装されたときには、その便利さに感動しました。

CTEは「WITH句」で記述します。まず実行したいSELECT文に対して名前を付けます。

```
WITH CTE名 AS ( SELECT文 )
```

続くSQLで、ここで定義したCTE名を、普通のテーブルがそこにあるかのように使用できます。このように説明をすると、「①CTEテーブルを作る」「②CTEテーブルを使ったクエリを作る」という2つの処理のように見えますが、あくまでもこれ全体で一文です。ここでCTE名を与えて作ったCTEテーブルはこの文の実行中限りで、実行後はどこにも残らないことに注意してください。ここまで説明した内容を全体の構文で表すと、次のようになります。

```
WITH CTE名 AS ( SELECT文 )
SELECT ....
  FROM CTE名
 WHERE ...;
```

では先ほどのFROM句にサブクエリを使用していたクエリをCTEを使って書き換えてみましょう。CTEを定義する部分は次のようになります。先ほどのサブクエリ内のSQL文をそのままASの後のカッコ内に記述し、sales_grpという名前を付けました。

```
WITH sales_grp AS (
SELECT maker, SUM(price) AS total_price
  FROM sales
 GROUP BY maker
)
```

これで、sales_grpという名前で仮想的な表が使えるようになっているので、以降の文ではsales_grpテーブルがあたかもそこにあるかのようにSQLを書けます。完成したクエリ全体と、その実行結果は次のようになります。

```
mysql> WITH sales_grp AS (
    ->   SELECT maker, SUM(price) AS total_price
    ->     FROM sales
    ->    GROUP BY maker
    -> )
    -> SELECT maker, total_price
    ->   FROM sales_grp
    ->  ORDER BY total_price DESC;
+-------+-------------+
```

```
| maker | total_price |
+-------+-------------+
| Asha  |        2330 |
| Bsha  |        1650 |
| Csha  |         690 |
+-------+-------------+
3 rows in set (0.00 sec)
```



##  CTEは続くよ何度でも

CTEの一時的なテーブルは1つだけとは限らず、いくつも定義できます。次のように1つのCTEの定義が終了（カッコが閉じる）したら、コンマで区切って次のCTEを定義できるという形式です。定義したCTEはその直後から使用可能なので、次の例では、ctetable2では直前で定義したctetable1を、ctetable3ではそれより前に定義したctetable1とctetable2を使用できます。

```
WITH
 ctetable1 AS (SELECT ......)
 ,ctetable2 AS (SELECT ... FROM ctetable1)
 ,ctetable3 AS (SELECT ... FROM ctetable1 JOIN ctetable2....)
SELECT ....FROM ctetable3;
```

##  何度も使いたい

CTEはパフォーマンスに寄与することもあります。サブクエリの置き換えとして見ると、何度も登場する同じサブクエリを最初の1回でまとめて処理できるからです。

文房具のsalesテーブルに、再び登場してもらいましょう。「Note」の平均金額は、次のクエリで求めることがでました。

```
SELECT AVG(price) FROM sales WHERE item='Note' GROUP BY item
```

この結果と、それぞれの行のpriceの差を取ったり、差の2乗を取ったり[※2]したい場合は、サブクエリを使うと次のようになります。同じサブクエリが2回出てきているのが非常に無駄です。本格的な統計処理をしたい場合、値の再利用は2度どころではないかもしれません。

※2　統計学的な分散や標準偏差につながる演算のように見えますが、「Noteの平均」とNote以外も含む各行の値とを演算しているので、このクエリには統計学的な意味は特にありません。

```
mysql> SELECT id ,item, price,
    ->    price-(SELECT AVG(price) FROM sales WHERE item='Note' GROUP BY item) sa,
    ->    POW(price-(SELECT AVG(price) FROM sales WHERE item='Note' GROUP BY
item),2) sa_no_2jou
    ->   FROM sales;
+----+------+-------+----------+------------+
| id | item | price | sa       | sa_no_2jou |
+----+------+-------+----------+------------+
|  1 | Note |   210 |  14.0000 |        196 |
|  2 | Pen  |   800 | 604.0000 |     364816 |
|  3 | Pen  |   200 |   4.0000 |         16 |
|  4 | Tape |   190 |  -6.0000 |         36 |
|  5 | Pen  |   250 |  54.0000 |       2916 |
|  6 | Pen  |   340 | 144.0000 |      20736 |
|  7 | Tape |   250 |  54.0000 |       2916 |
|  8 | Note |   150 | -46.0000 |       2116 |
|  9 | Pen  |   330 | 134.0000 |      17956 |
| 10 | Pen  |   480 | 284.0000 |      80656 |
| 11 | Note |   180 | -16.0000 |        256 |
| 12 | Note |   230 |  34.0000 |       1156 |
| 13 | Pen  |   150 | -46.0000 |       2116 |
| 14 | Pen  |   700 | 504.0000 |     254016 |
| 15 | Note |   210 |  14.0000 |        196 |
+----+------+-------+----------+------------+
15 rows in set (0.00 sec)
```

クエリの中で2か所に登場するサブクエリは同じものなので、このサブクエリ部分をCTEに書き出すと、次のようになります。このクエリ内の以降の部分で集計済みのnote_avgテーブルの値を使えます（1行1列の結果が含まれています）。

```
WITH note_avg AS (
  SELECT AVG(price) price_avg FROM sales WHERE item='Note' GROUP BY item
)
```

この一時的なテーブルを使うと、先ほどのクエリは次のようになりました。メインのSELECT（一番最後のSELECT部分）が、長いサブクエリが内部に記述されていたときと比べて、本来やりたかったクエリの本質に注力できる非常にシンプルなものになったことがわかります。

```
mysql> WITH note_avg AS (
    ->   SELECT AVG(price) price_avg FROM sales WHERE item='Note' GROUP BY item
    -> )
    -> SELECT s.id, s.item, s.price,
    ->        price-a.price_avg sa,
    ->        POW(price-a.price_avg,2) sa_no_2jou
    ->   FROM sales s, note_avg a;
+----+------+-------+----------+------------+
| id | item | price | sa       | sa_no_2jou |
+----+------+-------+----------+------------+
|  1 | Note |   210 |  14.0000 |        196 |
|  2 | Pen  |   800 | 604.0000 |     364816 |
|  3 | Pen  |   200 |   4.0000 |         16 |
|  4 | Tape |   190 |  -6.0000 |         36 |
|  5 | Pen  |   250 |  54.0000 |       2916 |
|  6 | Pen  |   340 | 144.0000 |      20736 |
|  7 | Tape |   250 |  54.0000 |       2916 |
|  8 | Note |   150 | -46.0000 |       2116 |
|  9 | Pen  |   330 | 134.0000 |      17956 |
| 10 | Pen  |   480 | 284.0000 |      80656 |
| 11 | Note |   180 | -16.0000 |        256 |
| 12 | Note |   230 |  34.0000 |       1156 |
| 13 | Pen  |   150 | -46.0000 |       2116 |
| 14 | Pen  |   700 | 504.0000 |     254016 |
| 15 | Note |   210 |  14.0000 |        196 |
+----+------+-------+----------+------------+
15 rows in set (0.00 sec)
```



## 再帰CTE

もう1つのCTEの強力な機能が再帰CTEです。シンプルな例としては、次のようにして連番を生成させることができます。再帰CTEのおもしろい点は、これまでは元のデータから行を減らす方向の処理がほとんどだった中で、（このクエリでは）UNIONで指定した条件に従って行を増やせるという点です。MySQLとPostgreSQLでは、WITH RECURSIVEを使います[※3]。

※3 OracleとSQL Serverでは、RECURSIVEを書かずに、単純にWITHだけで同様のことができます（RECURSIVEと書くとエラーになります）。

```
mysql> WITH RECURSIVE n AS (
    ->   SELECT 1 AS n UNION ALL SELECT n+1 FROM n LIMIT 10
    -> )
    -> SELECT n, POW(n,2) n_2jou FROM n;
+------+--------+
| n    | n_2jou |
+------+--------+
|    1 |      1 |
|    2 |      4 |
|    3 |      9 |
|    4 |     16 |
|    5 |     25 |
|    6 |     36 |
|    7 |     49 |
|    8 |     64 |
|    9 |     81 |
|   10 |    100 |
+------+--------+
10 rows in set (0.00 sec)
```

再帰CTEを活用すると、表5-7-1のようなデータに対して、おもしろいことができるようになります。

▼表5-7-1　階層構造を持つテーブルの例

社員一覧

| 社員ID | 社員名 | 上司ID |
|---|---|---|
| 1 | Boss | NULL |
| 2 | Maria | 1 |
| 3 | Tony | 1 |
| 4 | John | 3 |
| 5 | Riff | 3 |
| 6 | Anita | 2 |
| 7 | Chino | 6 |

▼データ作成用のSQL

```
CREATE TABLE shine (
  id   INTEGER PRIMARY KEY,
  name VARCHAR(50) NOT NULL,
  boss_id INTEGER);

INSERT INTO shine VALUES
 (1, 'Boss', null),
 (2, 'Maria', 1),
 (3, 'Tony', 1),
 (4, 'John', 3),
 (5, 'Riff', 3),
 (6, 'Anita', 2),
 (7, 'Chino', 6);
```

社員一覧のテーブルで、各社員は自分の直属上司のIDを持っているという構造のテーブルです。JOINを使って、このテーブルからRiffの上司を知りたい場合は、次のように書くことができます。

```
mysql> SELECT s1.id, s1.name, s2.name
    ->   FROM shine s1
    ->     LEFT OUTER JOIN shine s2 ON (s1.boss_id=s2.id)
    ->  WHERE s1.name='Riff';
+----+------+------+
| id | name | name |
+----+------+------+
|  5 | Riff | Tony |
+----+------+------+
1 row in set (0.00 sec)
```

Riffに限らず、全ての社員とその上司の対応を見たい場合は、WHEREでの社員名の限定を止めれば、全ての社員が表示されるようになります。

```
mysql> SELECT s1.id, s1.name, s2.name boss
    ->   FROM shine s1
    ->     LEFT OUTER JOIN shine s2 ON (s1.boss_id=s2.id);
+----+-------+-------+
| id | name  | boss  |
+----+-------+-------+
```

```
|  1 | Boss  | NULL  |
|  2 | Maria | Boss  |
|  3 | Tony  | Boss  |
|  4 | John  | Tony  |
|  5 | Riff  | Tony  |
|  6 | Anita | Maria |
|  7 | Chino | Anita |
+----+-------+-------+
7 rows in set (0.00 sec)
```



3階層以上知りたい場合は、知りたい階層の分だけJOINするテーブルを増やします。次の例は、4階層分までの上下関係を、各社員を起点にした一覧にしたものです※4。

```
mysql> SELECT s1.id, s1.name, s2.name boss1, s3.name boss2, s4.name boss3
    ->   FROM shine s1
    ->     LEFT OUTER JOIN shine s2 ON (s1.boss_id=s2.id)
    ->     LEFT OUTER JOIN shine s3 ON (s2.boss_id=s3.id)
    ->     LEFT OUTER JOIN shine s4 ON (s3.boss_id=s4.id);
+----+-------+-------+-------+-------+
| id | name  | boss1 | boss2 | boss3 |
+----+-------+-------+-------+-------+
|  1 | Boss  | NULL  | NULL  | NULL  |
|  2 | Maria | Boss  | NULL  | NULL  |
|  3 | Tony  | Boss  | NULL  | NULL  |
|  4 | John  | Tony  | Boss  | NULL  |
|  5 | Riff  | Tony  | Boss  | NULL  |
|  6 | Anita | Maria | Boss  | NULL  |
|  7 | Chino | Anita | Maria | Boss  |
+----+-------+-------+-------+-------+
7 rows in set (0.00 sec)
```

上下関係の階層がもっと深くなったり、何階層あるかがわからなくなったりなど、JOINによる解法には限界があります。そんなときには、再帰CTEを活用すると、全体の階層を一覧できるようになります。

次に示す例は、再帰CTEを用いて、各社員ごとに自分からBossまでに、どのようなレポートラインを辿るのかを出力したものです。

※4　余力があれば、左端にBossが並んだ階層構造表示へのSQL改造に挑戦してみてください。

```
mysql> WITH RECURSIVE shine_pyramid AS (
    ->   SELECT id, name, boss_id, name boss_tree, 0 level
    ->     FROM shine
    ->    WHERE boss_id IS NULL
    ->  UNION ALL
    ->   SELECT s.id, s.name, s.boss_id,
    ->          CONCAT(h.boss_tree, ' <- ', s.name),
    ->          h.level + 1
    ->     FROM shine s
    ->          INNER JOIN shine_pyramid h ON s.boss_id=h.id
    -> )
    -> SELECT id, name, boss_id, boss_tree, level
    ->   FROM shine_pyramid ORDER BY level, id;
+------+-------+---------+----------------------------------+-------+
| id   | name  | boss_id | boss_tree                        | level |
+------+-------+---------+----------------------------------+-------+
|    1 | Boss  |    NULL | Boss                             |     0 |
|    2 | Maria |       1 | Boss <- Maria                    |     1 |
|    3 | Tony  |       1 | Boss <- Tony                     |     1 |
|    4 | John  |       3 | Boss <- Tony <- John             |     2 |
|    5 | Riff  |       3 | Boss <- Tony <- Riff             |     2 |
|    6 | Anita |       2 | Boss <- Maria <- Anita           |     2 |
|    7 | Chino |       6 | Boss <- Maria <- Anita <- Chino  |     3 |
+------+-------+---------+----------------------------------+-------+
7 rows in set (0.00 sec)
```

このように、再帰CTEには、今までのSQLではできなかったような大きな力があります。使いこなすのは大変ですが、少しずつできることを増やしていきましょう。

# 5-8 ウィンドウ関数

SQLを使ったデータ分析をする際に、とても便利なのがウィンドウ関数です。SQLの比較的新しい[※1]機能で、それが却って、古くからRDBMSを使っている人ほど触れる機会が少ない機能という面がありますが[※2]、非常に強力な機能で、現代のデータ分析には欠かせないといっても過言ではありません。単純なSQL、結合、グルーピングなどを一通り使えるようになったら、ぜひ挑戦してください。

ウィンドウ関数の登場により、従来は複雑で難解なサブクエリを書く必要があった部分でも比較的直感的な記述ができるようになりました。

ここでは、次のような「地域区分（region_name）」が付加された都道府県別の面積のデータを使って説明を進めます。紙幅の都合で北海道および東北地方、関東地方までの部分のみを掲載します。

```
mysql> SELECT * FROM pref_info;
+---------+------------+-----------------+-------------+----------------+
| pref_cd | pref_name  | total_land_area | forest_area | region_name    |
+---------+------------+-----------------+-------------+----------------+
| 01      | 北海道     |           83424 |       53217 | 北海道地方     |
| 02      | 青森県     |            9646 |        6157 | 東北地方       |
| 03      | 岩手県     |           15275 |       11440 | 東北地方       |
| 04      | 宮城県     |            7282 |        4069 | 東北地方       |
| 05      | 秋田県     |           11638 |        8201 | 東北地方       |
| 06      | 山形県     |            9323 |        6405 | 東北地方       |
| 07      | 福島県     |           13784 |        9365 | 東北地方       |
| 08      | 茨城県     |            6097 |        1890 | 関東地方       |
| 09      | 栃木県     |            6408 |        3408 | 関東地方       |
| 10      | 群馬県     |            6362 |        4058 | 関東地方       |
| 11      | 埼玉県     |            3798 |        1210 | 関東地方       |
| 12      | 千葉県     |            5158 |        1565 | 関東地方       |
| 13      | 東京都     |            2191 |         763 | 関東地方       |
| 14      | 神奈川県   |            2416 |         938 | 関東地方       |
:
```

※1　といっても、SQL:2003でISO標準に入ったので、いうほど新しくないのかも。多くのRDBMSで2000年代に実装されましたが、MySQLでは2018年のバージョン8.0になってようやく実装されました。

※2　したがって、SQL大ベテランが「あんな機能使う必要ない！」といっていたとしても、信じないでください。ウィンドウ関数は、今やデータ分析に欠かせない機能です。

## ウィンドウ関数とは

ウィンドウ関数は「集計しない集約機能」と言い表されることがあります。GROUP BYで実行される集約機能は、指定した列の値ごとに合計（SUM()）や平均（AVG()）などの集計計算をして、それぞれ1件にまとめています（複数行を1件にまとめることを「集約」といいます）。一方のウィンドウ関数は、指定した列の値を用いて集計計算を行うところは同じですが、集約せずにそのままの行のカラム値として使用されます。

百聞は一見に如かず。実際のデータ操作例を見ていきましょう。

地域区分ごとの面積を求めたいとしましょう。まずGROUP BYを用いて算出する例は、次のようになります。何件もあった東北地方や関東地方がそれぞれ1件にまとめられ、total_land_areaの合計値が求められています。

```
mysql> SELECT region_name, SUM(total_land_area)
    ->   FROM pref_info
    ->  GROUP BY region_name;
+----------------+----------------------+
| region_name    | SUM(total_land_area) |
+----------------+----------------------+
| 北海道地方     |                83424 |
| 東北地方       |                66948 |
| 関東地方       |                32430 |
:
```

各都道府県がその地域区分の中で占める面積割合、例えば「岩手県は東北地方の中でどれくらいの割合を占めるんだろう」といった質問に答えるには、ここで求めた地域区分ごとの合計面積を分母とした割り算をする必要がありますが、簡単ではありません。

ウィンドウ関数を使うと、そういったことが可能になるのです。まずは割合を求める前に、分子となる値（各都道府県の面積）と分母となる値（地域区分ごとの面積合計）を並べて出力するクエリを書いてみます。

```
mysql> SELECT pref_cd, pref_name, total_land_area,
    ->        SUM(total_land_area) OVER (PARTITION BY region_name) region_area,
    ->        region_name
    ->   FROM pref_info
    ->  ORDER BY pref_cd;
+---------+-------------+-----------------+-------------+----------------+
| pref_cd | pref_name   | total_land_area | region_area | region_name    |
+---------+-------------+-----------------+-------------+----------------+
```

```
| 01      | 北海道      |     83424 |     83424 | 北海道地方    |
| 02      | 青森県      |      9646 |     66948 | 東北地方      |
| 03      | 岩手県      |     15275 |     66948 | 東北地方      |
| 04      | 宮城県      |      7282 |     66948 | 東北地方      |
| 05      | 秋田県      |     11638 |     66948 | 東北地方      |
| 06      | 山形県      |      9323 |     66948 | 東北地方      |
| 07      | 福島県      |     13784 |     66948 | 東北地方      |
| 08      | 茨城県      |      6097 |     32430 | 関東地方      |
| 09      | 栃木県      |      6408 |     32430 | 関東地方      |
| 10      | 群馬県      |      6362 |     32430 | 関東地方      |
| 11      | 埼玉県      |      3798 |     32430 | 関東地方      |
| 12      | 千葉県      |      5158 |     32430 | 関東地方      |
| 13      | 東京都      |      2191 |     32430 | 関東地方      |
| 14      | 神奈川県    |      2416 |     32430 | 関東地方      |
:
```

「SUM(total_land_area) OVER (PARTITION BY region_name) region_area,」の部分がウインドウ関数を使用している部分です。OVERキーワードを使っているのがウィンドウ関数の特徴です[※3]。PARTITION BYで切り分ける条件（正確にいうと、その行が対象として見る「ウィンドウ」の範囲）を指定しています。このクエリでは、「各行は、region_nameの値が同じ行を『仲間（同じ枠）』だと思ってください」という意味になります。仲間として認めた同士でSUM()を使って合計を計算しているので、各地域区分ごとの面積が、各行の結果として出力されているというわけです。

```
mysql> SELECT pref_cd, pref_name, total_land_area,
    ->        ROUND(total_land_area / SUM(total_land_area) OVER (PARTITION BY
region_name) *100,2) area_ratio,
    ->        region_name
    ->   FROM pref_info
    ->  ORDER BY pref_cd;
+---------+-------------+-----------------+------------+-----------------+
| pref_cd | pref_name   | total_land_area | area_ratio | region_name     |
+---------+-------------+-----------------+------------+-----------------+
| 01      | 北海道      |           83424 |     100.00 | 北海道地方      |
| 02      | 青森県      |            9646 |      14.41 | 東北地方        |
| 03      | 岩手県      |           15275 |      22.82 | 東北地方        |
```

※3 ウィンドウ関数のウィンドウとは「枠」のようなものと考えてください。それぞれの行が気にする範囲の「枠」に対して演算などを行う機能です。この例では、region_name列に注目して（＝その値が同じものを一緒の「枠」の中にあると見なして）SUM()の演算を行う指定をしています。本来のウィンドウ関数は、ウィンドウを定義するためのWINDOWというキーワードを使用するのですが、現在はほとんど使われません。現在では「ウィンドウ関数とはOVERを使う機能のこと」ということで少々乱暴ですが「OVER機能」と呼んでしまったほうが会話がスムーズになるのではないかと個人的には感じるほどです。

```
| 04         | 宮城県       |             7282 |        10.88 | 東北地方         |
| 05         | 秋田県       |            11638 |        17.38 | 東北地方         |
| 06         | 山形県       |             9323 |        13.93 | 東北地方         |
| 07         | 福島県       |            13784 |        20.59 | 東北地方         |
| 08         | 茨城県       |             6097 |        18.80 | 関東地方         |
| 09         | 栃木県       |             6408 |        19.76 | 関東地方         |
| 10         | 群馬県       |             6362 |        19.62 | 関東地方         |
| 11         | 埼玉県       |             3798 |        11.71 | 関東地方         |
| 12         | 千葉県       |             5158 |        15.91 | 関東地方         |
| 13         | 東京都       |             2191 |         6.76 | 関東地方         |
| 14         | 神奈川県     |             2416 |         7.45 | 関東地方         |
:
```

OVERには切り分け方（正確にはその行が注目するウィンドウ）を指定します。指定の際には、次の2つのキーワードがよく使われます。

- PARTITION BY：**切り分け**
- ORDER BY：**パーティション内での並べ替え**

さて、ここまでのウィンドウ関数の例では全体を単純にケーキを切るような切り分けの処理でした。実はウィンドウ関数は全体を切り分けるだけではなく、自分の行を中心とした範囲を見るように指定することもできます。各行が少しずつずれた範囲（フレーム）を対象として集計することができるのです。ここまでの説明の中で「切り分ける条件」と説明したのは、初めてウィンドウ関数に触れる人にも理解しやすいように単純化したものでしたが、カッコ書きで「(正確にいうと、その行が見る対象として「ウィンドウ」の範囲)」と補足していたのは、こういうカラクリだったのです。

その行が「仲間」と見なす範囲、つまりウィンドウを指定するより柔軟な方法として、ORDER BYで並べ替えた上での「前後いくつか」を指定することもできます。

● ROWS BETWEEN n PRECEDING AND m FOLLOWING

その行のn個前からm個先までを「仲間」と見なすという指定です※4。現在行はCURRENT ROWで表します。

▼例

```
ROWS BETWEEN 7 PRECEDING AND 1 PRECEDING
ROWS BETWEEN 6 PRECEDING AND CURRENT ROW
ROWS BETWEEN 3 PRECEDING AND 3 FOLLOWING
```

※4　ROWで指定した「仲間」を、フレームといいます。

現在行を中心として、7件前～1件前まで、6件前から現在行まで、3件前から3件後までの範囲を指定していることが読み取れたでしょうか。データとしては、都道府県データのようなものよりは、株価の日々の終値のデータなどをイメージするとよいかもしれません。それぞれの仲間の行ごとにAVG()を計算すれば、移動平均の算出がSQLでできるのです。

集計関数の部分は、GROUP BYで学習したSUM()、AVG()、MAX()、MIN()などが使えます。そのほかのウィンドウ関数固有のものとして、次のような関数があります。

- RANK()：**ウィンドウ内での順位**
- LAG(col)：**ウィンドウ内で1つ前のcolカラムの値**
- LEAD(col)：**ウィンドウ内で1つあとのcolカラムの値**
- FIRST_VALUE(col)：**ウィンドウ内での最初のcolカラムの値**

順位を決めるRANK()関数はウィンドウ関数の便利機能の1つといえるかもしれません。従来は、これを求めるためにサブクエリで「自分より小さいもののCOUNT(*)を計算する」といったように苦労していましたが、ウィンドウ関数の活用により、サブクエリを使わずに書けるのはありがたいことです。

RANK()を使った例を示します。

```
mysql> SELECT pref_cd, pref_name, total_land_area,
    ->        RANK() OVER (PARTITION BY region_name
                           ORDER BY total_land_area DESC) rank_in_region,
    ->        region_name
    ->   FROM pref_info
    ->  ORDER BY MIN(pref_cd) OVER (PARTITION BY region_name), rank_in_region;
+---------+-----------+-----------------+----------------+-------------+
| pref_cd | pref_name | total_land_area | rank_in_region | region_name |
+---------+-----------+-----------------+----------------+-------------+
| 01      | 北海道    |           83424 |              1 | 北海道地方  |
| 03      | 岩手県    |           15275 |              1 | 東北地方    |
| 07      | 福島県    |           13784 |              2 | 東北地方    |
| 05      | 秋田県    |           11638 |              3 | 東北地方    |
| 02      | 青森県    |            9646 |              4 | 東北地方    |
| 06      | 山形県    |            9323 |              5 | 東北地方    |
| 04      | 宮城県    |            7282 |              6 | 東北地方    |
| 09      | 栃木県    |            6408 |              1 | 関東地方    |
| 10      | 群馬県    |            6362 |              2 | 関東地方    |
| 08      | 茨城県    |            6097 |              3 | 関東地方    |
| 12      | 千葉県    |            5158 |              4 | 関東地方    |
```

```
| 11      | 埼玉県     |                        3798 |                      5 | 関東地方           |
| 14      | 神奈川県   |                        2416 |                      6 | 関東地方           |
| 13      | 東京都     |                        2191 |                      7 | 関東地方           |
```

最後に、「全部入り」とまではいきませんが、ウィンドウ関数を盛り盛りにしたSQLの例をお見せしましょう。レイアウトに配慮し、先ほどまでと同じカラムにも別名を付けて、コンパクトに見えるように工夫しています。

```
mysql> SELECT pref_cd, pref_name , total_land_area total,
    ->        RANK() OVER (PARTITION BY region_name
    ->                     ORDER BY total_land_area DESC) num,
    ->        FIRST_VALUE(pref_name) OVER (PARTITION BY region_name
    ->                                     ORDER BY total_land_area DESC) top_pref,
    ->        LAG(pref_name) OVER (PARTITION BY region_name
    ->                             ORDER BY total_land_area DESC) preced,
    ->        region_name
    ->   FROM pref_info
    ->  ORDER BY MIN(pref_cd) OVER (PARTITION BY region_name), num;
+---------+-----------+-------+-----+-------------+-----------+-------------+
| pref_cd | pref_name | total | num | top_pref    | preced    | region_name |
+---------+-----------+-------+-----+-------------+-----------+-------------+
| 01      | 北海道    | 83424 |   1 | 北海道      | NULL      | 北海道地方  |
| 03      | 岩手県    | 15275 |   1 | 岩手県      | NULL      | 東北地方    |
| 07      | 福島県    | 13784 |   2 | 岩手県      | 岩手県    | 東北地方    |
| 05      | 秋田県    | 11638 |   3 | 岩手県      | 福島県    | 東北地方    |
| 02      | 青森県    |  9646 |   4 | 岩手県      | 秋田県    | 東北地方    |
| 06      | 山形県    |  9323 |   5 | 岩手県      | 青森県    | 東北地方    |
| 04      | 宮城県    |  7282 |   6 | 岩手県      | 山形県    | 東北地方    |
| 09      | 栃木県    |  6408 |   1 | 栃木県      | NULL      | 関東地方    |
| 10      | 群馬県    |  6362 |   2 | 栃木県      | 栃木県    | 関東地方    |
| 08      | 茨城県    |  6097 |   3 | 栃木県      | 群馬県    | 関東地方    |
| 12      | 千葉県    |  5158 |   4 | 栃木県      | 茨城県    | 関東地方    |
| 11      | 埼玉県    |  3798 |   5 | 栃木県      | 千葉県    | 関東地方    |
| 14      | 神奈川県  |  2416 |   6 | 栃木県      | 埼玉県    | 関東地方    |
:
```

top_pref列は、FIRST_VALUE()を用いて、PARTITION BYで区切ったウィンドウ内で一番最初のものを出力しています。東北地方では岩手県が、関東地方では栃木県が面積トップなので、それぞれ岩手県、栃木県が表示されています。

preced列は、LAG()を用いて、ウィンドウ内での自分の1つ前の値を出力しています。東北地方の中で2番目の福島県は1つ上の岩手県を、3番目の秋田県は1つ前の福島県を、正しく出力しています。一番最初の岩手県は1つ前のものがないのでNULLになっています。

これらの2つの列は、今回は目で追いやすいように都道府県名を出力するようにしましたが、total_land_area列の値を参照して計算するようにすれば、その都道府県が「地方区分内でのトップとの面積差/比 がどれくらいあるか」「1つ前との差がどれくらいあるのか」などの計算が手軽に行えます。こういった差の計算は競技スポーツなどの記録を集計する際にも活躍しそうです。

ウィンドウ関数を使うことで非常に強力な集計機能を手に入れることができるので、やや上級向きな雰囲気はありますが、ぜひ身に付けてほしい機能です。本書で語りきれなかった魅力は、ほかのSQL専用の学習書などでも大きく取り扱っているものがあるので、「付録」で紹介しているお勧め書籍なども参照してみてください。

# 5-9 SELECTで使うその他の機能

本章では、さまざまなSELECT文の機能を学んできました。ここまでで紹介しきれなかった機能について、まとめて紹介します。

## UNION

UNIONは、複数のSELECT文で取得した結果セットを結合して1つの結果にまとめる構文です。例えば、次のような2つのSQL文があったとします[※1]。

```
SELECT id, name, some_date FROM table1 WHERE～;
SELECT id, name, some_date FROM table2 WHERE～;
```

これらの2つのクエリは、結果セットの列の数も同じで、型も同じ（ということにします）なので、1つの表にまとめることができそうです。こういった場合、今まで学んだ方法だけでは、アプリケーション側から2度クエリを実行して、アプリケーション側でまとめるしかありませんでした。それをRDBMS側で実現するのが、UNIONです。

```
SELECT id, name, some_date FROM table1 WHERE～
    の結果と
SELECT id, name, some_date FROM table2 WHERE～
    の結果をまとめて！
```

上のように言葉でお願いするかのように、2つのクエリをUNIONで接続するだけで実現できます。このクエリは2つのSELECT文を含んでいますが、これ全体で1つの文となります。

```
SELECT id, name, some_date FROM table1 WHERE～
UNION
SELECT id, name, some_date FROM table2 WHERE～;
```

※1　2つに分かれているのは、取得元のテーブルが異なるとか、集計の切り口が異なるなど、さまざまなシーンがあり得ます。

次に示したのは、itemの種類ごとに小計を算出させる例です。個人的にはあまりよい使い方とは思えませんが[※2]、各個別商品と商品ごとの合計のレポート作成をRDBMS側の処理で実施したい場合には便利かもしれません。

```
SELECT 1 odr, '' type, item, price, maker FROM sales
UNION
SELECT 2 odr, '小計' type, item, SUM(price), '---' FROM sales GROUP BY item
ORDER BY item, odr;
```



結果は、次のようになります。

```
+-----+--------+------+-------+-------+
| odr | type   | item | price | maker |
+-----+--------+------+-------+-------+
|   1 |        | Note |   210 | Asha  |
|   1 |        | Note |   210 | Csha  |
|   1 |        | Note |   230 | Csha  |
|   1 |        | Note |   150 | Bsha  |
|   1 |        | Note |   180 | Bsha  |
|   2 | 小計   | Note |   980 | ---   |
|   1 |        | Pen  |   800 | Bsha  |
|   1 |        | Pen  |   700 | Asha  |
|   1 |        | Pen  |   150 | Asha  |
|   1 |        | Pen  |   480 | Asha  |
|   1 |        | Pen  |   330 | Bsha  |
|   1 |        | Pen  |   340 | Asha  |
|   1 |        | Pen  |   250 | Csha  |
|   1 |        | Pen  |   200 | Asha  |
|   2 | 小計   | Pen  |  3250 | ---   |
|   1 |        | Tape |   250 | Asha  |
|   1 |        | Tape |   190 | Bsha  |
|   2 | 小計   | Tape |   440 | ---   |
+-----+--------+------+-------+-------+
18 rows in set (0.01 sec)
```

このとき、odr列は、本来は目に見える必要はないので（並べ替えに使いたいだけ）、これを結果セットに含めたくない場合は、サブクエリを活用して、この結果セットから必要なカラムだけを出力対象として選択することで実現できます。もちろん、前項で学んだCTEでも書けます。

※2 単体と集計という質の違う2つのデータを「まぜるなキケン！」です。とはいえ、このまま最終成果物に使用する場合はアリかもしれません。

▼サブクエリで書く例

```
SELECT type,item,price,maker FROM (
  SELECT 1 odr, '' type, item, price, maker FROM sales
  UNION
  SELECT 2 odr, '小計' type, item, SUM(price), '---' FROM sales GROUP BY item
) t
ORDER BY item, odr;
```

▼CTEで書く例

```
WITH sales_with_subtotal AS (
  SELECT 1 odr, '' type, item, price, maker FROM sales
  UNION
  SELECT 2 odr, '小計' type, item, SUM(price), '---' FROM sales GROUP BY item
)
SELECT type,item,price,maker
  FROM sales_with_subtotal
 ORDER BY item, odr;
```



UNIONは、3つ以上の結果セットを結合することもできます。また、UNIONを実施した際に、結合後に重複がある場合は、重複行は除去されます。除去したくない場合はUNIONの代わりにUNION ALLを使用します。重複除去を行わないため、UNION ALLのほうが処理が高速になることもあります。

##  DISTINCT

結果セットから重複を除去してから返すのがDISTINCTです。SELECT句の冒頭（SELECTの直後）に記述します。salesテーブルに含まれるitem列の値をそのままSELECTすると、次のようになります。ここには「Note」や「Pen」が、検索対象行の数だけ何度も出てきています。

```
mysql> SELECT item FROM sales;
+-------+
| item  |
+-------+
| Note  |
| Pen   |
| Pen   |
| Tape  |
```

```
| Pen  |
| Pen  |
| Tape |
| Note |
| Pen  |
| Pen  |
| Note |
| Note |
| Pen  |
| Pen  |
| Note |
+------+
15 rows in set (0.00 sec)
```

DISTINCTを使うと、重複を除去できます。

```
mysql> SELECT DISTINCT item FROM sales;
+------+
| item |
+------+
| Note |
| Pen  |
| Tape |
+------+
3 rows in set (0.00 sec)
```

DISTINCTは行全体の重複を省くものなので、列が複数あっても有効に働きます。次に示した例は、salesテーブルからitemとmakerの組み合わせで重複なしの結果を取得したものです[※3]。

```
mysql> SELECT DISTINCT item, maker FROM sales ORDER BY item, maker;
+------+-------+
| item | maker |
+------+-------+
| Note | Asha  |
| Note | Bsha  |
| Note | Csha  |
| Pen  | Asha  |
```

※3　このように重複がない状態を「ユニーク」といいます。item列でDISTINCTしたものは「itemでユニーク」、itemとmakerの組み合わせでDISTINCTしたものは「itemとmakerでユニーク」と表現したりします。

```
| Pen  | Bsha  |
| Pen  | Csha  |
| Tape | Asha  |
| Tape | Bsha  |
+------+-------+
8 rows in set (0.00 sec)
```

DISTINCTは単に重複を除去するための機能なので、件数を返す機能はありません。それぞれの件数などの集計情報を知りたい場合は、DISTINCTは使用せずにGROUP BYを使って件数を求めるSQLを書く必要があります。



```
mysql> SELECT item, maker, COUNT(*)
    ->   FROM sales
    ->  GROUP BY item,maker
    ->  ORDER BY item,maker;
+------+-------+----------+
| item | maker | COUNT(*) |
+------+-------+----------+
| Note | Asha  |        1 |
| Note | Bsha  |        2 |
| Note | Csha  |        2 |
| Pen  | Asha  |        5 |
| Pen  | Bsha  |        2 |
| Pen  | Csha  |        1 |
| Tape | Asha  |        1 |
| Tape | Bsha  |        1 |
+------+-------+----------+
8 rows in set (0.00 sec)
```

## LIMIT

SELECTで得られる結果セットの全ての行を見る必要がないシーンというのはあります。テーブルの雰囲気だけを見てみたい場合や、集計結果を値の大きい順に並べてトップ10だけ見たい場合などです。

MySQLを始めとするいくつかのRDBMSでは、LIMIT句が使用できます。どちらかというと、OSSのRDBMSに実装されているものが多い傾向があります。LIMITはSELECT文によって得られる結果セットを全て返すのではなく、指定の件数分だけを返すものです。SELECT文の一番最後に「LIMIT 10」「LIMIT 3,5」のようにLIMITに続いて数字を1つまたは2つ指定します。

数字を1つだけ指定する場合は、先頭から指定件数分を出力します。次の例は、salesテーブルをidの逆順（DESC）に並べ替えた結果の先頭3行のみを出力する例です。

```
mysql> SELECT * FROM sales ORDER BY id DESC LIMIT 3;
+----+---------------------+------+----------+-------+----------+-------+
| id | dt                  | item | customer | price | maker_id | maker |
+----+---------------------+------+----------+-------+----------+-------+
| 15 | 2025-04-06 13:10:00 | Note | John     |   210 |        3 | Csha  |
| 14 | 2025-04-05 15:40:00 | Pen  | Thomas   |   700 |        1 | Asha  |
| 13 | 2025-04-05 15:40:00 | Pen  | Thomas   |   150 |        1 | Asha  |
+----+---------------------+------+----------+-------+----------+-------+
3 rows in set (0.00 sec)
```

数字を2つ指定すると、先頭からではなく任意の場所からの件数を指定できます。次に示すのは、idの小さい順に並べて、4番目から2件を取得する例です。MySQLのLIMITでは、数字を2つ指定する場合の1つめの数字（開始位置）の値は0から始まるので、「3」という指定は4番目になります。

```
mysql> SELECT * FROM sales ORDER BY id ASC LIMIT 3,2;
+----+---------------------+------+----------+-------+----------+-------+
| id | dt                  | item | customer | price | maker_id | maker |
+----+---------------------+------+----------+-------+----------+-------+
|  4 | 2025-04-02 12:40:00 | Tape | Robert   |   190 |        2 | Bsha  |
|  5 | 2025-04-02 13:40:00 | Pen  | Emily    |   250 |        3 | Csha  |
+----+---------------------+------+----------+-------+----------+-------+
2 rows in set (0.00 sec)
```

LIMIT句はいわばSQLの「方言」にあたるものですが、特に手作業でデータを確認しているときにはとても便利な機能です。なお、クエリに順序指定（ORDER BY）がない場合に得られる結果の順序は「不定」となるのでした。つまり、ORDER BY指定なしで「先頭3件」を取得した場合、常に同じ結果が得られるとは限らないという点に留意してください。

### COLUMN　LIMIT句がないRDBMSでの出力件数制限方法

LIMIT句は非常に便利な機能ですが、標準SQLではなく、実装されているRDBMSも多くはありません。代わりにOFFSET句やFETCH FIRST句[※4]などを使用できるものもあります。

ここでは、それ以外の方法として、すでに学んだウィンドウ関数を用いてLIMITと同様の結果を得る方法を紹介します。

salesテーブルからLIMIT句を使って、priceの上位3件を取得するSQLは次のようになります。

```
mysql> SELECT * FROM sales ORDER BY price DESC LIMIT 3;
+----+---------------------+------+----------+-------+----------+-------+
| id | dt                  | item | customer | price | maker_id | maker |
+----+---------------------+------+----------+-------+----------+-------+
|  2 | 2025-04-01 12:20:00 | Pen  | Alice    |   800 |        2 | Bsha  |
| 14 | 2025-04-05 15:40:00 | Pen  | Thomas   |   700 |        1 | Asha  |
| 10 | 2025-04-03 16:10:00 | Pen  | Robert   |   480 |        1 | Asha  |
+----+---------------------+------+----------+-------+----------+-------+
3 rows in set (0.00 sec)
```

これと同じことをウィンドウ関数を用いて実施する方法を考えてみます。ウィンドウ関数には順に番号を付与するROW_NUMBNER()という関数があります。priceの大きい順に並べて、ROW_NUMBER()で番号を付ければ、ほしい行を絞り込むのに使えそうです。クエリは、次のようになります。

```
WITH t1 AS (
  SELECT *,
         ROW_NUMBER() OVER (ORDER BY price DESC) row_num
    FROM sales
)
SELECT id,dt,item,customer,price,maker_id,maker
  FROM t1
 WHERE row_num <=3
 ORDER BY row_num;
```

※4　FETCH FIRST句は標準SQLです。

▼ 実行例

```
mysql> WITH t1 AS (
    ->   SELECT *,
    ->          ROW_NUMBER() OVER (ORDER BY price DESC) row_num
    ->     FROM sales
    -> )
    -> SELECT id,dt,item,customer,price,maker_id,maker
    ->   FROM t1
    ->  WHERE row_num <=3
    ->  ORDER BY row_num;
+----+---------------------+------+----------+-------+----------+-------+
| id | dt                  | item | customer | price | maker_id | maker |
+----+---------------------+------+----------+-------+----------+-------+
|  2 | 2025-04-01 12:20:00 | Pen  | Alice    |   800 |        2 | Bsha  |
| 14 | 2025-04-05 15:40:00 | Pen  | Thomas   |   700 |        1 | Asha  |
| 10 | 2025-04-03 16:10:00 | Pen  | Robert   |   480 |        1 | Asha  |
+----+---------------------+------+----------+-------+----------+-------+
3 rows in set (0.00 sec)
```

このように、「データの格納状態では順序の概念はない」とされるRDBMSにおいて、順序の数字を意識したデータ取得ができるようになったのは、近年のSQLの大きな進化といえます。

##  INSERT ～ SELECT

学んできたデータ操作SQLを組み合わせて使う機能を2つ紹介します。

1つめは、SELECTでの結果をほかのテーブルに登録するINSERT ～ SELECT構文です。

ここでは、まずSELECTの結果を登録するためのテーブルを作成しておきます。運用イメージとしては、日々、このテーブルに1日の売上状況を集計して追加していくような使い方です。

```
mysql> CREATE TABLE sales_summary (
    ->     date1 datetime,
    ->     item varchar(100),
    ->     total_price integer
    -> );
Query OK, 0 rows affected (0.03 sec)
```

日々の売上を商品別に集計するクエリは、次のようになります。

```
SELECT DATE(dt), item, SUM(price)
  FROM sales
 WHERE dt>='2025-04-04 00:00:00'
 GROUP BY DATE(dt), item ;
```

これを実行すると画面に結果が表示されますが、今回は画面にではなく 先ほど作成したsales_summaryテーブルに対して結果を登録することにしましょう。
「INSERT INTO sales_summary (列名...)」に続いて、先ほどのSQLを実行するだけで実現できます[※5]。

実行結果は次のようになります。

```
mysql> INSERT INTO sales_summary (date1, item, total_price)
    ->    SELECT DATE(dt), item, SUM(price)
    ->      FROM sales
    ->     WHERE dt>='2025-04-04 00:00:00'
    ->     GROUP BY DATE(dt), item ;
Query OK, 3 rows affected (0.01 sec)
Records: 3  Duplicates: 0  Warnings: 0
```

SELECTの具体的な結果は画面には表示されませんが、何やら3行が処理されたらしいことだけが表示されています。sales_summaryテーブルに登録されているはずなので、確認してみましょう。

```
mysql> SELECT * FROM sales_summary;
+---------------------+------+-------------+
| date1               | item | total_price |
+---------------------+------+-------------+
| 2025-04-04 00:00:00 | Note |         410 |
| 2025-04-05 00:00:00 | Pen  |         850 |
| 2025-04-06 00:00:00 | Note |         210 |
+---------------------+------+-------------+
```

このように、SELECTの結果をテーブルに保存することができるINSERT 〜 SELECTは、知っておくと便利に使えるシーンもあるでしょう。

※5 全ての列に対して値を与える場合に列名の羅列が省略できるというのは、INSERT文を学んだときと同じです。

## CREATE ～ SELECT

もう１つの「合わせ技」がCREATE ～ SELECT構文です。先ほどのINSERT ～ SELECT構文はあらかじめ作っておいたテーブルに対してデータを登録するものでしたが、CREATE ～ SELECT構文は、新たなテーブルを作成してデータを登録してくれるものです。使い方はINSERT ～ SELECT構文とほぼ同じですが、CREATE ～ SELECT構文ではSELECTの前に「AS」が必要になるRDBMSがほとんどです。

実行例は、次のとおりです。先ほどのINSERT ～ SELECTでは登録先のテーブルがすでに存在していたのでSELECT句での別名指定を省略していましたが、CREATE ～ SELECTでは新たなテーブルの列名を正しく伝えるために、SUM()やDATE()などの演算をした列には別名を付けています。

```
mysql> CREATE TABLE new_summary AS
    -> SELECT DATE(dt) date1, item, SUM(price) total_price
    ->   FROM sales
    ->  WHERE dt>='2025-04-04 00:00:00'
    ->  GROUP BY DATE(dt), item ;
Query OK, 3 rows affected (0.03 sec)
Records: 3  Duplicates: 0  Warnings: 0


mysql> SELECT * FROM new_summary;
+------------+------+-------------+
| date1      | item | total_price |
+------------+------+-------------+
| 2025-04-04 | Note |         410 |
| 2025-04-05 | Pen  |         850 |
| 2025-04-06 | Note |         210 |
+------------+------+-------------+
3 rows in set (0.01 sec)
```

# 第6章 データ操作以外のSQL

SQLはデータを操作するためだけのものではありません。トランザクションを制御したりテーブルなどのデータベースオブジェクトを作ったり、データベースにアクセス可能なユーザーの設定を行ったりする際にもSQLを使用します。本章では、そういったデータ操作以外のSQLについて学びます。

6-1 トランザクションのSQL
6-2 ユーザー管理・アクセス管理のSQL
6-3 実行計画（EXPLAIN）
6-4 CREATE ／ DROP
6-5 TRUNCATE
6-6 データの投入

# 6-1 トランザクションのSQL

RDBMS上で一連の操作をまとめて処理する仕組みが「トランザクション」です。トランザクションについては第2章で説明しましたが、多くのSQLを学んだ今、おさらいをしておきましょう。

- **トランザクションの開始：**BEGIN**または**START TRANSACTION※1
- **トランザクションの確定：**COMMIT
- **トランザクションの巻き戻し（キャンセル）：**ROLLBACK

このほか、本書では詳しく説明しませんが、大きな更新トランザクションの途中で「全てをROLLBACK」するのでなく「途中の時点までROLLBACK」できるようにするための目印「SAVEPOINT」というのがあります。トランザクションの途中で何度か、名前を付けた「くさび」のような目印（SAVEPOINT）を打ち込んでおき、「ROLLBACK TO SAVEPOINT」という命令で、名前を指定したSAVEPOINTのところまでをROLLBACKできるものです。興味を持った人は、リファレンスマニュアルを参照しながら、ぜひ手元で試してみてください（「4-8　トランザクションとロックの試し方」も参考にしてください）。

※1　RDBMSによって異なります。

# 6-2 ユーザー管理・アクセス管理のSQL

　続いて、RDBMSにおけるユーザーと権限について説明します。ユーザー管理の仕組みはRDBMS製品によって大きく異なります。何に対して権限設定を行うのか（データベース、スキーマ、テーブル、列など）、そして、そもそもそれらのオブジェクトは誰かが「所有」しているのか誰の持ち物でもないのかなど、RDBMSごとに根本的に違いがあります。OS側のユーザー名と連携した認証管理を行うのか、それともOSユーザーとデータベースユーザーは全く関連を持たないのかといったところも、RDBMS製品ごとに異なります。その中で共通していえるのは、「アクセスしたユーザーがRDBMS上で何を実行できるかを制御する仕組みが存在する」という点です。

　ここではMySQLでの権限管理のSQLを例に説明します。アクセスしたユーザーが操作できる範囲を設定するという点はどのRDBMSでも基本的な考え方は同じなので、ほかのRDBMSを使っている人は本書でデータベースユーザーの権限管理について雰囲気を把握したあとで、使用している製品のリファレンスマニュアルを調べて、何をどう設定できるのかを確認してみてください。

## MySQLでのユーザーの作成

　このパートはMySQL固有の話を多く含みます。MySQL以外のRDBMSを使っている場合は、ユーザー管理の1つの実装の例だと思って読み進め、使っているRDBMSのマニュアルを見ながら違いを把握していくとよいでしょう。

　MySQLでは、ユーザーは「どこからアクセスする誰」という形式で作成します。ここではlocalhostからアクセス可能なsakaiというユーザーを作成する例を示します。このユーザーは、IDENTIFIEDで指定したパスワードでログインできるようになります。

```
mysql> CREATE USER 'sakai'@'localhost' IDENTIFIED BY 'p@55w4rD';
Query OK, 0 rows affected (0.01 sec)
```

　ちなみに、ユーザーの削除をしたい場合にも、ユーザー名とホストのセットで指定します。

```
mysql> DROP USER 'sakai'@'localhost';
Query OK, 0 rows affected (0.01 sec)
```

## MySQLで新たに作ったユーザーでアクセスしてみる

ユーザー sakai@localhostが作成されたので、接続して、とりあえずデータベース一覧を確認してみます。

```
~$ mysql -usakai -p
 :(略)
mysql> SHOW DATABASES;
+--------------------+
| Database           |
+--------------------+
| information_schema |
| performance_schema |
+--------------------+
2 rows in set (0.00 sec)
```

本書の実行例でずっとお供だったstudyデータベース（スキーマ）が見当たりません。それは、このsakaiユーザーには各種権限を何も与えていないためです。データベースサーバへの接続だけはできるけれど、前章までで学習に使っていたstudyデータベースを見る権限さえも与えられていないのです。見えている2つはMySQL内の設定や状況を見るのに使うデータベースで、これだけは接続可能な人であれば誰でも見えるようになっています。

studyデータベースが存在することは知っているので、試しに名前を指定してカレントスキーマを移動してみましょう（≒データベースの中に入るということでした）。

```
mysql> use study;
ERROR 1044 (42000): Access denied for user 'sakai'@'localhost' to database
'study'
```

拒否されてしまいました※1。sakai@localhostはアクセス権限を持っていないので、当然の結果です。

## アクセス権の付与

では、アクセス権限を付与してみましょう。もちろん何の権限も持たないsakaiユーザーが自分で付与できるわけではないので、管理ユーザーにお願いすることになります。管理ユーザーは、前の章までで（特別な設定を行っていない場合は）アクセスしていたユーザーであるrootユーザーです※2。

※1　ちなみに、本当に存在しないデータベース名を与えてuseした場合でも、同じメッセージが返ってきます。どんな名前のデータベースが存在するかを悪い人に捜索させないようにする工夫です。ただし、管理者権限を持ったユーザーの場合は、正直に「Unknown database」と返してくれます。

※2　管理者権限を持つユーザーであれば、rootでなくてもユーザーの作成が可能です。

アクセス権を付与するにはGRANT文を使います。GRANT文を用いると、さまざまな単位の対象（データベースやテーブル）に、さまざまな権限を付与できます。

ここでは、次のように設定してみます[※3]。

- **sakai@localhostユーザーが**
- **studyデータベースの全てのオブジェクト（テーブルなど）に対して**
- **SELECTとDELETEの権限だけを持つ**

それには、次のようなGRANT文を使います。rootユーザーでMySQLサーバに接続して実施します。

```
mysql> GRANT SELECT,DELETE ON study.* TO sakai@localhost;
Query OK, 0 rows affected (0.01 sec)
```

エラーなく実行されました。これで権限が設定できました。

##  アクセス権が設定されたことの確認

改めてsakai@localhostユーザーでMySQLに接続します。テーブル一覧を見てみると、先ほどまで（アクセス権がなかったために）存在すら見えなかったデータベースstudyが見えるようになりました。

```
mysql> SHOW DATABASES;
+--------------------+
| Database           |
+--------------------+
| information_schema |
| performance_schema |
| study              |
+--------------------+
3 rows in set (0.01 sec)
```

次のように、studyデータベースに対するカレントデータベースの変更ができ、studyデータベース内にあるテーブル一覧の参照もできるようになりました。

```
mysql> USE study;
Database changed
```

※3 SELECTとDELETEの2つだけの権限を付与するというのは、一般的ではありません。追加も変更もできない人に削除を許可するというシーンは、まずないでしょう。学習用、説明用だと思ってください。

```
mysql> SHOW TABLES;
+-----------------+
| Tables_in_study |
+-----------------+
| big_makers      |
| mybooks         |
| new_summary     |
| sales           |
+-----------------+
4 rows in set (0.00 sec)
```



データの確認もしてみましょう。salesテーブルの中身をSELECT文を使って表示してみます。studyデータベース内の全てのテーブルへのSELECT権限が付与されていることが確認できます。

```
mysql> SELECT * FROM sales;
+----+---------------------+------+----------+-------+----------+-------+
| id | dt                  | item | customer | price | maker_id | maker |
+----+---------------------+------+----------+-------+----------+-------+
|  1 | 2025-04-01 11:10:00 | Note | John     |   210 |        1 | Asha  |
|  2 | 2025-04-01 12:20:00 | Pen  | Alice    |   800 |        2 | Bsha  |
:（略）
```

先ほどのGRANT文では、SELECTとDELETEの権限だけを付与しました。本当にそのように設定されているのか、確認してみましょう。UPDATEやDELETE、INSERTの処理を依頼してみます。

```
mysql> UPDATE sales SET customer='Jets' WHERE id=12;
ERROR 1142 (42000): UPDATE command denied to user 'sakai'@'localhost' for table 'sales'
```

UPDATEの権限は与えられていないので、そのとおり正しく拒否されました（denied）。更新はできません。では、DELETEは、どうでしょうか。

```
mysql> DELETE FROM sales WHERE id=8;
Query OK, 1 row affected (0.01 sec)
```

エラーは発生せず、無事に削除できたようです。このユーザーにはDELETE権限も権限付与されているので正しい動作です。最後に、行追加であるINSERTも試してみます。

```
mysql> INSERT INTO sales (id, customer) VALUES (16, 'Someone');
ERROR 1142 (42000): INSERT command denied to user 'sakai'@'localhost' for table
'sales'
```

sakai@localhostユーザーにはINSERT権限は与えられていないので、こちらも正しく拒否されました。

「GRANT SELECT,DELETE ON study.* TO sakai@localhost;」で設定したとおり、studyの内のテーブル（今回はsalesテーブル）にSELECTとDELETEのみが実行可能であり、権限が与えられていないUPDATEやINSERTは実行できないことが確認できました。RDBMSを操作しているとさまざまなエラーに遭遇することになりますが、今回表示されたdeniedという単語は主に権限周りの設定が自分が考えているのと異なる場合によく見るものです。英語が苦手な人も覚えておきましょう[※4]。



##  GRANT文の説明

今回は、次のような条件で権限設定を行いました。

- **sakai@localhostユーザーが（権限付与するユーザー）**
- **studyデータベースの全てのオブジェクト（テーブルなど）に対して（権限対象のオブジェクト）**
- **SELECTとDELETEの権限だけを持つ（与える権限の種類）**

それぞれ、GRANT文の次のパートにて与えます。

```
GRANT SELECT,DELETE ON study.* TO sakai@localhost;
```



●図6-2-1 GRANT文による権限付与

権限対象のオブジェクトは、ワイルドカード（*）を使った「study.*」という書き方（studyデータベース内の全てのテーブル）からも想像が付くように、データベース単位だけではなくテーブル単位でも付与できます。たとえば、ここで「study.*」の代わりに「study.sales」と指定すれば、salesテーブルのみへの権限設定ができます。

※4 英語が苦手な人は、「期待した結果がdenied（出ないど）」と覚えてくと、強く記憶に印象付けられるでしょう。

与える権限の種類は、データ操作のINSERT、UPDATE、DELETE、SELECTの4種類のほか、テーブルをCREATEしたりDROPしたりする権限、OS側のファイルにアクセスする権限、レプリケーションの設定を行う権限など、そのユーザーが何を行うことができるのかを細かく指定できます[※5]。それらの全ての権限を付与する場合は、個別にSELECTやDELETEなどを全て並べるのではなく、ALLとして一括指定できます。

```
mysql> GRANT ALL ON study.* TO sakai@localhost;
Query OK, 0 rows affected (0.02 sec)
```

権限を取り消す（剥奪する）には、REVOKE文を使います。SELECTとDELETE権限を与えたsakai@localhostからDELETE権限を剥奪するには、次のように書きます。

```
mysql> REVOKE DELETE ON study.* FROM sakai@localhost;
Query OK, 0 rows affected (0.01 sec)
```

## 権限設定方針の例

### リードオンリーユーザー／データ操作だけのユーザー

データを参照できるけれども書き換えを行わせたくない場合は、SELECT権限のみを持つユーザーを作成します。この設定は、データ分析を行うユーザー[※6]にアカウントを発行する場合や、アプリケーションが参照を行う機能のみを持っている場合に有効です。RDBMSの仕組みで、ユーザーによる意図しない変更を防ぐことができるのです。

また、データ操作は自由にさせてもよいけれど、テーブルを作ったりその他の管理的な処理はさせたくない場合には、INSERT、UPDATE、DELETE、SELECTの4つの権限のみを与えるという使い方が適切でしょう。多くの場合、アプリケーションプログラムからのアクセスではテーブルをCREATEしたりDROPしたりすることはあまりないはずなので、このような権限設定をすれば、誤ったテーブル破棄や大量のテーブルを勝手に作られるなどの事故を未然に防ぐことにもつながります。

※5　MySQLで設定可能な権限の種類は、リファレンスマニュアルに書かれています。 https://dev.mysql.com/doc/refman/8.4/en/grant.html

※6　データ分析ユーザーでも、CREATE ～ SELECT構文などを活用して中間集計結果を格納したい場合もあるかもしれません。その場合は、より多くの権限を与える必要があります。

### 学習用にユーザーを作る場合

あなたが持っているMySQLサーバ上に誰かのSQL学習環境を構築する場合、学習用のデータベース（スキーマ）内では自由に振る舞ってもらってもよいけれども、勝手にユーザーを作られたりサーバの設定を変更されたりというのは勘弁してもらいたいと考えるでしょう。このようなときにも適切な権限管理をすることで対応できます。手順としては、例えば次のようになるでしょう。

**1.「データベース1」を作成する**

```
CREATE DATABASE データベース1;
```

**2.「ユーザーA」を作成する**

```
CREATE USER ユーザーA IDENTIFIED BY 'パスワード';
```

**3.「データベース1」内の全てのオブジェクトに対して、「ユーザーA」がALLの権限を持つように設定する**

```
GRANT ALL ON データベース1.* TO ユーザーA;
```

これで、「ユーザーA」は「データベース1」内ではテーブルを作ったりデータを出し入れしたりを自由にできますが、それ以外のデータベースに対しては操作できないため、閉じた学習環境としてのびのびと試すことができます[※7]。



※7 実は、本当にユーザーAにのびのびされては困る点が1つあります。それはディスク領域です。ここでは操作に対する権限を設定しただけなので、ユーザーAが大量のデータを好きなだけ登録した場合、ディスク領域が圧迫されたりディスクフルになったりする可能性があります。残念ながら、MySQL自体にはこれを制限する方法はありません。RDBMS製品によっては、データベースごとの最大サイズを設定できたり、データの保存領域（テーブルスペース）のサイズを制限することで実現できるものもあります。「クォータ（Quota）」というキーワードで調べてみてください。

# 6-3 実行計画（EXPLAIN）

SQLは、それがSQLと呼ばれる以前には名称の中に「English Query Language」という言葉が入っていたことからもわかるように、英語のような言語で手軽にデータ操作をできることを目指していたものでした。RDBMSの内部でどのようにデータが格納されているのか、そして内部でどのような処理が行われているのかをユーザーは全く意識することなく、ブラックボックスとしてRDBMSを操作できるものという理想がありました。

筆者自身も、個人的にはRDBMSの利用者が必要以上に内部の動作を意識すべきではないと考えています※1。SQLは、もっと気楽なものなのです。

とはいえ、現実には内部の動作を意識することで、さらにRDBMSの性能を引き出せるシーンが多いことも事実です。クエリがどのように処理されているのかを知ることは、SQLのパフォーマンス改善の中で、もっとも必要なスキルの1つといえるでしょう。

このとき必要となる大切な情報を提供してくれるのが「実行計画」です。実行計画は、クエリがどのような順序で内部で処理されているかを表したもので、EXPLAIN文で取得できます※2。EXPLAINに続いて、解析したいSQL文をそのまま指定します。「EXPLAINに続いて」というよりは、通常は課題となるSQL（時間がかかっているものであることが多い）がまず手元にある状況なので、「実行計画を確認したいクエリの先頭にEXPLAINを付けて実行してみる」という感覚のほうが近いかもしれません。

各RDBMS製品は、そのSQL文法や使い方はISOの標準になるべく沿うように作られていますが、SQLでの依頼を受けたあとの中の処理は、各製品それぞれの工夫があります。内部で使う検索アルゴリズム、処理順序の判断方法など、あらゆるものが異なっています。

MySQLでのEXPLAINの結果（実行計画）の例を示します※3。

---

※1 技術的な観点では、オープンソースソフトウェアはソースコードが公開されているので、その中身を見たり、どうやっているのかの話を聞いたりするのは大好きですが、「内部を知らないと、内部を意識しないと使えない」というのとは、少し違う気がしています。

※2 JSONで出力することもできます。例）`explain FORMAT=JSON SELECT type,item,price,make.....`

※3 英語が苦手な若かりし私は、この構文を見て「なんで実行計画の中身を見るのに、不平不満をいうのだろう……」と結構長いこと思っていました。そう、「complain」と混同していたのです。若いって素晴らしい。

```
mysql> EXPLAIN
    ->  SELECT type,item,price,maker
    ->    FROM (
    ->      SELECT 1 odr, '' type, item, price, maker
    ->        FROM sales
    ->     UNION
    ->      SELECT 2 odr, '小計' type, item, SUM(price), '---'
    ->        FROM sales
    ->       GROUP BY item ) t
    ->   ORDER BY item, odr;
+----+--------------+------------+------------+------+---------------+
| id | select_type  | table      | partitions | type | possible_keys |
+----+--------------+------------+------------+------+---------------+
|  1 | PRIMARY      | <derived2> | NULL       | ALL  | NULL          |
|  2 | DERIVED      | sales      | NULL       | ALL  | NULL          |
|  3 | UNION        | sales      | NULL       | ALL  | NULL          |
|  4 | UNION RESULT | <union2,3> | NULL       | ALL  | NULL          |
+----+--------------+------------+------------+------+---------------+
4 rows in set, 1 warning (0.00 sec)
```

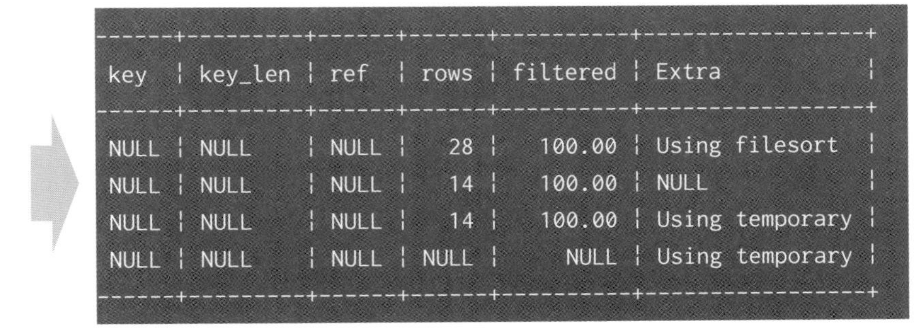

```
------+---------+------+------+----------+-----------------+
key   | key_len | ref  | rows | filtered | Extra           |
------+---------+------+------+----------+-----------------+
NULL  | NULL    | NULL |   28 |   100.00 | Using filesort  |
NULL  | NULL    | NULL |   14 |   100.00 | NULL            |
NULL  | NULL    | NULL |   14 |   100.00 | Using temporary |
NULL  | NULL    | NULL | NULL |     NULL | Using temporary |
------+---------+------+------+----------+-----------------+
```

本書では実行計画の読み方は解説しませんが、クエリのパフォーマンス改善に役に立つ情報を得るために実行計画を得ることができるということ、それを読むと無駄な処理（テーブルフルスキャンしているとか、期待したインデックスが使われていないとか、処理過程での絞り込まれた行が効率的でないとか）が見えてくるということを知っておいてください。

実行計画から何を読み取れるかが、ベテランと初心者を分けるといっても過言ではないかもしれません。少し件数が多めのデータからの検索などで処理に時間がかかることが気になるシーンがでてきたら、実行計画の活用方法についての学習に取り組んでみてください。

# 6-4 CREATE ／ DROP

本書ではデータベースやテーブル以外のデータベースオブジェクトについては詳しく触れていませんが、RDBMSにはそれ以外にもたくさんのデータベースオブジェクトがあります。これらのデータベースオブジェクトを作成する際に使用するのがCREATE文であり、破棄（削除）するのがDROP文です。



● テーブルt1を作成

```
CREATE TABLE t1 (id INTEGER, name VARCHAR(10), some_date DATETIME);
```

● テーブルt1を削除

```
DROP TABLE t1;
```

参考までにMySQLでCREATE文を使用して作成可能なオブジェクトの一部を紹介します。

```
CREATE DATABASE ...
CREATE TABLE  ...
CREATE INDEX  ...

CREATE VIEW  ...
CREATE TRIGGER  ...
CREATE TABLESPACE  ...

CREATE FUNCTION  ...
CREATE PROCEDURE  ...
CREATE SPATIAL REFERENCE SYSTEM  ...
```

これらのCREATE文で作成したオブジェクトを破棄（削除）するのがDROP文です。それぞれのCREATE文に対応して、DROP文があります。

```
DROP DATABASE ...
DROP TABLE  ...
DROP INDEX  ...
```

```
DROP VIEW  ...
DROP TRIGGER  ...
DROP TABLESPACE  ...

DROP FUNCTION  ...
DROP PROCEDURE  ...
DROP SPATIAL REFERENCE SYSTEM  ...
```

作成のためのCREATE文、破棄のためのDROP文以外に、変更のためのALTER文もあります。個人的には、テーブル定義の変更（主にカラムの追加）を行うALTER TABLE以外はあまり使う機会がないという印象です[※1]。

これらのデータベースオブジェクトを操作するためのSQLを、DDL（Data Definition Language：データ定義言語）と呼びます。特にCREATE TABLE文は最もよく使われるもので、開発の現場でも「DDLを用意しておいてください」といわれたら、「CREATE TABLE文を作っておいてください」という意味であることも多くあります。

RDBMS製品の中には、トランザクションの中でDDLを実行すると、そのタイミングで自動的にCOMMITされるものがあります。

これらのDDLの中から、テーブル作成（CREATE TABLE）については、第7章で解説します。



※1 人それぞれに置かれた環境によって異なると思いますが、多くの場合はDROPして再度CREATEする手順で事足りている感覚があります。

# 6-5 TRUNCATE

テーブルのデータを全て削除して空にしてくれるのがTRUNCATE文です。

「データを消すならDELETEがあるのでは？」と不思議に感じたかもしれません（これまでの学習の成果として、そう感じてください！）。確かに、TRUNCATE文がなくても、DELETE文で消せばよさそうに思えます。では、なぜわざわざTRUNCATE文というものがあるのでしょうか。

## なぜTRUNCATE ？

TRUNCATE TABLE文は、しばしば「テーブルの『切り捨て』」と呼ばれますが、個人的には「リセット」と呼んだほうがイメージがぴったりだと感じています。

本書の前半で解説したとおり、RDBMSはデータ保護のために内部ではたくさんの仕組みが動いています。DELETE文1つ実行する場合にも、トランザクションの考慮、ログへの記録など「安全のために」たくさんの仕事を隠れたところで実行しています。テーブルを空にしたいだけなのに、たくさんの仕事をていねいに実行しているので、件数が多いときには意外と時間がかかってしまうのです。

一方で、テーブルデータを全部消したいというのは、ただ単に空にしたいだけなのであって、そのようなていねいな手続きはしなくてよいから高速に消してほしいということも多いでしょう。このような際には、DELETEのようなていねいな処理は不要です。

そこで、DELETEほどにていねいに処理せずにテーブルを「切り捨て」または「リセット」してくれるのがTRUNCATEなのです。

## きれいさっぱり元に戻る

TRUNCATE文の構文は、次のとおりです。

```
TRUNCATE TABLE テーブル名;※1
```

これで、テーブル内のデータが綺麗さっぱりと消えて、CREATE TABLE直後の状態のようになります。

MySQLには、列の値として登録順に連番を採番して格納してくれるAUTO_INCREMENTと

※1　TRUNCATE TABLEのTABLEの部分を省略可能なRDBMSもあります。

いうカラム属性があるのですが、DELETE文で削除したときには連番は削除前の続きの番号が採番されます。TRUNCATE TABLEでテーブルを空にした場合は、新たに最初の番号からの採番となります。このように、細かい部分に「削除ではなく切り捨て」であることを感じられる挙動があります。

## TRUNCATEはDDL

DELETEと似た機能なので勘違いされることが多いのですが、TRUNCATE文はDML（SELECT、UPDATE、INSERT、DELETEの仲間）ではなく、DDL（CREATE文の仲間）です。

という分類を知っていても特に役に立つわけではありませんが、この分類からもDELETEとは違う扱いなのだということを、知識として知っておいてください。

## MySQLでの動作例

TRUNCATEがDDLであるということを、MySQLの動作で確認してみましょう。MySQLではDDLの処理はROLLBACKできないことになっている※2ので、DELETEならばROLLBACKできるのに、TRUNCATEではROLLBACKできないことを見てみます。

### DELETE文の場合

```
mysql> BEGIN; ◀── トランザクションを開始
Query OK, 0 rows affected (0.00 sec)

mysql> SELECT * FROM sales; ◀── データが入っていることを確認
+----+---------------------+------+----------+-------+----------+-------+
| id | dt                  | item | customer | price | maker_id | maker |
+----+---------------------+------+----------+-------+----------+-------+
|  1 | 2025-04-01 11:10:00 | Note | John     |   210 |        1 | Asha  |
|  2 | 2025-04-01 12:20:00 | Pen  | Alice    |   800 |        2 | Bsha  |
|  3 | 2025-04-01 15:30:00 | Pen  | Bob      |   200 |        1 | Asha  |
+----+---------------------+------+----------+-------+----------+-------+
3 rows in set (0.00 sec)

mysql> DELETE FROM sales; ◀── salesテーブルを全削除
Query OK, 15 rows affected (0.00 sec)

mysql> SELECT * FROM sales; ◀── salesテーブルの中身を確認。消えている
Empty set (0.00 sec)
```

※2 MySQL以外のRDBMSには、DDLをロールバックできるものもあります。

```
mysql> ROLLBACK;◀──────────────── ROLLBACKする
Query OK, 0 rows affected (0.01 sec)

mysql> SELECT * FROM sales;◀──── 無事ROLLBACKされてDELETE前の状態になった
+----+---------------------+------+----------+-------+----------+-------+
| id | dt                  | item | customer | price | maker_id | maker |
+----+---------------------+------+----------+-------+----------+-------+
|  1 | 2025-04-01 11:10:00 | Note | John     |   210 |        1 | Asha  |
|  2 | 2025-04-01 12:20:00 | Pen  | Alice    |   800 |        2 | Bsha  |
|  3 | 2025-04-01 15:30:00 | Pen  | Bob      |   200 |        1 | Asha  |
+----+---------------------+------+----------+-------+----------+-------+
3 rows in set (0.00 sec)
```

## TRUNCATE文の場合

```
mysql> BEGIN;◀──────────────── トランザクションを開始
Query OK, 0 rows affected (0.00 sec)

mysql> SELECT * FROM sales;◀──── データが入っていることを確認
+----+---------------------+------+----------+-------+----------+-------+
| id | dt                  | item | customer | price | maker_id | maker |
+----+---------------------+------+----------+-------+----------+-------+
|  1 | 2025-04-01 11:10:00 | Note | John     |   210 |        1 | Asha  |
|  2 | 2025-04-01 12:20:00 | Pen  | Alice    |   800 |        2 | Bsha  |
|  3 | 2025-04-01 15:30:00 | Pen  | Bob      |   200 |        1 | Asha  |
+----+---------------------+------+----------+-------+----------+-------+
3 rows in set (0.00 sec)

mysql> TRUNCATE TABLE sales;◀──── salesテーブルをTRUNCATE
Query OK, 0 rows affected (0.04 sec)

mysql> SELECT * FROM sales;◀──── salesテーブルの中身を確認。消えている
Empty set (0.01 sec)

mysql> ROLLBACK;◀──────────────── ROLLBACKする
Query OK, 0 rows affected (0.00 sec)

mysql> SELECT * FROM sales;◀──── 切り捨てたのでROLLBACKしても値は戻ってこない
Empty set (0.00 sec)
```

# 6-6 データの投入

データ操作のSQLを学習していると、ある程度大量のデータを登録して試してみたくなるものでしょう。オープンデータとして公開されているデータの中には、あなたの気を惹くものもたくさんあるはずです。そういったデータをRDBMSに登録してSQLの練習がてら分析の真似事をしてみるのは、格好の学習環境と言えるでしょう。自分が興味を持ったデータでデータ操作をするのは本当に楽しいものですから。

ここでは、そういったさまざまな公開データを登録するための考え方、手法について2つの視点で紹介します。

## データ投入の大きな流れ

いずれの方法を採るにしても、まずRDBMS上にデータを登録するためのテーブルを作成しなければなりません※1。そのテーブルに対してデータを投入していきます。

## INSERT文での投入

今まで学んだ知識でもテーブルへのデータ登録はできます。データの登録といえば、INSERT文です。手に入れたデータ（CSVやExcelなど）を手元で加工してINSERT文にしてしまえば、テーブルに登録できます。私がよくやる加工方法はは非常に原始的で、Excel上の半手作業で正しいINSERT文になるように加工したり（セルの列をうまく使うと結構便利なのです）、あるいはコマンドラインでsedやawkを駆使しして加工したりしています※2。最終的に、次のようにINSERT文が並んだファイルを作ることができればよいのですから、方法は問いません。

```
INSERT INTO ... VALUES (....);
INSERT INTO ... VALUES (....);
INSERT INTO ... VALUES (....);
INSERT INTO ... VALUES (....);
```

※1　正直なところ、筆者もテーブルを作るこの作業が最も面倒に感じています。とりあえず登録してから後で細かい調整をしようというときには、カラム名だけそれっぽいものを並べた上で、型は全部長めの文字列型にして作成してしまうこともあります（型については第7章で詳しく解説します）。数値計算をしたい列が出てきたらそこを数値型にし、日付として扱うべき列があればそこだけ日付型にするという「必要なところだけきちんと定義して、あとはざっくりでいいよ作戦」を採ることもよくあります。

※2　件数が少ない場合は、テキストエディタを使ってINSERT文を作ることも、よくやります。

ファイル（仮にdata.txtとします）が完成したら、これをコマンドラインクライアントにパイプまたはリダイレクトで投入すれば登録完了です。

● 投入の例（studyデータベース内のテーブルへの登録）

コマンドラインから、catコマンドの出力をmysqlコマンドにパイプします。mysqlコマンドは、これまで対話型コマンドラインに接続していたときと同様に、ユーザー名とデータベース名を指定します。パスワードはコマンド実行時に尋ねられるので、そこで入力します。

```
$ cat data.txt | mysql -uroot -p study
```

あるいは、次のようにリダイレクトを使ってもよいでしょう。

```
$ mysql -uroot -p study < data.txt
```



件数がさほど多くないのであれば（数千件程度まで）、筆者はこの方法で登録することもよくあります※3。登録時間を短縮したい場合は、このままでは1行ごとにオートコミットが実行される時間が無駄なので、冒頭にBEGIN;を、末尾にCOMMIT;を書いて1つのトランザクションにすることで高速化を図ることもあります。

もっと件数が多くて、登録にかかる時間をさらに短縮したい場合や、そもそも加工してINSERTを作るのが面倒だなという場合は、次に紹介するデータロード機能を使います（少ない件数であっても読み込み機能を使っても全然構いませんし、むしろそうしたほうがハッピーかもしれません）。

COLUMN　PostgreSQLへのINSERTにご用心

INSERT文は、通常、テーブルの列数にぴったりと合った数のカラムデータを与える必要があります。5カラムあるテーブルに4つのデータしか与えないINSERTは、エラーになります。

▼5カラムあるテーブルt1への挿入の例

```
① INSERT INTO t1 VALUES (1,'abc','xxx', 320, ''); → OK
② INSERT INTO t1 VALUES (1,'abc','xxx', 320); → ERROR
③ INSERT INTO t1 (id,val,s,amount) VALUES (1,'abc','xxx', 320); → OK
```

※3　もっと件数が少ない場合（数十件程度）は、テキストエディタからINSERT文をコマンドラインクライアントの画面にコピペすることさえ、やります。意外と原始的な作業でも用は足りるものです。

ところが、PostgreSQLではテーブル名の後のカラム名羅列を省略した①や②の場合、VALUESで与える値の数が、カラム数に満たない場合でもエラーにならないのです。②のケースでは5つめのカラムの値を与えていないので、この部分はNULLとして登録されます。

実は、手作業でINSERT文を作成して登録したときに、この現象を体験しました。①のINSERT文を作成したつもりで、加工のミスがあり①'のようにクォートが不足した状態で作成されてしまいました。これは4カラムしか与えないINSERTなので、通常はエラーになるはずなのですが、PostgreSQLでは登録が成功していたのです。登録後にクエリ操作をしている際、「後半のカラムの値が1つずつズレているなぁ」と不思議に思って調べたところ、このびっくり仕様が発覚したのでした。

①'
```
INSERT INTO t1 VALUES (1,'abc,xxx', 320, '');
```

これ自体は変則的な挙動ではありますが、こういったことを避けるためにも、INSERT文のテーブル名の後にカラムを羅列する部分は省略しないほうがよいのではないかと感じました。

## CSVファイルなどの読込登録機能

各RDBMSにはCSV形式などのデータファイルを読み込んでテーブルに登録する機能（ロード機能）があります。MySQLではLOAD DATA LOCAL INFILE文、PostgreSQLではCOPY文など、RDBMSごとにまったく異なるので、リファレンスマニュアルを見て、手元で試してみてください。「環境があるとすぐ試せる」の話をしたのと同様に、「おもしろそうなデータをストレスを感じずにテーブルにどんどん登録できるようになれば、さまざまなデータを試す環境を得ることができる」という点で、学習にも大きなアドバンテージとなるので、学習の比較的早い段階でデータ登録手法に慣れておくことをお勧めします。

### MySQLでのCSVデータ読込の例

MySQLのテーブルにCSVファイルのデータを登録する例を紹介します。テーブルはすでに作成済みで、テーブルと同じカラム数を持つdata.csvファイルが手元にあるとします。

MySQLにはmysqlimportユーティリティというのがあり、そちらを使うのも方法ですが、ここでは標準的なSQLのLOAD DATA LOCAL INFILE文を使う方法を紹介します[※4]。

※4　mysqlimportユーティリティの使い方もLOAD DATA LOCAL INFILE文と似ているので、リファレンスマニュアルを調べて試してみてください。

なお、MySQLでは、コマンドラインクライアントがOS上のファイルにアクセスすることをセキュリティの視点からかなり厳しめに評価しているため、いくつかの「緩める」設定を行う必要があります。

● 1. mysqlコマンドラインクライアントでのサーバへの接続

接続時に--local-infileオプションを指定する必要があります。手元のOS上のファイルへのアクセスを許可するためです。

```
$ mysql -uroot -p --local-infile study
```

● 2. MySQLサーバ上でもlocal_infileオプションを有効に

設定値の確認を行い、OFFであれば、SET命令で値をONに変更します。

```
mysql> SHOW VARIABLES LIKE 'local_infile';
+---------------+-------+
| Variable_name | Value |
+---------------+-------+
| local_infile  | OFF   |
+---------------+-------+

mysql> SET GLOBAL local_infile=ON;
```

● 3. テーブルへの登録

LOAD DATA LOCAL INFILE文を使ってファイル内容をテーブルに登録します。
ここで示したのは、次のような条件で登録する例です。

- データはdata.csvファイル。/home/data/フォルダ下にある
- コンマ区切りファイルと見なして読み込む
- 先頭1行はヘッダとして読み飛ばす
- mydataテーブルに登録する

フィールドがダブルクォート（"）で囲まれている場合やコンマではなくタブ区切りの場合など、さまざまなオプションがあるので、いろいろと試してみるとよいでしょう。

```
LOAD DATA LOCAL INFILE '/home/data/data.csv'
  INTO TABLE mydata
  COLUMNS TERMINATED BY ','
  IGNORE 1 LINES;
```

### COLUMN　RDBMSの動作情報をいっぱい知ろう

RDBMSを操作している際、特に黒い画面に向かって自分が何か文字を打たないと何も進まない状況で、何がどうなっているのかがわからなくて戸惑うことも多いでしょう。そんなとき、RDBMSがどういう状態なのかなを知る手段をいくつか持っていると気が楽になるかもしれません。データ操作そのものではありませんが、知っておいて損はありません。

RDBMS製品ごとにそれぞれ独自の機能を持っているので、ここではMySQLを例にいくつか紹介しておきましょう。各製品とも似たような情報を得られるものがあるので、マニュアルを見て、いろいろと画面に出力して確認してみてください。

#### MySQLでの各種情報取得の例

● status

とりあえずmysqlクライアントで接続したら叩いてみます。製品のバージョン情報やサーバ、クライアントの文字コード認識などの情報が得られます。

```
mysql> status
--------------
mysql  Ver 8.4.3 for Linux on x86_64 (MySQL Community Server - GPL)

Connection id:          36
Current database:       study
Current user:           root@localhost
SSL:                    Not in use
Current pager:          stdout
Using outfile:          ''
Using delimiter:        ;
Server version:         8.4.3 MySQL Community Server - GPL
Protocol version:       10
Connection:             Localhost via UNIX socket
Insert id:              1
Server characterset:    utf8mb4
Db     characterset:    utf8mb4
Client characterset:    utf8mb4
Conn.  characterset:    utf8mb4
UNIX socket:            /var/run/mysqld/mysqld.sock
Binary data as:         Hexadeci
```

第6章　データ操作以外のSQL

```
Uptime:                   8 days 5 hours 17 min 18 sec

Threads: 3  Questions: 6809  Slow queries: 3  Opens: 898  Flush
tables: 3  Open tables: 799  Queries per second avg: 0.003
```

● SHOW命令

MySQLでは、SHOW命令を使うことで、さまざまな情報を入手できます。SHOW全体の機能はHELP SHOWで得られるので、確認してください。

ここでは、その中でも比較的よく使うものとしてSHOW STATUSとSHOW VARIABLESの2つを紹介します。

SHOW STATUSは、上で紹介したstatusと似ていますが、全く違うコマンドです。サーバの動作状態に関するさまざまな情報を入手できます。名前がわかっている場合はLIKEで絞り込むこともできます。

```
mysql> SHOW STATUS LIKE '%lock_time%';
+--------------------------+--------+
| Variable_name            | Value  |
+--------------------------+--------+
| Innodb_row_lock_time     | 165212 |
| Innodb_row_lock_time_avg | 27535  |
| Innodb_row_lock_time_max | 50014  |
+--------------------------+--------+
3 rows in set (0.00 sec)
```

SHOW VARIABLESは、サーバの設定情報を入手できる命令です。RDBMSが使うファイルの在処やさまざまな設定上限値などを確認できるので、まずは全体を表示してみて、気になる名前の設定について「これは何だろう」とリファレンスマニュアルなどを調べてみると知識が増えていくでしょう。

```
mysql> SHOW VARIABLES LIKE '%log_bin%';
+---------------------------------+--------------------------------+
| Variable_name                   | Value                          |
+---------------------------------+--------------------------------+
| log_bin                         | ON                             |
| log_bin_basename                | /var/lib/mysql/binlog          |
| log_bin_index                   | /var/lib/mysql/binlog.index    |
| log_bin_trust_function_creators | OFF                            |
```

```
¦ sql_log_bin                    ¦ ON                          ¦
+--------------------------------+-----------------------------+
5 rows in set (0.00 sec)
```

## ● PROCESSLIST

各RDBMS製品ともに、接続中のコネクションを一覧で見る機能はあるはずです。MySQLでは`SHOW PROCESSLIST`を使います。サービス運用しているデータベースサーバで処理が遅くなったなと見てみたら、非常に大量のコネクションが張られていたということもよくあるので、確認用に知っておいて損はない命令です。

```
mysql> SHOW PROCESSLIST;
+----+-----------------+-----------+-------+---------+
¦ Id ¦ User            ¦ Host      ¦ db    ¦ Command ¦
+----+-----------------+-----------+-------+---------+
¦  5 ¦ event_scheduler ¦ localhost ¦ NULL  ¦ Daemon  ¦
¦ 26 ¦ root            ¦ localhost ¦ study ¦ Sleep   ¦
¦ 36 ¦ root            ¦ localhost ¦ mysql ¦ Query   ¦
+----+-----------------+-----------+-------+---------+
3 rows in set, 1 warning (0.00 sec)
```

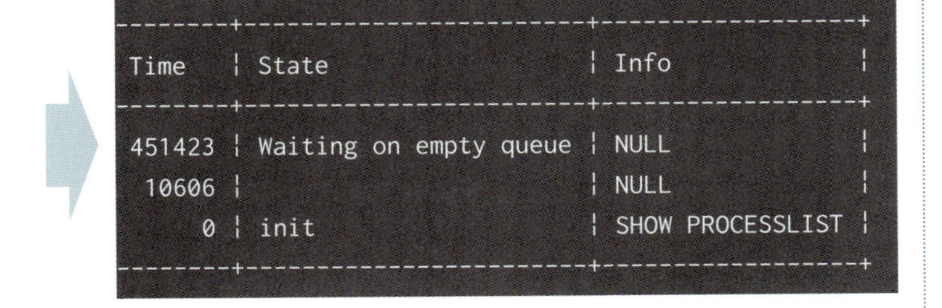

```
--------+------------------------+------------------+
Time    ¦ State                  ¦ Info             ¦
--------+------------------------+------------------+
451423  ¦ Waiting on empty queue ¦ NULL             ¦
 10606  ¦                        ¦ NULL             ¦
     0  ¦ init                   ¦ SHOW PROCESSLIST ¦
--------+------------------------+------------------+
```

## ● INFORMATION_SCHEMA

RDBMSサーバのさまざまな状態情報を提供するのが、`INFORMATION_SCHEMA`というデータベース（スキーマ）です。非常に詳細な情報が大量に提供されているので、正直なところ、筆者も頻繁に迷子になってしまい、全く使いこなせていません。

`INFORMATION_SCHEMA`はSQL:2003で標準化されているので、いくつかのRDBMS製品で使うことができます。MySQL独自拡張のものとして、動作情報を提供してくれる`PERFORMANCE_SCHEMA`もあります。

# 第7章 テーブルを自分で作ろう

データベース上に自分が管理したいデータ格納のためのテーブルを作るのは楽しいことです。テーブルを作るときにはどのようなことに気を配ったらよいのか、概要を学んでいきましょう。

7-1　テーブルは自由だ！
7-2　名前と型と制約と
7-3　テーブル設計の第一歩
7-4　こんなテーブルはイヤだ

# 7-1 テーブルは自由だ！

本書の締めくくりとして、自分でテーブルを作ることを取り上げます。よいテーブルを作るのは、非常に難しいことです。と書いたら、身構えてしまうかもしれません。では、逆のことをいいましょう。テーブルを作るのは非常に簡単です。ちょっとしたルールを覚えれば誰にでも作れます。

これは決して適当なことをいっているわけではなく、どちらも真実なのです。テーブルを作ることは、入り口は広いのですが、よりよいテーブルを目指す奥行きはどこまで行っても到達できないほど深いのです※1。本書では、初めてのテーブル作るための基本情報の理解から入って、テーブルを作る考え方を身に付けてもらいたいと思います。

入り口の広い「テーブル作り」なので、リラックスして気楽にテーブル作りに足を踏み入れていきましょう。

## テーブル設計の目的

テーブルを作る前に、何のためにテーブルを作るのかを考えてみましょう。もちろん、「データを格納するため」です。では、データを格納したテーブルは、どんなことがあったらイヤでしょうか。

「データがなくなったり壊れたりしたらイヤだ」「データが増えたときに、検索結果が全然返ってこないようじゃ困る」といったあたりではないでしょうか。

前者については、物理的に壊れるという系統の話は第3章で出てきたバックアップなどで対処することにして、ここでは「論理的に壊れる」、つまりデータが不整合の状態になってしまうことを取り上げます。テーブルの作り方によってはちょっとした更新で簡単に壊れる構造にもなり得るので、そういうことを避けた構造が「よいテーブル」といえます。

後者については、さらに少し高度な話です。パフォーマンスの話は、「テーブル設計の守破離」があるとしたら、「離」の部分に当たることが多いからです。いわゆる「美しいテーブル設計」から、あえて離れて、パフォーマンスのための工夫をしていくという面が大きいのです。急成長したサービスでよく耳にするのが「最初からこういうテーブル設計にしておけば」という言葉ですが、これは常に単なる後出しじゃんけんです。複雑なテーブル構造は、アプリケーション側の開発負担を招きますし、開発初期こそは開発のスピード感が必要なので、流行るかどうかわからないサービスの初期開発にあまり先を考えすぎるのは得策とはい

※1 正解はないけど課題ばかりが山のように押し寄せてくる世界ともいえます。

えません[※2]。最初から気負いすぎずに、成長の過程でテーブルは変化するものだと考えてテーブルを作りましょう[※3]。

##  テーブルを作る「ルール」

テーブルを作るには、2種類のルールがあります。1つが「RDBMSとのお約束」で、もう1つが「サービス（要件）とのお約束」です。

「RDBMSとのお約束」は、テーブルを作る上でRDBMSのルールに従って作るということです。これを守らないと、テーブル作成のCREATE TABLE文がエラーになります。逆にいうと、「テーブルは自由」というのは、エラーにならないCREATE TABLE文ならば何でもよいということを意味しています。テーブル作りの第一段階とは、こういった「RDBMSとのお約束」を守れるようになるということです。

まがりなりにもテーブルをRDBMSとのお約束に従って作れるようになってからが「要件とのお約束」です。サービスで使いたいようにデータを格納し取り出せるテーブルを作るための工夫をしていくことになります。この工夫のことを「テーブル設計」といいます。

##  テーブル設計に唯一の答えはない

テーブル設計には正解がたくさんあります。テーブル設計は「よいテーブルを作ること」ですが、言い換えると「問題ないテーブルを作ること」でもあります。テーブル構造を考えるときにどれだけ「問題」に気づくことができるのかは、どれだけ要件を理解しているのかということでもあります。テーブルを仮設計し、そのテーブルに対してさまざまなデータアクセスをシミュレーションし、「問題ないならば問題ない」のです。

結局のところ、テーブル設計に絶対的な正解はありません。「最初から将来的なことまで含めた完璧な形を目指す」のは無理なので、「仮に作ってみる」→「使ってみて気づいたことを反映させる」のサイクルを回しながら改良を重ねていくほうが現実的です。

特に学習の過程では、あまりに悩みすぎて先へ進めないよりは、まずは自由に作ってみて、気づいた問題に対する改善をしていくという姿勢を大切にしてほしいものです。

※2　サービスの成長具合は日々認識しているわけなので、どこかのタイミングでテーブル設計も1つ上のフェーズに引き上げる必要は当然あるでしょう。

※3　一方で、大量のデータを貯め込んだテーブルの定義変更は、かなり大変であるという面もあります。だからこそ、本文で述べた後出しのような愚痴も出てくるわけです。定義変更がもっと楽にできるとよいのに……とは、筆者も思います。

## 作る前に尋ねるな、作ってから尋ねろ

身近にテーブル設計について相談できる人がいる場合、つい、どのようなテーブルにしたらよいかを尋ねてしまうでしょう。決して悪いことではないのですが、成長という観点からは少し考えてもらいたいところです。というのは、この行動では「自分で考えずに答えをもらってしまう」ことになるからです。稚拙なテーブルを作って人に見られるのは恥ずかしいと感じるかもしれません。しかし、ベテランの人に「どうすればよいでしょうか？」といきなり答えをもらうような姿勢よりは、「自分なりに、こう考えて、このようなテーブルにした」というものを持って行くほうが、いわば「添削」をしてもらえることになり、自分の考え方の抜けやズレを認識できることにもなります。答えをもらうだけよりも、格段に成長の機会になると思いませんか。

テーブル設計はどんな形でもよいので「自分で考えて作ってみる」を繰り返すことで経験が蓄積されて行くものなのです[※4]。作ったテーブルを見てくれる人が近くにいれば、それは幸せなことなので、たくさん見てもらいましょう。



※4 もちろん「門前の小僧メソッド」で、正解を聞き続けているうちによい設計に関する感覚が磨かれていくということは否定しません。各分野でいう「よい音楽に」「よい絵画に」「おいしい料理に」触れる大切さに通じるものがあるとは思います。しかし、このメソッドで身に付けた「よいテーブルの感覚」は、よいものの真似の範囲に留まり続け、その先には進めません。自分でしっかりと考えたことがないからです。「よいものの味」は知った上で、みなさんには「考えられるエンジニア」になってもらいたいと思います。

# 7-2 名前と型と制約と

## RDBMSとのお約束

テーブルはCREATE TABLE文によって作成します。テーブルを実際に作るにあたって、前項での「RDBMSとのお約束」を守った、エラーにならないCREATE TABLE文を作成する必要があります。まずは第一段階として、ここを目指しましょう。

## テーブル作成に必要な項目

CREATE TABLE文は、次のような形式で記述します。

```
CREATE TABLE [テーブル名] (
    [列名1] [型1] [制約1],
    [列名2] [型2] [制約2],
    [列名3] [型3] [制約3],
    :
    [列名n] [型n] [制約n]
);
```

この形式の「[ ～ ]」の部分を適切に記述することでテーブルが作成できます。それでは、これらの要素を順に説明していきましょう。

### テーブル名

自由に付けて構いません。売上ならsales、商品マスタならitems、顧客情報ならcustomersのように名付けます。マスタ系なら「m_」で始まる、履歴格納系なら「h_」で始まるといった命名規則を決めて適用するチームもあります。近年は多くのRDBMSで、かなや漢字といった日本語文字も使えるようになっていますが、アルファベットとアンダースコア（_）と数字の範囲で命名することをお勧めします※1。アルファベットを使うのだから英語で名付けるべきとの主張も散見されますが、使う人（チームの場合はチームメンバー※2）が使いやすければ、ローマ字表記のテーブル名でも構わないと筆者は考えています。

※1　世界規模で見たときには、マルチバイト文字でのテーブル名を多くの人が使っているとはいいがたい状況で、わざわざそれらを使用することは、アルファベットのみで付ける場合と比べて、まだ誰も踏んでいないバグを自分が踏んでしまう可能性を高めることになります。好んで無用なリスクを高める必要もないので、日本語不使用を勧める次第です。

※2　場合によっては、将来のチームメンバーのことも考慮します。この辺りは、チームの方針次第です。

RDBMSによって使える文字種や長さの制限が異なるので、各RDBMSのリファレンスマニュアルを確認して把握しておきましょう。

## 列名

こちらも、自由に付けて構いません。ただし、複数のテーブルを作成する際に気をつけてほしいことがあります。「シノニム」「ホモニム」は避けるということです。

シノニムとは、同じものを指しているのに別の名前を付けてしまうこと、ホモニムとは別々のものなのに同じ名前にしてしまうことです。例えば、都道府県IDを表すのに、あるテーブルでは`pref_id`で、別のテーブルでは`todofuken_id`というのは避けるということです。同じものには同じ名前を使います。

ホモニムの例としては、取引先企業と販売先の個人顧客（会員など）のそれぞれのテーブルを作成する際に、企業テーブル側の企業名にも個人顧客側の顧客名にも、`customer_name`と付けてしまうようなケースです。これは別のものを表している※3のだから、別々の名前を付けたほうが混乱が少なくなるのは明らかです。そのほかには、`user_id`という名前が、あるテーブルではサービス利用ユーザーを指し、別のテーブルではシステム側のユーザー情報を表している場合、`amount`というカラム名が金額を表していたり分量を表していたりなどという例があります。

この話の流れで意見が分かれるのが、`id`を持つ列の名前についてです。`customer`テーブルの`id`は`customer_id`とすべきか、`id`でよいのかという話です。個人的には「どちらでもよい」と考えています。（ここでの説明どおりに）列名を見ただけでわかるようにするという方針に従う考え方もありますし、`customer`テーブルにある`id`なのだから`id`だけでも自明だろうという考え方もあります。個人的には（説明したシノニム、ホモニムを避ける方針とは異なるのですが）、このケースでは`id`を使う派です※4。このように、名前付け1つ取っても「正解」はないのです。

使用する文字種や命名に関する考慮事項などは、「テーブル名」の項で説明したのと同じです。

## 型

本書前半の説明では「数値か文字列か日付時刻」とざっくりと説明しましたが、もう少し細かい条件を決めて指定する必要があります。型もRDBMSごとに微妙な方言があるので、使用しているRDBMSのリファレンスマニュアルを参照してください※5。ここではMySQLを例にして説明しますが、個別に「MySQLの場合は」という記述をしていません。

---

※3　もちろん、個人顧客と法人取引先を区別せずに扱う設計方法もあります。ここでは分けるべきものであるケースを前提とした例だと考えてください。

※4　比較的よく使うので短いほうが便利というモノグサ心が勝りました。もちろん、プロジェクトで作成するテーブルの規模や、列名を見ただけでどのテーブルの列かを判断できたほうがよいというメリットが、その案件の中で大きいのか否かなどを総合的に判断します。`customer_id`のようにフルネームで名付けることもあります。

※5　MySQLのマニュアルはhttps://dev.mysql.com/doc/refman/8.4/en/data-types.html

### ● 数値型[※6]

整数なのか小数を含むのか、必要な数値の範囲は幾らなのかなどを考慮します。少し雑な提案になりますが、整数の場合はとりあえずINT型、小数の場合はとりあえずFLOAT型を覚えておきましょう。

INT型は1つの値の格納に4バイトを要し、-2,147,483,648～2,147,483,647の範囲の整数（SIGNED型の場合）、または0～4,294,967,295の範囲の整数（UNSIGNED型の場合）を扱えます。UNSIGNEDで使いたいときには「INT UNSIGNED」という型名を指定します。INTだけを指定した場合のデフォルトはSIGNED型です。大きな数値は扱わないし格納領域を少しでも節約したいという場合は、2バイトで格納するSMALLINT型（-32,768～32,768、または0～65535）や1バイトで格納するTINYINT型（-128～127または0～255）なども選択できますし、もっと大きな数値を扱うという場合は8バイトのBIGINT型を選ぶこともできます。

FLOAT型は4バイトの浮動小数点型ですが、より高い精度を要する場合は8バイトを使うDOUBLE型を使うこともできます。浮動小数点に内包される誤差が許容できない場合は、固定小数点型DECIMALというのもあります。特に金融計算や有効桁数が明確な科学計算などで活用するとよいでしょう。

なお、RDBMSによってはUNSIGNED型がない場合もあります。

### ● 文字列型[※7]

その列に入れる値のほとんどが同じ桁数（6桁の文字で表されるコードなど）の場合と、ものによってバラバラの長さの場合とで、適切な型を選びます。前者の場合はCHAR型[※8]、後者の場合はVARCHAR型[※9]を使うのがよいでしょう。いずれの場合も文字列の最大サイズを括弧内に指定します。

CHAR型は、固定長文字列といって、指定した長さ分の格納領域を常に使います。例えば、CHAR(6)という指定をした列では、格納する値が6文字に満たない場合でも空白文字を埋めて常に6バイトを使って格納されます。

VARCHAR型は、可変長文字列といって、指定したサイズまでの文字列を格納できる型です。VARCHAR(100)と指定すると、100文字までの文字列を格納できます。使用される格納領域は、ほぼ使用した文字数の分だけです[※10]。

このように見ると、自由度の高いVARCHAR型だけがあればよいのではと感じるかもしれませんが、CHAR型にも利点があります。CHAR型は格納時のサイズが揃ってきれいに納まっていることから、データ格納位置を計算で求めることができ、検索時に有利になるケースがあります。郵便番号や都道府県コードなど、長さが揃っている列ならばCHAR型を採用したいところです。

---

※6 13.1 Numeric Data Types（https://dev.mysql.com/doc/refman/8.4/en/numeric-types.html）
※7 13.3 String Data Types（https://dev.mysql.com/doc/refman/8.4/en/string-types.html）
※8 私は「キャラがた」と読んでいますが、「チャーがた」と呼ぶ人もいます。
※9 私は「バーキャラがた」と読んでいますが、「バーチャーがた」と呼ぶ人もいます。
※10 「ほぼ」というのは、実際には長さ情報等の管理情報が付加されるためです。文字列の長さよりも数バイト分だけ多く使用します。

### ● 日付時刻型[※11]

日付だけを格納するDATE型、日付時刻を格納するDATETIME型などがあります。そのほかにTIMESTAMPやTIMEなどの型もありますが、筆者はあまり使う機会はありません[※12]。

### ● その他の型

JSONデータを格納するためのJSON型、地理情報（Spatial）を格納するための各種GEOMETRYの型（POINT型、LINESTRING型、POLYGON型など）といったものがMySQLにはあります[※13]。

また、RDBMS各製品ごとに、さまざまな独自の型があります。UUID型やMONEY型などがあるRDBMS製品もあるので、自分が主に使用するRDBMS以外のものも含めて、それぞれの製品のマニュアルを眺めてみるとおもしろいかもしれません。

## 制約

列に対する制限やルールを指定します。表7-2-1に示したのは、比較的よく使用される制約の例です。

▼表7-2-1　主な制約

| | |
|---|---|
| NOT NULL | NULLを許容しない＝必須項目にする |
| PRIMARY KEY | その列を主キーとする（重複不可、NULL不許可） |
| UNIQUE | その列の値の重複を許しない |
| CHECK | その列に入る値の条件を指定する。条件にマッチしない値は登録できない（本書では詳細な説明は割愛する） |
| DEFAULT | その列に値が指定されないとき[※14]にセットする値を指定する |

NOT NULLについては「必須項目」という響きからイメージしてしまうと特別な場合のみに指定するように感じてしまうかもしれませんが、むしろ「特に事情がないならNOT NULLを指定すべき」だと考えてください。本書では詳しく触れませんが、RDBMSはとにかく「NULLがないほうがハッピー」というシーンが多いのです。その列にNULLが絶対に入っていないとわかっている（NOT NULL制約がある）だけで、クエリ実行時に考慮しなければならないことが格段に減るのだと、ここでは覚えておいてください。

## その他の指定

AUTO_INCREMENTは、MySQLのみで使用可能な制約です。その列に登録順の連番となる数値を自動で登録してくれます。ほかのRDBMSではSEQUENCEというカウントアップ専用のオブジェクトを作って（CREATE SEQUENCE）利用するものが多いです。

※11　13.2 Date and Time Data Types（ https://dev.mysql.com/doc/refman/8.4/en/date-and-time-types.html）
※12　格納効率（ディスク上の使用サイズ）を気にする場合はTIMESTAMP型を使うことはあります。
※13　ここ数年、筆者は地理情報データに非常に関心を持って取り組んでいます。セミナー発表を多く行い、資料も公開しているので、おもしろそうと思った人は、Speakerdeckで筆者のスライドを検索してみてください。
※14　挿入する列名を指定するINSERT文を覚えていますか。指定されなかった列に対して、DEFAULT値が生きてきます。

##  テーブル作成の例

ここまでの説明したものをふんだんに使ったCREATE TABLE文の例を示しておきましょう。本書で学んだ知識を活かせば、テーブル名、カラム名のほか、各カラムの型や制約が指定されていることが読み取れるはずです。

```
CREATE TABLE customers (
  customer_id   INT           PRIMARY KEY AUTO_INCREMENT NOT NULL,
  customer_name VARCHAR(20)   NOT NULL,
  zipcode       CHAR(8)       NOT NULL,
  pref_code     INT           NOT NULL,
  address       VARCHAR(100),
  login_name    VARCHAR(20)   UNIQUE NOT NULL,
  member_rank   VARCHAR(10)   NOT NULL DEFAULT 'Bronze'
);
```

##  まとめ

テーブル設計は、ここまで説明してきたように、次の順で作成します。

1. テーブル名を決める
2. 列の一覧を作る
3. 各列の型と制約を決める

# 7-3 テーブル設計の第一歩

テーブルを作る第一歩は、自分が管理したいデータ項目を明確に把握することです。テーブル設計といっても、実際に行うことは要するにテーブルと列を決めるだけです。テーブルとはデータの大きな「かたまり」であって、列とはその中に含まれる個々の項目です。まずは、管理したい対象のデータとじっくり向き合いましょう。

手元に何らかの一覧表があって、このデータを登録したいという場合は、項目はもう決まっています。そのままテーブルにしてもよいケースもあれば、ほかの情報との関連を考慮して少し変形[※1]したほうがよいケースもあります。

手元に何らかのデータがあるわけではないものの、新たにデータベースで管理するためにテーブルを作りたいという場合、扱うデータ項目の洗い出しが最優先です。洗い出しの方法はいろいろとありますが、ここでは筆者がよく行う方法の一例を紹介します。

題材があったほうがイメージしやすいと思うので、ここでは、「友人から『図書館のような書籍無料貸出サービスを始めるにあたって、データをコンピュータで管理したい』と相談を受けて[※2]、データベースでデータ管理するためのテーブル設計を行う」というシナリオにします。

## 図書貸出サービスのテーブル設計例

### 情報の洗い出し

扱いたいデータ項目を洗い出すといっても、いったいどこから手を付ければよいのでしょうか。その場合、まずは「大きな要素を洗い出す」から始めることをお勧めします。例えば、図書貸出サービスであれば、中心となる要素として「本」があります。これを貸し出すので、本がなければ始まりません。次に、本を「借りる人」の存在が必要です。本は誰かに貸し出されていきます。友人に尋ねたところ、図書館に来て会員登録をしてもらうことにするということで、おそらく名前や住所、メールアドレスや電話番号などを預かるのでしょう。これで、借りられる本と借りていく人の情報が揃いました。さらに、誰がどの本を借りているのかを記録する情報も必要です。まずは、ここまでにしておきましょう。図7-3-1のような大分類が明らかになりました。

※1　多くの場合は「テーブルを複数に分ける」です。
※2　ここでは、著作権法（貸与権）の課題は解決しているものとします。

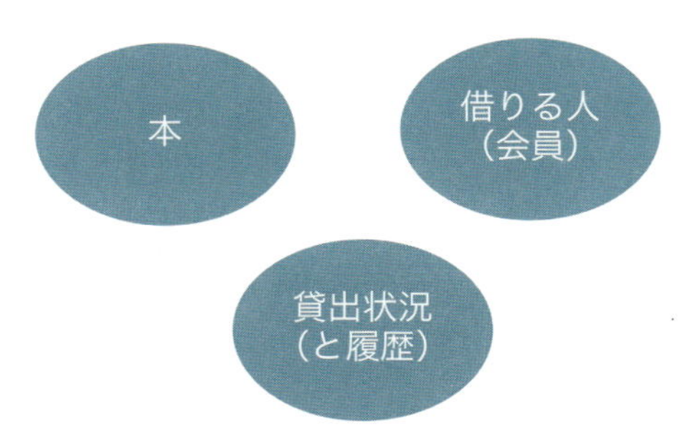


●図7-3-1　図書館の大きな要素

次にこれらの分類の中に含まれる具体的な項目を検討していきます。項目の洗い出しには、大きく分けて2つのアプローチがあります。対象そのものを見つめながら洗い出す方法と変化に着目する方法です。筆者は、後者の方法を好んで使います。「本」であれば、購入時と破棄時に状態が変化します。「会員」であれば、会員登録時や退会、除名など、あるいは住所などの情報の変更の際に変化すると考えられます。

変化タイミングを把握したところで、「本」の購入時にはどのような項目が発生するのかを考えましょう。買った本を、これから貸出に供するためにデータ管理しておくわけです。「会員」も同様に洗い出した結果例が表7-3-1です。友人と話しながら項目を洗い出していたら、「会員」に「最終貸出日」の情報がほしいということが判明しました。先ほどの洗い出しの中で出てこなかったものとして「会員データは貸出のたびに変化する」という更新タイミングの発生が追加となります。こういうことはよくあります。行ったり来たりしながら洗い出しを進めていきます※3。

▼表7-3-1　項目の洗い出し

| | 本 | 会員 |
|---|---|---|
| 変化タイミング | 本を買ったとき | 会員登録されたとき |
| 項目 | 書籍タイトル<br>著者<br>出版社<br>購入価格<br>サイズ情報<br>ページ数 | 氏名<br>ニックネーム<br>登録日<br>住所<br>メールアドレス<br>電話番号<br>最終貸出日 |

※3　最終貸出については、貸出履歴の情報から探すことができるので、ほかの場所には持たないという考え方もあります。「『真実は1つ』の法則（one fact in one place）」といいます。ただし、会員管理作業をする際に最終貸出日を頻繁に参照したいという場合に、毎回履歴を検索するのは時間がかかってしまうことが予想されるため（履歴はどんどん増えていきます）、あらかじめ会員の情報として保持しておくことをここでは検討しました。このフェーズでこのようなパフォーマンスのことを考慮するのは、論理設計と物理設計の混同と批判されることもありますが、気づいている課題にわざと気づかないふりをして設計を進めるのもわざとらしいので、ある程度慣れてきたらこのような手法もありだと筆者は考えています。設計初心者のうちは、闇雲にコピー項目を増やすのではなく、その前にいったん「この情報ってあっちのテーブルから取ることができるよね」ということを確認する習慣を付けてください。

「貸出状況」では、誰かが特定の本を借りる際に、「誰が」「どの本を」「いつ借りて」「いつ返す予定か」という情報が必要になりそうです。貸出情報は返却時に削除してしまう方法も考えられますが、削除すると本当に過去の貸出の記録一切が失われてしまいます。現在貸し出されている本だけを管理できればよいのであれば、これでも構わないのですが、多くの場合は履歴情報として保管しておきたいところでしょう。そのために「返却済」の情報が必要になります。「返却済み：Yes」スイッチのような情報でもよいのですが、ここでは返却日付を格納するように考えました。

▼表7-3-2　貸出状況

| | 貸出履歴 |
|---|---|
| 変化タイミング | 本が貸し出されたとき |
| 項目 | 借りた会員<br>借りた本<br>借りた日<br>返す予定の日<br>実際に返した日 |

**COLUMN　テーブル設計はデータベース力＋実務力**

テーブル設計を上手に行える人が共通して持っている能力があります。それが「実務能力」です。テーブルは現実世界の写像（生き写し）なので、よいテーブル設計のためには、現実世界をよく知っている必要があるというのは、自然なことでしょう。

ここで例に挙げた図書貸出システムでは、コンピュータを使わない場合、どのように実施するのかを考えてみましょう。例えば大学ノートに線を引いて貸出情報を記録することになりますが、貸出時に記録すべきこと（本の名前や貸出日、借りた人の情報など）、返却時に記録すべきこと（消し込み）、延滞者を確認する方法などなど、実務を事故なく回すためには気にすべきことがたくさんあります。

「テーブルとはこうやって作るもの」というコンピュータ側の都合に詳しいだけでなく、実務能力（あるいは、実務をうまく回すための想像力）を備えることで、よりよいテーブルができると筆者は考えています。

## テーブル設計

洗い出しが済んだら、これらの情報をテーブルにしていきます。本や会員などの主要なデータをID管理したほうが都合がよいので、それらの情報を加え、それ以外は先ほど洗い出した項目のままテーブルにしてみます。ここから改善を加えていきます。

```
「本」
------------------------------------
書籍ID
書籍タイトル
著者
出版社
購入価格
サイズ情報
ページ数
```

```
「貸出履歴」
------------------------------------
貸出番号（連番）
貸出日
会員ID
書籍ID
返却予定日
返却日
```

```
「会員」
------------------------------------
会員ID
氏名
ニックネーム
登録日
住所
メールアドレス
電話番号
最終貸出日
```

●図7-3-2　最初に作ったテーブル

まずは同じデータが繰り返し出てくる項目に着目します。さまざまな書籍が登録される「本」テーブルの中で、「出版社」は同じ会社が何度も何度も出てくるものだと気づいたでしょうか。こういった項目は別テーブルとして分離して一元管理するのが吉です（コラム参照）。著者やサイズ情報についても同様に分離したほうが管理しやすくなる場合がありそうです。

著者の扱いは、共著の可能性を考慮すると、もう少し複雑になります。共著については単純化して「連名での1人の名前」であるかのように扱う方法もありますが、著者名で検索したい場合にマッチしないなどの不便が予想されます。しっかり対応する場合は、次のような方法になるでしょう。

1. **著者ごとに著者IDで管理するテーブルを作成**
2. **本と著者を関連付けるテーブルを作成。このテーブルは、1つの本に対して複数の行が該当することがある（共著などの場合）**
3. **「本」テーブル自体は著者の情報を持たないようにする**

著者の表示順や、翻訳、監修などの役割の情報も必要となるので、「本_著者関係」テーブルにはそれらの情報も持たせることにしました。「本」「著者」テーブルとJOINするSQLを書けば、書籍ごとの著者情報を取得できるようになりました。

```
「本」
------------------------------
書籍ID
書籍タイトル
出版社ID
購入価格
サイズ情報
ページ数
```

```
「出版社」
------------------------------
出版社ID
出版社名
 :
 （住所やURLなどの情報）
:
```

```
本_著者関係
------------------------------
書籍ID
著者ID
著者順
著者役割（著;翻訳;監修など）
```

```
「著者」
------------------------------
著者ID
著者名
 :
 （その他、著者に関する情報）
 :
```

●図7-3-3　テーブルの分離

### COLUMN　繰り返しを避けて、ほかのテーブルにするのがよい例

次のように、お相撲さんの情報を管理するテーブルがあるとします※4。力士と部屋名の情報を管理していますが、このテーブルは「部屋名を別テーブルに持ったほうがよい（場合が多い）」例です。

```
--------------------------
ID   力士名    部屋名
--------------------------
3321 照ノ富士  伊勢ヶ濱
3594 翔猿      追手風
3616 宇良      木瀬
3665 大奄美    追手風
4055 熱海富士  伊勢ヶ濱
```

※4　2025年1月 日本相撲協会力士ページより筆者抜粋。https://www.sumo.or.jp/ResultRikishiData/search/

```
4117 蒼富士     伊勢ヶ濱
---------------------------
```

このテーブルは「部屋名」カラムに同じ部屋名が何度も登場します。例えば、熱海富士関の情報[※5]を登録する際に「伊勢ヶ濱」とすべきところを「伊勢ヶ浜」と登録してしまったとします。当然、「伊勢ヶ濱」部屋の力士一覧を検索したときに、この力士は含まれませんし、部屋ごとに集計したときには「伊勢ヶ浜」部屋の一人力士として集計されてしまうことになります。意図せず新しい相撲部屋が1つ誕生してしまったことにもなります。

このような寂しい事態を避ける方法として、部屋情報も別途ID管理するという方法があります。これで熱海富士関は間違いなく伊勢ヶ濱部屋の一員として登録されることになります。めでたしめでたし。

▼力士テーブル

```
---------------------------
ID   力士名      部屋ID
---------------------------
3321 照ノ富士    3
3594 翔猿        52
3616 宇良        57
3665 大奄美      52
4055 熱海富士    3
4117 蒼富士      3
---------------------------
```

▼相撲部屋テーブル

```
------------------------------------------------------
部屋ID   部屋名      ...(その他情報など)
------------------------------------------------------
3        伊勢ヶ濱    ....
52       追手風      ....
57       木瀬        ....
------------------------------------------------------
```

第7章 テーブルを自分で作ろう

※5　「熱海富士 朔太郎 - 力士プロフィール - 日本相撲協会公式サイト」より。https://www.sumo.or.jp/ResultRikishiData/profile/4055/

## COLUMN　ヨコモチ・タテモチ

テーブルを分けることを検討すべき形が、もう1つあります。いわゆる「ヨコモチ」のデータです。日本相撲協会のサイトによると、熱海富士関の好きなアーティストと食べ物は、次のようになります。

- 「好きなアーティスト：back number / Saucy Dog」
- 「好きな食べ物：寿司 / カレー」

関取に関する情報なので、先ほどのコラム内の力士テーブルに持たせることを考えるでしょう。

▼力士テーブル

```
---------------------------------------------------------------------
ID    力士名    部屋ID  好Artist1    好Artist2  好食べ物1  好食べ物2
---------------------------------------------------------------------
4055  熱海富士  3       back number  Saucy Dog  寿司       カレー
---------------------------------------------------------------------
```

さて、このテーブルには、いくつかの課題があります。

**1. 検索性の課題**

ほかの力士が「好きなアーティスト2」の欄にback numberを登録していた場合、「back numberを好きな力士」の検索をするために2つのカラムを見なければなりません。

**2. 上限数の課題**

熱海富士関が、今後「プリン」にハマって、好きな食べ物として追加したいという場合に、好きな食べ物欄は1と2しかないので登録できません。これを回避するために「好きな食べ物欄は1～10まで用意しておこう！」というのも解決法の1つですが「1」の課題の傷を拡げるだけで、何よりも大部分使用されないであろうカラムを大量に持つのはエレガントではありません。

こういったときに「別テーブルに追い出す（分離する）」という手段が有効です。

**力士**

| 力士ID | 力士名 | 部屋ID |
|---|---|---|
| 4055 | 熱海富士 | 3 |

**力士ー好食べ物**

| 力士ID | 順 | 好食べ物 |
|---|---|---|
| 4055 | 1 | 103 |
| 4055 | 2 | 101 |

**好食べ物**

| 好食ID | 好食名 | ... |
|---|---|---|
| 101 | カレー | ... |
| 102 | ラーメン | ... |
| 103 | 寿司 | ... |

●好きな食べ物を別テーブルに追い出す

同様にして好きなアーティスト用のテーブルも作成すれば完成です。というのがテーブル設計の考え方的には「正しい」のですが、これだと管理したい好みの種類が増えるたびにテーブルが増えてしまうのが少し気になるところです。「好きなモーツァルトの曲」とか「好きなRDBMS」などが増えるたびにテーブルを作ることを想像すると、ちょっと気が滅入ってくるでしょう。その場合は、次のように好みテーブルに全てをまとめる方法があるかもしれません※6。

**力士**

| 力士ID | 力士名 | 部屋ID |
|---|---|---|
| 4055 | 熱海富士 | 3 |

**力士ー好み**

| 力士ID | 好タイプ | 順 | 好ID |
|---|---|---|---|
| 4055 | 食べ物 | 1 | 106 |
| 4055 | 食べ物 | 2 | 101 |
| 4055 | アーティスト | 1 | 103 |
| 4055 | アーティスト | 2 | 105 |
| 4055 | 食べ物 | 3 | 107 |

**好食べ物**

| 好ID | 好タイプ | 好名 | |
|---|---|---|---|
| 101 | 食べ物 | カレー | ... |
| 102 | 食べ物 | ラーメン | ... |
| 103 | アーティスト | back number | ... |
| 104 | アーティスト | さだまさし | ... |
| 105 | アーティスト | Saucy Dog | ... |
| 106 | 食べ物 | 寿司 | ... |
| 107 | 食べ物 | プリン | ... |

●好きな食べ物を別テーブルに追い出す

もちろん、項目が今後増えないことがわかっているのであれば、何をどこまでテーブルに設計組み込むかは要件次第です（先ほどの「好み」の件数も、「2件までしか登録させない」という要件であれば、最初のもので全く問題ありません)。ここでは自由度を高める場合の手法としての「テーブル分割」を紹介しました。



※6 このテーブルも、好タイプに重複が発生しているので、さらに別テーブルで名称を一元管理するという検討の余地が残されています。

# 7-4 こんなテーブルはイヤだ

テーブルの作成にあたっては「問題ないなら問題ない」の方針、つまり問題に気づける力が重要であることを、本書では何度も述べてきました。とはいうものの、どのようなところに問題の元があるのか、最初はなかなかわからないでしょう。本節では、テーブル設計の観点から、問題のあるテーブルの例をいくつか紹介していきます。

## 通販データの例

注文テーブル

| 注文番号 | 注文日時 | 注文商品ID | 注文商品名 | 数量 | 単価 | 注文者顧客ID | 送付先郵便番号 | 送付先住所 |
|---|---|---|---|---|---|---|---|---|
| 1001 | 2025/4/2 | 30151<br>30188 | 桜香る紅茶<br>抹茶ラングドシャ | 1<br>3 | 1200<br>880 | 132 | 123-4567 | 東京都・・・・ |
| 1002 | 2025/4/5 | 30188 | 深煎りコーヒー豆 | 2 | 1800 | 155 | 234-5678 | 秋田県・・・・ |
| 1003 | 2025/4/6 | 20313<br>21542 | 空気クッキー<br>よう噛む羊羹 | 2<br>1 | 750<br>980 | 172 | 345-6789 | 三重県・・・ |

●図7-4-1　売上データ

とある通販の売上データを格納するテーブルをイメージしたのが、図7-4-1です。3件の売上がありますが、紙のノートにでも書いたようなメモですね。注文番号1001は2件の商品が1つのカラムの中に入っています。これはテーブル的ではありません[※1]。まずは行と列が並んだ「テーブル的」なデータになるように、各売上商品をそれぞれの行として扱う形に変形しましょう。

注文テーブル

| 注文番号 | 注文日時 | 注文商品ID | 注文商品名 | 数量 | 単価 | 注文者顧客ID | 送付先郵便番号 | 送付先住所 |
|---|---|---|---|---|---|---|---|---|
| 1001 | 2025/4/2 | 30151 | 桜香る紅茶 | 1 | 1200 | 132 | 123-4567 | 東京都・・・・ |
| 1001 | 2025/4/2 | 30188 | 抹茶ラングドシャ | 3 | 880 | 132 | 123-4567 | 東京都・・・・ |
| 1002 | 2025/4/5 | 30188 | 深煎りコーヒー豆 | 2 | 1800 | 155 | 234-5678 | 秋田県・・・・ |
| 1003 | 2025/4/6 | 20313 | 空気クッキー | 2 | 750 | 172 | 345-6789 | 三重県・・・ |
| 1003 | 2025/4/6 | 21542 | よう噛む羊羹 | 1 | 980 | 172 | 345-6789 | 三重県・・・ |

●図7-4-2　売上データをテーブル的に変型

※1　「テーブル的」とは、行と列で表される枠の中にデータが収まっており、1つの枠の中には1つのデータだけが存在すること、同じ列には同じ型のデータが入るなどの特徴を持ったものです。

行をそれぞれ独立させてみたのが、図7-4-2です。見かけ上は「テーブル的」な行と列に納まるデータになりました。しかし、そのために、注文に関する基本情報が各商品の行に重複して置かれることになりました。これは、例えば1001の注文のうち「ラングドシャ」の行の住所だけを変更することができてしまう構造で、「不整合が起こりうる」テーブルです。このような重複を避けて、かつ、1枠に2つの商品を書かないようにするという両方の希望を叶えるには、もちろんテーブル分割を使います。

**注文ヘッダテーブル**

| 注文番号 | 注文日時 | 注文者顧客ID | 送付先郵便番号 | 送付先住所 |
|---|---|---|---|---|
| 1001 | 2025/4/2 | 132 | 123-4567 | 東京都・・・・ |
| 1002 | 2025/4/5 | 155 | 234-5678 | 秋田県・・・・ |
| 1003 | 2025/4/6 | 172 | 345-6789 | 三重県・・・ |

**注文明細テーブル**

| 注文番号 | 注文商品ID | 注文商品名 | 数量 | 単価 |
|---|---|---|---|---|
| 1001 | 30151 | 桜香る紅茶 | 1 | 1200 |
| 1001 | 30188 | 抹茶ラングドシャ | 3 | 880 |
| 1002 | 30188 | 深煎りコーヒー豆 | 2 | 1800 |
| 1003 | 20313 | 空気クッキー | 2 | 750 |
| 1003 | 21542 | よう噛む羊羹 | 1 | 980 |

●図7-4-3　テーブル分割

図7-4-3は、テーブルを分割したものです。ここまでの課題が解決されていることがわかるでしょう。

##  いきすぎた「真実は1つ」

「『真実は1つ』の法則（one fact in one place)」をまじめに突き詰めると、図7-4-4のようなテーブルを作ってしまう人がいるかもしれません。商品IDに紐付く商品情報を格納した商品テーブルと、会員IDに紐付く会員テーブル。そして、商品が売れたことを格納する販売テーブルからなる構成です。これを設計した人の自慢は、販売テーブルには商品IDと会員IDだけを格納する無駄のなさでしょう。確かに、会員の住所や商品の名前・価格などは、それぞれ会員テーブル、商品テーブルを見ればわかるはずです。

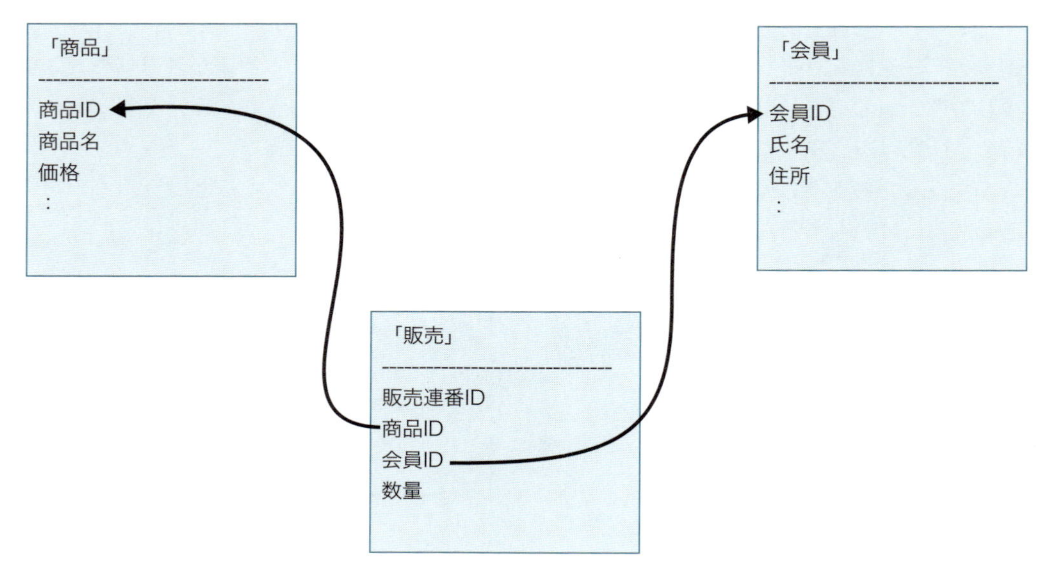


●図7-4-4　いきすぎた「真実は1つ」

残念ながら、これは課題の発生するテーブルなのです。まず会員テーブルに着目してみましょう。会員さんは引っ越しをすることもあります。住所の値が変更になります。また、商品テーブルのほうも、商品の名前が変わったり価格を変更したりすることはよくあることです。このようなことが発生したときに、販売履歴はどのようになるでしょうか。IDで紐付けするということは、昨年販売したデータであっても、常に最新の会員情報の住所や改訂後の価格を参照するということです。「昨年10月に500円で10個売った」という事実が、最新情報をJOINして検索して見たら「550円で10個売った」ことになってしまったのでは、正しいデータとはいえません。昨年販売したデータは、その時点の住所でありその時点の価格を辿れないと困ります。

ポイントは「変化してはいけないものがある」ということです。商品が販売された「その時点の情報」は、販売時点で固定されるべきなのです。つまり、販売テーブル側に販売時点の商品名、価格、会員の名前や住所など、一般には「領収証や納品書に印刷されると思われる情報」を保持する必要があると考えるとイメージしやすいかもしれません※2。会員テーブルに存在している住所情報と同じものを販売テーブルにも持つというのは「真実を2か所に持つ」と感じる人もいるかもしれません。しかし、これは「購入時点以降は絶対変化しないという『新たな真実』」、いわば分家みたいなものだと考えるとよいでしょう。

※2　あるいは、会員や商品のテーブル側で履歴情報を管理するための枝番を保持して、販売テーブルからは、その時点の枝番の情報に対して紐付けされるようにするという考え方もあります。

### COLUMN　正規化なんてしなくていい!?

テーブル設計を少し学んだことがある人の中には「正規化」に苦労した人もいるでしょう。実際、筆者もさまざまな場所で「どこまで正規化をしたらよいのでしょうか？」という質問を受けることがよくあります。そんな人たちには、敢えていいます。

「正規化なんて、しなくていいです！」

あまりの非常識な主張に、右の眉毛がキッと上がって筆者を睨み付ける人の顔が目に浮かびます。ごめんなさい。正規化は必要なんです。少し説明しましょう。

テーブル設計をする目的は「データが不整合を起こしにくくすること」「使いやすくすること」です。言い換えると「問題ないテーブルを作ること」です。そういったテーブルを作るための検討過程で、正規化という手法は役に立ちます。データと向かい合って、さまざまな更新や参照のケースを想定してシミュレーションを重ねていってできあがった「よいテーブル」は、実際に、ほぼ正規化された状態になっています。

冒頭の質問をしてくる人は、たいていは正規化すること自体が目的になってしまっています。正規化をすれば、よいテーブルになると考えているフシさえあります。そうではなく、あくまでも「主役はデータ」ということです。そのデータたちが気持ちよく納まって、気持ちよく更新されてくれるテーブルを作れるように、データと向かい合ってもらいたいものです。

正規化を「目指す」のではなく、正規化というテクニックを「活用」してデータたちが心地よく過ごせるテーブルを作ってあげてください。このときのチェック項目の1つとして、「正規化」というワザを使うのです。

# 付録 もっと知りたい人のためのお勧め書籍

本書では、データベースエンジニアになるために必要な情報を幅広くお伝えしました。1つひとつの説明が十分だったとは言いがたい部分もあるかもしれません。本書を読み通せばデータベースエンジニアとして必要な知識の「目次」ができているはずなので、そのように思ったら、これを基礎としてぜひ次のステップに進んでください。

ここでは、次に読むべき本をいくつか紹介します。ここに挙げた本は筆者の主観による選定であり、これ以外にもたくさんの素晴らしい本があります。書店やITイベントの書籍販売コーナーなどに足を運んで、あなたと気の合う本を見つけ出して、さらなる高みを目指してください。楽しい世界が待っています。

## 次に読むべき本

### 基礎・理論

特定のRDBMS製品に依らず、RDBMSの理論的背景を学びたい人向けの本を紹介します。

- **リレーショナルデータベース入門 第3版 ―データモデル・SQL・管理システム・NoSQL**
  増永 良文 著／サイエンス社／ISBN978-4-7819-1390-2
  上部に赤い線の入った本で、大学の教科書としても使われています。リレーショナルモデルや正規化された状態のデータ、トランザクションなどについてしっかりと理解したい人にお勧めです。一通り目を通して「このような考えに基づいてRDBMSが成立しているのだ」と感じるだけでも、この本を読む価値があると思います。

**COLUMN　地球まるごとデータベース**

筆者がデータベースをおもしろいと思った最初のきっかけは、1時間半近くかかっていた大量データ処理のクエリ改良を引き受けた結果、わずか数分にまで時間短縮を実現できたことでした。その戦果により「自分はSQLが得意だ」と勘違いし、研鑽を重ねて今に到る道を進むことになります。「好きこそものの上手なれ」であり、人生の選択には勘違いもあながち悪いものでもないといえる事例でしょう。

また、RDBMSのおもしろさは、速度面だけではなく、データそのものにも感じていました。日本中の店舗の売り上げ情報が手元のデータベース上にあって、店舗に行かずしてそれをSQL文1つで集計できるというのは、現実世界の写しがまるごと手元にあるということにほかなりません。そのように感じていた頃、日本のデータベース界を牽引していた増永良文先生に会う機会を得ます。持参した著書にサインをお願いした際に書いてくださった言葉が、「地球まるごとデータベース」でした。

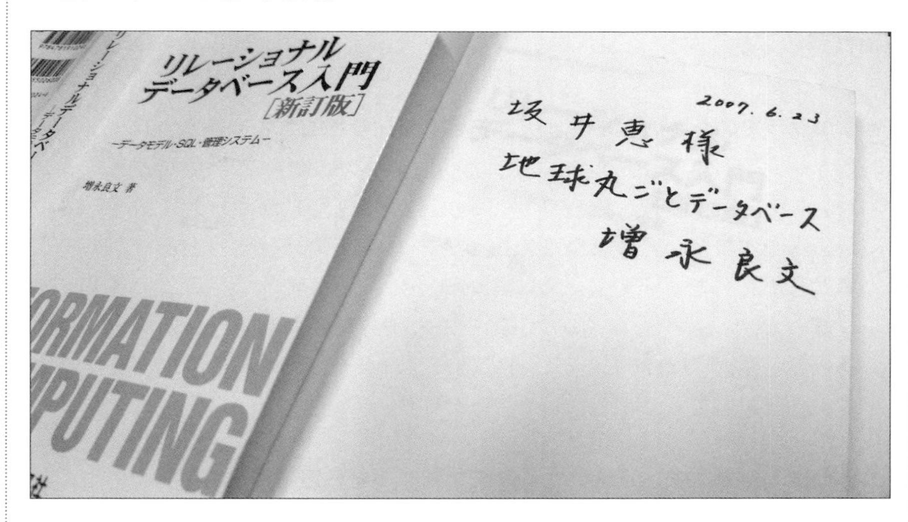


それまで自分が感じながらも、うまく言語化できていなかった「データベースのおもしろさ」を、たった一言で表されたことに驚きました。一方で、日本を代表するデータベースの大家と何か通じ合えたような気が（勝手に）して、うれしかったものです。以来、先生の許可をいただいたわけではありませんが、私も「地球まるごとデータベース」という言葉を、データベースのおもしろさを伝える場でキャッチコピーとして使わせていただいています。

その後、とあるきっかけがあって、地理情報システム（GIS：Geographic Information System）についても関心を持つことになります。関心を持って眺めてみると、地図というのも広い現実世界を手元で一覧するためのデータベースといえるし、近年キーワードとして採り上げられる「デジタルツイン」というのも、現実世界の立体的な情報を手元で見ることができるという点でデータベースと同じなのだなと感じます。こういった地理空間情報をデジタル化してRDBMSで管理する技術も、すでにできています。

まさに増永先生の「地球まるごとデータベース」が着々と進んでいることを感じるとともに、「元祖デジタルツイン」ともいえるRDBMSの世界に長いこと関わってこられたこともうれしく思うのでありました。

- **データベース実践講義 ―エンジニアのためのリレーショナル理論**
  C.J.Date 著、株式会社クイープ 訳／オライリー・ジャパン／ ISBN978-4-87311-275-6
  　個人的な感覚では「NULL嫌いの急先鋒」であるC.J.Dateの本です。リレーショナル理論について詳しく述べられていて、特に「タプルの重複が禁止される理由」「nullが禁止される理由」の節は、氏の主張が色濃く表されていて興味深いです。

## SQL

もっとSQLを極めたい、もっといろいろなSQLに触れてみたいという人向けの本を紹介します。

- **プログラマのためのSQL 第4版　すべてを知り尽くしたいあなたに**
  ジョー・セルコ 著、ミック 監訳／翔泳社／ ISBN978-4-7981-2802-3
  　SQLを一通り勉強し終わって、「SQL完全に理解した」というあなたに読んでもらいたい本です。自由奔放なSQLやRDBMSへの考え方は、きっとあなたのブレインをシェイクしてくれることでしょう。このほかに、同じ著者で、同じ訳者による本も刊行されています。もっとダイレクトにSQLの部分だけに触れたいという人は『SQLパズル 第2版』、物足りなかったという人は『プログラマのためのSQLグラフ原論』がお勧めです。

- **SQLパズル 第2版　プログラミングが変わる書き方／考え方**
  ジョー・セルコ 著、ミック 訳／翔泳社／ ISBN978-4-7981-1413-2

- **プログラマのためのSQLグラフ原論　リレーショナルデータベースで木と階層構造を扱うために**
  ジョー・セルコ 著、ミック 監訳／翔泳社／ 978-4-7981-4457-3
  　常人にはなかなか思いつかないようなデータ構造が提案されています。

- **達人に学ぶSQL徹底指南書 第2版　初級者で終わりたくないあなたへ**
  ミック 著／翔泳社／ ISBN978-4-7981-5782-5
  　副題の通り、SQL初心者を卒業した頃に次に進むための本です。いきなりCASE式やウィンドウ関数から入るなど、ある意味「攻めている」本です。本書では深く触れなかった「NULLの闇」にもページを割いているので、次のステップに最適といえるでしょう。

## 総合・テーブル設計

テーブル設計や運用方針などについて総合的に知見を広げたい人向けの本を紹介します。

- **失敗から学ぶRDBの正しい歩き方**

  曽根 壮大 著／技術評論社／ISBN978-4-297-10408-5

  SQLやテーブル設計、運用などの「やってはいけない失敗例」をたくさん紹介している本です。この本を読めば、本書でいう「問題ないなら問題ない」を実現するための「問題に気づく力」が養われること間違いなしです。

- **達人に学ぶDB設計徹底指南書 第2版**

  ミック 著／翔泳社／ISBN978-4-7981-8662-7

  テーブル設計について指南してくれる本です。よいテーブルやテーブル設計の手順などがていねいに紹介されています。このコーナーでたびたび登場しているミックさんの本は、紹介した以外の本も含めて、どれも一読をお勧めしたいクオリティです。

### 特定RDBMS

運用に関する良書は少ないのですが、MySQLとPostgreSQLについて1冊ずつ紹介します。

- **MySQL運用・管理［実践］入門～安全かつ高速にデータを扱う内部構造・動作原理を学ぶ**

  yoku0825、北川 健太郎、tom__bo、坂井 恵 著／技術評論社／ISBN978-4-297-14184-4

  MySQLの運用時に気を付けたいこと、行うべきことなどをていねいに解説している本です。実際に大規模なデータを扱った経験に基づいているため、とても実務的な内容になっています。

- **［改訂3版］内部構造から学ぶPostgreSQL ―設計・運用計画の鉄則**

  上原 一樹、勝俣 智成、佐伯 昌樹、原田 登志 著／技術評論社／ISBN978-4-297-13206-4

  PostgreSQLでのテーブル設計から運用までをカバーした本です。サーバ設定ファイルの記述や監視、チューニングなどにも触れているなど、たいへん貴重な情報がコンパクトにまとまっています。

# 索引

## 記号・数字


100% ………… 098
% ………… 098, 099
?column? ………… 119
_ ………… 098
\ ………… 084
\c ………… 098
< ………… 097
<= ………… 097
<> ………… 098, 102, 103
= ………… 096
> ………… 097
>= ………… 097


## A～D


ACID特性 ………… 033, 034
Active Directory ………… 071
aptリポジトリ ………… 009
Atomicity ………… 033, 034
BASE特性 ………… 034
BETWEEN ………… 097, 098, 100, 101, 199
Cardinality ………… 050
CHECK ………… 043, 086, 244
CLI ………… 023
Column ………… 017
Command Line Interface ………… 023
Common Table Expression ………… 187
Consistency ………… 033
CRUD ………… 065, 090
CSV ………… 229, 231
Data Control Language ………… 033
Data Definition Language ………… 033, 225
Data Manipulation Language ………… 033
DCL ………… 033
DDL ………… 033, 225, 227
Delphi ………… 011
Dirty Read ………… 038
DML ………… 033, 227
Durability ………… 034


## E～I


Extensible Markup Language ………… 003
Field ………… 017
FOREIGN KEY ………… 043
Geographic Information System ………… 259
GIS ………… 259
HDD ………… 047, 048
IBM Db2 ………… 007, 081
International Organization for Standardization ………… iii, 014
IS ………… 094, 102, 104
ISO ………… iii, 014, 060, 070, 076, 196, 222
Isolation ………… 034


## J～N


Java ………… 010
JavaScript Object Notation ………… 003
JSON ………… 003, 006, 222, 244
LDAP ………… 071

LIKE …… 098, 099, 234
Linux …… 008, 062, 079, 080
LTS …… 080
macOS …… 008, 079, 080
Microsoft SQL Server …… 007, 081
MSIインストーラ …… 008
MultiVersion Concurency Control …… 036
MVCC …… 036, 041
mysqlコマンドラインクライアント
…… 023, 024, 081 ～ 084, 139, 232
NOT NULL …… 042, 090, 244
NULL禁止 …… 042
NULLの闇 …… 260
NVMe …… 047, 048

## O ～ S

one fact in one place …… 247, 255
Open Source Software …… 007
Oracle Database …… 007, 022, 023, 081, 154
OSS …… 007, 008, 154, 207
Phantom Read …… 039
PHP …… 010
PostgreSQL
…… 007, 013, 021 ～ 023, 040, 057, 060, 062, 081, 082, 084, 091, 092, 096, 100, 119, 180, 191, 230, 231, 261
PRIMARY KEY …… 042, 244
Python …… 010
Quota …… 221
RAID …… 043, 071
Read Committed …… 038, 039, 041
Read Uncommitted
…… 038, 039, 041, 111, 124
Red Hat Enterprise Linux …… 008, 009
Relational Database Management System
…… 003
Repeatable Read …… 038, 039, 041, 126
RHEL …… 009
Richard Hipp …… 007
Row …… 017, 199
Ruby …… 010
SATA接続 …… 047, 048
SEQUEL …… 013
Serializable …… 039
SQLite …… 007
SSD …… 047, 048
Structured English Query Language …… 013
Structured Query Language …… iii, 012, 013

## U ～ Y

Ubuntu …… 008, 009
UNIQUE …… 042, 053, 244
UPS …… 030
VirtualBox …… 062
Visual Basic …… 011
VPS …… 063
W3C …… 003
WAL …… 049
Webサーバ …… 010, 011
Webブラウザ …… 002, 010, 062
Windows …… 008, 079, 080
World Wide Web Consortium …… 003
Write Ahead Log …… 049

XML ……… 003, 006
XMLデータベース ……… 006
yumリポジトリ ……… 009

## あ行

一貫性 ……… 033, 037 〜 039, 066
インデックス
……… 028, 049, 050, 066, 099, 141, 223
永続化 ……… 047 〜 049
永続性 ……… 034
エスケープ ……… 098
エッジ ……… 006
エドガー・フランク・コッド ……… 012
オートコミットモード ……… 111, 124
オープンソースソフトウェア … iii, 007, 222
汚読 ……… 038, 039
オブジェクト指向データベース ……… 006
オプティマイズ ……… 050
親子関係 ……… 006

## か行

カーディナリティ ……… 050
階層型データベース ……… 006
外部キー ……… 043
回文 ……… 143
拡張可能なマークアップ言語 ……… 003
隔離性 ……… 034
仮想環境 ……… 062
可変長文字列 ……… 243
可用性 ……… 057, 070
カラム
……… 017, 021, 025, 027, 042, 043, 050, 087, 091 〜 094, 096, 098, 099, 102, 109, 112, 113, 115 〜 119, 121, 122, 130 〜 132, 136, 141, 142, 153 〜 155, 160 〜 162, 165, 168, 170, 171, 174, 180, 182, 197, 200, 201, 204, 225, 227, 229 〜 231, 242, 245, 251, 252, 254
完全同期レプリケーション ……… 057
キーバリューストア ……… 006
揮発性 ……… 047
共通表式 ……… 065, 187
クエリ最適化機能 ……… 050
クォータ ……… 221
クライアントサーバシステム ……… 011
クラスタリング ……… 057
グラフデータベース ……… 006
原子性 ……… 033, 036
更新系クエリ ……… 065, 112
構造化問い合わせ言語 ……… 012
後方一致 ……… 099, 141
国際標準化機構 ……… iii, 014
固定長文字列 ……… 243
コマンドラインクライアント
……… 023, 080 〜 085, 089, 111, 122, 123, 137, 230, 231

## さ行


サブクエリ ············ 065, 130, 159, 162 〜 166, 181, 187 〜 190, 196, 200, 204, 205
差分バックアップ ········ 044, 045
参照系クエリ ········ 065
シークェル ········ 013
シーケル ········ 013
自動採番 ········ 090
シノニム ········ 027, 242
シャーディング ········ 057, 058
集計クエリ ········ 065
集計しない集約 ········ 197
従属 ········ 153
従属項目 ········ 006
集約 ············ 112, 113, 130, 131, 144, 146, 153 〜 155, 157, 159, 182, 197
集約関数 ···· 065, 148 〜 152, 152, 157, 158
主キー ········ 006, 042, 244
準同期レプリケーション ········ 056, 057
シングルクォート ········ 084, 092
真実は1つ ········ 247, 255, 256
数値関数 ········ 134, 135, 137, 138
スナップショット ········ 062
スレーブ ········ 053
スロークエリ ········ 072
正規化 ········ 257, 258
整合性 ········ 033, 071
接続関係 ········ 006
前方一致 ········ 099
全文検索エンジン ········ 099
相関サブクエリ ········ 165
増分バックアップ ········ 044, 045
ソース ········ 053, 054, 056, 057
ソリッドステートドライブ ········ 047
ダーティリード ········ 038, 039


## た行


耐久性 ········ 034, 047
対話式インターフェイス ········ 023
ダブルクォート ········ 084, 232
チェック ········ 043
地球まるごとデータベース ········ 258, 259
頂点 ········ 006
重複禁止 ········ 042
地理空間情報 ········ 259
地理情報システム ········ 259
ツリー構造 ········ 006
ディストリビューション ········ 080
データ制御 ········ 012, 033
データ操作 ············ 002, 004, 005, 011 〜 014, 016, 019, 022 〜 026, 033, 050, 060, 061, 064 〜 066, 072, 076, 090, 092, 109, 111, 112, 159, 197, 210, 220, 222, 229, 233
データ定義 ········ 033, 225
テーブル設計 ············ 020, 021. 042, 043, 050, 061, 068, 069, 073, 090, 146, 151, 153, 238 〜 240, 245 〜 249, 253, 254, 257, 261
デジタルツイン ········ 259
デスクトップアプリケーション ········ 011

デッドロック……035, 066
ド・モルガンの法則……102, 103
統計情報……050, 051
独立性……034
ドナルド・D・チェンバリン……013
トランザクション
……012, 033 ～ 042, 066, 111, 123, 124, 126, 214, 225, 226, 230, 258
トランザクション分離レベル
……037 ～ 041, 124

## な・は行

ノード……006
ノットヌル……042
ハードディスクドライブ……047
パイプ……230
反復不可能な読込……039
日付時刻関数……134, 143, 154
非同期レプリケーション……056, 057
非リピータブルリード……039
ファントムリード……039
フィールド……017, 232
フォーリンキー……043
部分一致……098, 099
プライマリキー……042
フラッシュメモリ……047
フルテーブルスキャン……050, 099
分散データベース……034
別名
……027, 116 ～ 122, 130, 132, 142, 154, 158, 164, 168, 169, 181, 182, 186, 201, 212
方言……014, 208, 242
ポート……008, 022 ～ 024
ホモニム……242

## ま・や・ら・わ行

マークアップ言語……003
マスター……053
増永良文……268, 269
無停電電源装置……030
文字列関数……134, 140, 141
問題がないなら問題ない……069
幽霊読込……039
ユニーク……042, 206
要件……044, 066, 068, 239, 253
ランサムウェア……046
ランダムアクセス……047
リダイレクト……230
リポジトリ……009, 080
リレーショナルデータベース管理システム
……iii, 003, 005, 007
レプリカ……053 ～ 057, 071
レプリケーション
……043, 052 ～ 057, 071, 072, 220
レンタルサーバ……063
ロー……017
ローマは一日にして成らず……072
ロック……034, 035, 039, 066, 123, 126, 127
ワイルドカード……098, 219

●著者プロフィール

## 坂井 恵（さかい けい）

有限会社アートライ代表取締役。プログラマーとして開発に従事していた頃にデータベースの奥深さに魅了され、気づけば四半世紀。データベース上で絶えず生まれ変化し続けてるデータの様子をまるで自然界のたゆまぬ移ろいのように美しいと感じている。2003年から日本MySQLユーザ会（MyNA）の運営にも携わり、現在同会副代表。MySQL 8.0で充実されたGIS機能に魅力を感じ、戯れているうちに、測量士補の資格を取得するなど、興味を持つと突っ走るタイプ。

カバーデザイン：米谷 テツヤ（パス）

# 現場のプロがわかりやすく教える データベースエンジニア養成講座

発行日　2025年　4月12日　第1版第1刷

著　者　坂井　恵

発行者　斉藤　和邦
発行所　株式会社　秀和システム
〒135-0016
東京都江東区東陽2-4-2　新宮ビル2F
Tel 03-6264-3105（販売）Fax 03-6264-3094
印刷所　三松堂印刷株式会社

ISBN978-4-7980-7205-0 C3055